二十四节气纪年法

陈广忠 著

中国文史出版社

图书在版编目（CIP）数据

二十四节气纪年法／陈广忠著. -- 北京：中国文史出版社，2025.3. -- ISBN 978-7-5205-5103-8

Ⅰ.P462-49

中国国家版本馆CIP数据核字第2025TD9641号

责任编辑：程　凤

出版发行：中国文史出版社
社　　址：北京市海淀区西八里庄路69号　　邮编：100142
电　　话：010-81136606　81136602　81136603　81136605（发行部）
传　　真：010-81136655
印　　装：廊坊市海涛印刷有限公司
经　　销：全国新华书店
开　　本：787×1092　1/16
印　　张：19.75
字　　数：273千字
版　　次：2025年5月北京第1版
印　　次：2025年5月第1次印刷
定　　价：69.00元

文史版图书，版权所有，侵权必究。

文史版图书，印装错误可与发行部联系退换。

纪　念

《淮南子·天文训》二十四节气纪年法

诞生 2164 周年

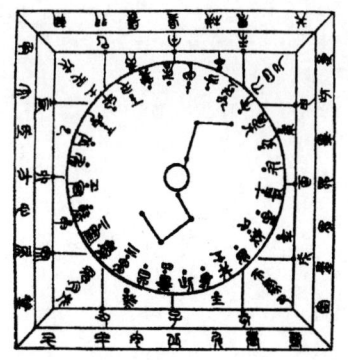

自 序

《淮南子》与二十四节气的创立

陈广忠

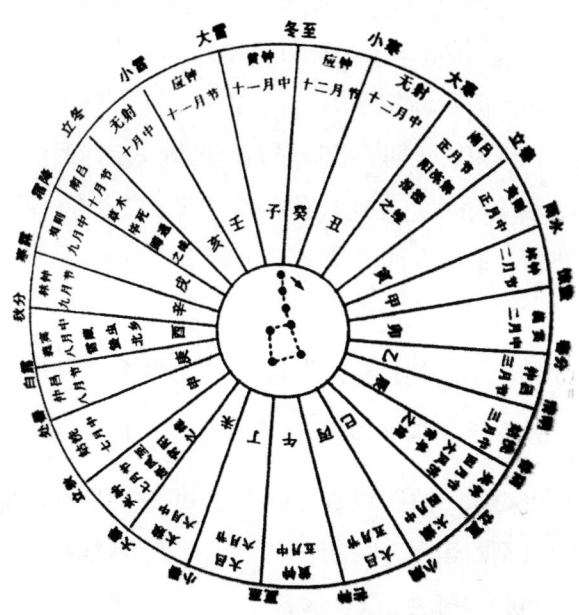

《淮南子》二十四节气纪年法图

二十四节气 纪年法

2016年11月30日，中国申报的"二十四节气"，被列入联合国教科文组织人类非物质文化遗产代表作名录。二十四节气纪年法的完整、科学记载，出自《淮南子·天文训》。本文把二十四节气纪年法的创立和依据，简要介绍给海内外读者。

二十四节气纪年法的科学依据

中国二十四节气纪年法的研制，经过了漫长的岁月。

早在《尚书·虞书·尧典》中就记载："日中，星鸟，以殷仲春。日永，星火，以正仲夏。宵中，星虚，以殷仲秋。日短，星昴，以正仲冬。"日中，指春分。日永，指夏至。宵中，指秋分。日短，指冬至。《左传·昭公十七年》载："玄鸟氏，司分者也；伯赵氏，司至者也；青鸟氏，司启者也；丹鸟氏，司闭者也。"用玄鸟、伯赵、青鸟、丹鸟，代表四季。《吕氏春秋》中有立春、日夜分（春分）、立夏、日长至（夏至）、立秋、日夜分（秋分）、立冬、日短至（冬至）、雨水、白露等10个节气。先秦时期，诸侯混战，天下动乱，科研条件有限，二十四节气纪年法的体系和名称尚未确立，属于前期研究阶段。

汉朝的建立，结束了长期的战乱局面，天下安定，经济恢复，文化繁荣，学术发展，百家争鸣。在这样的条件之下，二十四节气纪年法的研究，才能得以进行，最终在西汉淮南王刘安（前179—前122年）的《淮南子·天文训》中得以完成，并流传至今。

根据《淮南子》的记载，二十四节气纪年法的科学依据，主要有：

1. 北斗斗柄运行与二十四节气

《淮南子·天文训》中确定二十四节气纪年法的标准，是北斗斗柄的运行方向。北斗斗柄的运行，同月亮、太阳、二十八宿相配合，组成了一个古代完整的、科学的历法、天象体系：

两维之间，九十一度（也）十六分度之五，而（升）[斗]日行一度，十五日为一节，以生二十四时之变。

斗指子，则冬至，音比黄钟。……

加十五日指报德之维，则越阴在地，故曰距日冬至四十六日而立春，阳气冻解，音比南吕。……

加十五日指常羊之维，则春分尽，故日有四十六日而立夏。大风济，音比夹钟。……

加十五日指午，则阳气极，故日有四十六日而夏至，音比黄钟。……

加十五日指背阳之维，则夏分尽，故日有四十六日而立秋，凉风至，音比夹钟。……

加十五日指酉，中绳，故日秋分。雷戒，蛰虫北乡，音比蕤宾。……

加十五日指蹄通之维，则秋分尽，故日有四十六日而立冬，草木毕死，音比南吕。……

阳生于子，故十一月日冬至。

二十四节气纪年法，构成了一个天文、历法、气温、降雨、降雪、物候、农事、音律、干支等的综合体系，成为古代中华民族生存发展、从事农业生产、顺应自然规律、和谐"天人"关系的理论基础。

2. 月亮运行与二十四节气

二十四节气，同月亮的运行密切相关。月亮的运行是阴历。设置闰年，与二十四节气纪年法中的"冬至"密切相关。这样，根据太阳和月亮的运行规律，属于阴阳合历的二十四节气纪年法就制定出来了。《淮南子·天文训》中说：

月，日行十三度七十六分度之二十六，二十九日九百四十分日之四百九十九而为月，而以十二月为岁。岁有馀十日九百四十分日之八百二十七，故十九岁而七闰。

这段话的意思是：月亮每天行进 $13\frac{26}{76}$ 度，$29\frac{499}{940}$ 日而为一月，而把十二个月作为一岁。每年尚差 $10\frac{827}{940}$ 日，不够 $365\frac{1}{4}$ 日。因而十九年有七次闰年。

比如：2014 年闰九月，2017 年闰六月。

3. 太阳运行与二十四节气

《淮南子·天文训》中运用太阳的运行规律，来划分二十四节气。主要有两种方法：

①圭表测量。圭表，是中国古代观测天象的仪器。可以用来定方向、测时间和制定历法等。《淮南子·天文训》中记载了测量"冬至""夏至"的方法：

日冬至，八尺之脩，日中而景丈三尺。

日夏至，八尺之景，脩径尺五寸。

②利用太阳与二十八宿的关系。《淮南子·天文训》中说：太阳正月处于二十八宿中的营室的位置……十二月处在虚星的位置。

比如："营室"，正月中，雨水。"虚星"，十二月节，冬至。

4. 二十八宿标示度数与二十四节气

《淮南子·天文训》中说：二十八宿与天球赤道的夹角可以分为不同的度数：角宿十二度，亢宿九度……轸星十七度。总共二十八宿 $365\frac{1}{4}$ 度。

二十八宿标示的度数，与北斗斗柄、太阳运行度数相同。比如：立春，在"危十七度"（今测十六度）。立秋，"翼十八度"（今测十五度）。

5. 十二律长度与二十四节气

《淮南子·天文训》用十二律度数，来表示二十四节气纪年法的时间变化。其中说：黄钟处在十二地支子位，它的长度数是八十一分，主管十一月之气，下生林钟。……无射的管长四十五，主管九月之气，上生仲吕。

比如："冬至"的时候，与十二律相配的是黄钟，逐渐降为最低音；"夏至"的时候，与十二律配合的为黄钟，逐渐上升为最高音。

6. 十二月令和二十四节气

《淮南子·时则训》中记载了夏历（也称农历）十二个月与北斗斗柄、二十八宿、二十四节气纪年法等的相互关系：

孟春之月，招摇指寅，昏参中，旦尾中。其位东方。立春之日……
孟夏之月，招摇指巳，昏翼中，旦婺女中。其位南方。立夏之日……
孟秋之月，招摇指申，昏斗中，旦毕中。其位西方。立秋之日……
孟冬之月，招摇指亥，昏危中，旦七星中。其位北方。立冬之日……

二十四节气与中国气候分界线

秦岭—淮河一线，是中国南北气候、地理自然分界线。西汉前期，位于淮河中游的淮南国，成为当时重要的文化学术中心。而它的倡导者，就是淮南王刘安。

淮南王刘安"好读书鼓琴"，博学多才，著述宏富。刘安的著作大多已经失传，而被胡适称为"绝代奇书"的《淮南子》，却得以幸存。《汉书·淮南王传》记载："初，安入朝，献所作《内篇》，新出，上爱秘之。"淮南王刘安和门客研制成功的二十四节气，收在《淮南子·天文训》之中，在汉武帝即位第三年，献给了朝廷，并且得到了皇帝的喜爱。那么，二十四节气体系的完成和发布，至今已有2155年。

淮南王刘安为王42年，都城为"寿春"，即今安徽省淮南市的寿县，正是位于分界线的中点线上。在我国冬季1月份等温线图零度的走向上，江苏洪泽、安徽蚌埠、河南桐柏，1月份平均温度为1摄氏度。淮河—秦岭一线，四季分明。春季，洪泽、蚌埠、桐柏，平均59天。夏季，平均111天；秋季，平均61天；冬季，平均133天。这就说明，春季时间短，夏季时间长，秋季和春季相仿，冬季时间长。正好体现了二十四节气两"分"两"至"的特点。

春秋齐国晏婴在《晏子春秋·内篇·杂下》中说："橘生淮南则为橘，生于淮北则为枳。"2500多年前人们就发现了淮河具有南北分界线的特点。所以，淮南王刘安在天时、地利、人杰等条件齐备之下，二十四节气纪年法终于研制成功。

（《人民日报·海外版》，2017年1月24日。文字略有修改）

目 录

自序:《淮南子》与二十四节气的创立 …………………… 1

1. 阴气极盛时,斗柄正北指:冬至 ………………………… 1
2. 三九寒气近,鸿雁向北飞:小寒 ………………………… 28
3. 寒冬冰雪至,除夕团圆时:大寒 ………………………… 38
4. 四季春为首,夏历春节到:立春 ………………………… 47
5. 烟柳草色青,好雨润新芽:雨水 ………………………… 58
6. 惊雷震天地,蛰虫喜复苏:惊蛰 ………………………… 66
7. 阴阳二气平,玄鸟始来临:春分 ………………………… 75
8. 清新明洁风,踏青插柳时:清明 ………………………… 84
9. 喜雨百谷生,新茶话陆羽:谷雨 ………………………… 94
10. 立夏尝三鲜,荷花别样红:立夏 ………………………… 102
11. 冬麦始饱满,亲蚕祭嫘祖:小满 ………………………… 110
12. 芒种收种忙,端午竞龙舟:芒种 ………………………… 119
13. 阳气最盛时,斗柄正南指:夏至 ………………………… 127
14. 小暑热风起,伏日避高温:小暑 ………………………… 135
15. 酷暑暴雨疾,清热重莲子:大暑 ………………………… 143
16. 立秋凉风至,天高任鸟飞:立秋 ………………………… 151
17. 暑气将终止,七夕鹊桥会:处暑 ………………………… 158
18. 蒹葭萋萋黄,鸿雁向南方:白露 ………………………… 165
19. 阳阴气二分,中秋月圆时:秋分 ………………………… 173

20. 采菊东篱下，重阳倍思亲：寒露 …………………………………… 180
21. 草木黄落时，霜叶二月花：霜降 …………………………………… 189
22. 立冬水始冰，万物尽收藏：立冬 …………………………………… 197
23. 瑞雪兆丰年，梅花暗香来：小雪 …………………………………… 205
24. 冰封锁万里，猛虎始交配：大雪 …………………………………… 212

附录 ………………………………………………………………………… 220
1. 二十四节气的排序问题 ………………………………………………… 220
2. 再论二十四节气的排序 ………………………………………………… 229
3. 二十四节气的科学记载与传承 ………………………………………… 242
4. 日月交会　北斗定时：二十四节气 …………………………………… 245
5. "春雨惊春清谷天"的说法科学吗？…………………………………… 280
6. "冬至"论 ……………………………………………………………… 285

主要参考文献 ………………………………………………………… 295
主要著作目录 ………………………………………………………… 298

1. 阴气极盛时，斗柄正北指：冬至

"冬至"，这是《淮南子·天文训》二十四节气纪年法的计时起点。2000多年的传世和出土文献，提供了详细的科学依据。

∗ 科学依据 ∗

冬至：二十四节气纪年法第一节气。"冬至"，古六历（《汉书·律历志上》："有黄帝、颛顼、夏、殷、周及鲁历。"）之一的夏历（也称农历），规定在十一月中。根据太阳历（阳历）即公历的规定，在每年12月21日或22日，太阳到达黄经270°，冬至点开始。

从《淮南子·天文训》到《史记·历书》《汉书·律历志》《后汉书·律历志》《旧唐书·历志》……《清史稿·时宪志》，历代正史、天文、历法、数学等著作，都沿袭着这个科学的规定，把"冬至"作为二十四节气纪年法的第一节气。

二十四节气纪年法是阴阳合历。确定第一节气"冬至"的核心，就是准确测定太阳和月亮的"朔旦冬至"。也就是说，在这个时刻，太阳和月亮的黄经正好相等。西汉司马迁的《史记·太史公自序》中说：

太初元年（前104年）十一月甲子朔旦冬至，天历始改，建于明堂，诸神受纪。

这里说，汉武帝太初元年十一月甲子，太阳和月亮合朔，节令就是冬至，汉朝改创历法，实行太初历，在明堂里宣布，并且遍告诸神，尊用夏正（夏历以一月为正月）。这就说明，其他的23个节气，没有一个具备"朔旦"即合朔计时的条件，所以第一的位子，必须让"冬至"来担任。

东汉班固的《汉书·律历志上》中，也有"朔旦冬至"的记载：

元封七年（前104年），复得阏逢摄提格之岁，中冬十一月甲子朔旦冬至，日、月在建星，太岁在子，已得太初本星度新正。

这里是说，汉武帝元封七年的国家大事，就是改历，把年号改名叫"太初"。改历要符合九个条件：元封七年（即太初元年）、仲冬、夏历十一月、甲子、冬至、日月合朔、建星、太岁、子位。

《汉书·律历志上》又说：

"日、月如合璧，五星如连珠。"孟康曰："谓太初上元甲子夜半朔旦冬至时，七曜皆汇聚斗、牵牛分度，夜尽如合璧连珠也。"

二十四节气纪年法"冬至"计时之始（《中国古代历法》："前105年12月23日下午8时。"），天呈吉兆，日、月合璧（《中国古代历法》："前105年12月24日9时8分。"），五星连珠，交汇于斗宿、牵牛宿之间。

从《史记》《汉书》中的记载可以知道，汉武帝之时，太史令司马迁、大中大夫公孙卿、历法家壶遂；星历专家大典星射姓、"治历"专家邓平、"方士"唐都、民间历法学者落下闳等20多人，经过6年多的研究，放弃了秦、汉以来沿袭117年的颛顼历（即秦历，以夏历"十月为正"），实行更加精准的"太初历"（以夏历正月为岁首），并且首次把二十四节气纪年法纳入西汉官方历法之中，而且确立"冬至"为第一节气。这个规定，传承至今，已经2128年。

二十四节气纪年法是《淮南子·天文训》首先创立的，其中建立了一套完整的纪年（$365\frac{1}{4}$天）、纪月（十二音律主十二月）、纪日（五音十二律六十甲子）、计时（16时）、纪四季（春、夏、秋、冬之孟、仲、季）十二月（采用夏历）、纪节气（15天/15.2天，365日/366日）、一纪（1520年）、三纪（4560年）等的时间制度。

二十四节气纪年法：北斗斗柄运行纪年。《淮南子·天文训》中采用北斗斗柄围绕北极星旋转（也就是围绕地轴中心在旋转）一周$365\frac{1}{4}$度，来划分出四维、二十四节气、一节15日（实际是15.2天，即$15\frac{7}{35}$天）、全年时间（365日/366日，实际是$365\frac{1}{4}$天）：

两维之间，九十一度（也）十六分度之五，而升［斗］日行一度，十五日为一节，以生二十四时之变。

斗指子，则冬至，音比黄钟。加十五日指癸，则小寒，音比应钟。……

"时"的含义有哪些？

①指四季。许慎《说文》中说："时，四时也。"《玉篇》："时，春、夏、秋、冬四时也。" "时"的本义，指季节、季度，一年有"四时"，"四时"就是四季。《汉书·艺文志·数术略》："历谱者，序四时之位，正分、至之节。"（清）顾炎武《日知录》卷一："是故天有四时，春秋冬夏，风雨霜露，无非教也。"

②指十五天（平均是15.2天）。如："十五日为一节。" "二十四时"，则是一年的时间长度（$365\frac{1}{4}$天）。这就是二十四节气纪年法的时间定义。也称"二十四节"。《史记·太史公自序》："夫阴阳、四时、八位、十二度、二十四节，各有教令。"［集解］张晏曰："二十四节，就中气也。"《汉书·律历志上》："启、闭者，节也。分、至者，中也。"全年分为"冬至"等12个中气、"大雪"等12个气节。

③时辰。指十二辰的时间。古代一昼夜分为十二辰，每个时辰合今天

3

的2小时。《广韵》"之"韵："时，辰也。"《正字通》："时，十二时。"

④小时。一昼夜的二十四分之一。即每个时辰的一半，所以叫"小时"。（清）钱大昕《十驾斋养新录·二十四时》："一日分十二时，每时又分为二，曰初，曰正，是为二十四小时。"也就是地球自转一周的时间，分为二十四小时。

所以，《说文》段玉裁注中说："时，本春、秋、冬、夏之称，引申之谓凡岁、月、日、刻之用。"清代赵翼《陔馀丛考》卷三十四"二十四节气名"："二十四节气名，其全见于《淮南子·天文篇》及《汉书·历志》。"也就是说，"时"是一个天文、历法、时间的概念，而不是文学、气象、农学、民俗等的术语。

《天文训》中说：

紫宫执斗而左旋，日行一度，以周于天，日冬至峻狼之山。日移一度，凡行百八十二度八分度之五，而夏至牛首之山。反复三百六十五度四分度之一，而成一岁。

天一元始，正月建寅，日、月俱入营室五度。天一以始建，七十六岁，日、月复以正月入营室五度，无馀分，名曰一纪。

凡二十纪，一千五百二十岁，大终。

[三终]，日、月、星、辰复始甲寅元。

日行一度，而岁有奇四分度之一，故四岁而积千四百六十一日，而复合故舍，八十岁而复故日。

如上《天文训》中的两则内容，极为复杂。主要有：

①斗柄"左旋"。北斗斗柄的运行方向，是向左边围绕北天极旋转，与地轴中心相对应。《史记·天官书》中也说："斗为帝车，运于中央，临制四方。分阴阳，建四时，均五行，移节度，定诸纪，皆系于斗。"

②"一岁"。北斗斗柄每天左旋一度，冬至指向峻狼之山（南极之山）；

夏至指向牛首之山（北极之山），全年共分为四维：4（维）×91$\frac{5}{16}$（度，"日"）≈365$\frac{1}{4}$（度，"日"）。或182$\frac{5}{8}$度×2（分）=365$\frac{1}{4}$（度，"日"）。

"反复"，即从冬至→夏至→冬至。

③"建寅"：纪年开始，夏历（一说岁星纪年，一说颛顼历，一说殷历）正月（寅月）为岁首，称为"建寅"。即北斗斗柄指向十二辰中的"寅"位。

日、月交会："营室五度"。夏历正月夜半子时（朔旦），太阳、月亮在二十八宿的营室（北方玄武七宿第六宿）五度交会。

④"一纪"。历法纪年单位。19年×4（章）=76年（27759日）。28闰。指夏历正月初一，太阳、月亮同日，夜半、子时进入营室五度，没有剩余的小分，叫作"一纪"。

"无馀分"。"馀分"，即小分。（小分）5$\frac{1}{4}$日×76（年）=399日。

76年，又叫"蔀"（bù）。《周髀算经》卷下："四章为一蔀，七十六岁。"

"十九年七闰"，也叫"一章"。《周髀算经》卷下："十九岁为一章。"《左传·僖公五年》孔颖达疏："计十九年而有七闰，古历十九年为一章，以其闰馀尽故也。"即从历元开始，经过19年后，夏历十一月冬至，日月合朔在同一时刻，但不是在夜半。

《说文》："章，乐竟为一章。"即乐章，音乐一曲为一章。引申为乐曲终尽之义。

⑤"二十纪"，即"一终"。"大终"（亦即"三终"）。76岁×20（纪）=1520岁。560闰。指回复到夏历正月、日月合朔、甲子日、夜半子时。又，《周髀算经》卷下记载："二十蔀为一遂，遂千五百二十岁。"赵爽注："遂者，竟也。言五行之德一终，竟极日、月、辰终也。"《读书杂志》王引之云："盖一终而建甲戌，积千五百二十岁。"

⑥ "二终"。《读书杂志》王引之说："二终而建甲午，积三千四十岁。"1520 岁 × 2（终）= 3040 岁。1120 闰。指夏历岁名、月名、日名，皆得复原。

⑦ "三终"。《读书杂志》王引之说："三终而复得甲寅之元，积四千五百六十岁。""三终"，1520 岁 × 3（终）= 4560 岁。1680 闰。意思是说，到三终时，日、月、星、辰又开始回复到夏历甲寅年、正月、甲子日、夜半朔旦的时刻。又，《周髀算经》卷下记载："三遂为一首，首四千五百六十岁。"赵爽注："首，始也。言日、月、五星，终而复始也。"

⑧ "四岁"。$365\frac{1}{4}$ 日 × 4（岁）= 1461 日。

"八十岁"。$365\frac{1}{4}$ 日 × 80（年）= 29220 日。黄桢说，"八十岁"= 60 日（甲子）× 487（个）= 29220 日。

意思是说，北斗斗柄日行一度，而每年有零数 $\frac{1}{4}$ 度（"日"），因此 4 年便是整数 1461 天，可以回到原来的宿位（子位），80 年后又可以回到"冬至"原来的日子（甲子日）。

《淮南子·天文训》的二十四节气纪年法（一说古四分历）体系，被《后汉书·律历志下》所继承，"志"中对"岁""至""朔""章""蔀""纪""元"等历法术语的表述是："日周于天，一寒一暑，四时备成，万物毕改，摄提迁次，青龙移辰，谓之'岁'。岁首'至'也，月首'朔'也。至、朔同日谓之'章'，同在日首谓之'蔀'，蔀终六旬谓之'纪'，岁朔又复谓之'元'。是故日以实之，月以闰之，时以分之，岁以周之，章以明之，蔀以部之，纪以记之，元以原之。然后虽有变化万殊，赢朒（nǜ）无方，莫不结系于此而禀正焉。"

《后汉书·律历志下》纪年法使用的词语，虽然和《淮南子》有所不同，但是其纪年法体系，则是基本一致的。由此可见，《淮南子·天文训》的二十四节气纪年法的首创之功，影响极为深远。

与"冬至"相对应的则是十二音律中的黄钟。《隋书·律历志上》:"黄钟者,首于冬至,阳之始也。"黄钟是古代十二律的第一律,声调宏大响亮。二十四节气纪年法同十二音律相结合,也是《淮南子》的继承和创新。

《淮南子·天文训》一年的天数为 $365\frac{1}{4}$ 日,整数则是 365 日/366 日。比如,

> 故日距日冬至四十六日而立春,阳气冻解,音比南吕。……
> 加十五日指午,则阳气极,故日有四十六日而夏至,音比黄钟。……
> 加十五日指蹄通之维,则秋分尽,故日有四十六日而立冬,音比南吕。……

按照整数时间计算,冬至→大寒,46 日。立春→惊蛰,45 日。春分→谷雨,46 日。立夏→芒种,46 日。夏至→大暑,46 日。立秋→白露,46 日。秋分→霜降,46 日。立冬→大雪,45 日,一共 366 日。

《汉书·律历志上》记载:

> 十一月,"乾"之初九也。阳气伏于地下,始著为一,万物萌动,钟于太阴,故黄钟为天统,律长九寸。

刘歆"三统历",继承《淮南子·天文训》的研究成果,把"冬至"与"黄钟"相对应,列于"天统"之位。

《淮南子·天文训》二十四节气纪年法表

节气	斗柄指向	纪年(365 日/366 日)	纪月(夏历)	十二律	黄经度数	二十八宿度数	晷影
冬至	子		十一月中	黄钟81	270°	斗21°	1.35 丈
小寒	癸		十二月节	应钟42	285°	女20°	1.25 丈
大寒	丑	46 日	十二月中	无射45	300°	虚50°	1.15 丈
立春	报德之维	$91\frac{5}{16}$ 度	正月节	南吕48	315°	危50°	1.52 丈
雨水	寅		正月中	夷则51	330°	室8°	0.95 丈

二十四节气 纪年法

续表

节气	斗柄指向	纪年（365日/366日）	纪月（夏历）	十二律	黄经度数	二十八宿度数	晷影
惊蛰	甲	45日	二月节	林钟54	345°	壁8°	0.85丈
春分	卯		二月中	蕤宾57	0°	奎14°	0.75丈
清明	乙		三月节	仲吕60	15°	胃1°	0.65丈
谷雨	辰	46日	三月中	姑洗64	30°	昴2°	0.55丈
立夏	常羊之维	$91\frac{5}{16}$度	四月节	夹钟68	45°	毕6°	0.47丈
小满	巳		四月中	太蔟72	60°	参4°	0.35丈
芒种	丙	46日	五月节	大吕76	75°	井10°	0.25丈
夏至	午		五月中	黄钟	90°	井25°	0.16丈
小暑	丁		六月节	大吕	105°	柳3°	0.25丈
大暑	未	46日	六月中	太蔟	120°	星4°	0.35丈
立秋	背阳之维	$91\frac{5}{16}$度	七月节	夹钟	135°	张12°	0.45丈
处暑	申		七月中	姑洗	150°	翼9°	0.55丈
白露	庚	46日	八月节	仲吕	165°	轸6°	0.65丈
秋分	酉		八月中	蕤宾	180°	角4°	0.75丈
寒露	辛		九月节	林钟	195°	亢8°	0.85丈
霜降	戌	46日	九月中	夷则	210°	氐14°	0.95丈
立冬	蹄通之维	$91\frac{5}{16}$度	十月节	南吕	225°	尾4°	0.52丈
小雪	亥		十月中	无射	240°	箕1°	0.15丈
大雪	壬	45日	十一月节	应钟	255°	斗6°	0.25丈

二十四节气纪年法：圭表纪年。古代利用圭表，连续两年测量太阳的回归年长度，确定冬至和夏至，从而可以确定一年的准确时间。现在测定太阳一回归年约是365日5小时48分46秒，这就是地球围绕太阳公转一周的时间。《淮南子·天文训》中记载：

日冬至，八尺之脩，日中而景丈三尺。

日夏至，八尺之景，脩径尺五寸。

"表"的高度是八尺。冬至午时，测得太阳影长是一丈三尺。夏至午

8

时，测得日影长度是一尺五寸。一个太阳年，就是 $365\frac{1}{4}$ 日。

元代天文学家郭守敬，在河南登封测星台，曾经制造 40 尺高的"表"。而《清史稿·天文二》中也记载，明、清时代北京城建造用来观测天象的圭表："明于北京齐华门内，倚城筑观象台。""台下有晷影堂、圭表、漏壶，清初因之。"

二十四节气纪年法：纪月。《淮南子·天文训》中保留了完整的夏历十二朔望月的数据，就是每月、每年的运行时间。而"冬至"则是日、月合朔计时的起点，作为阴阳合历，必须用十九年七闰来进行调节：

月，日行十三度七十六分度之二十六，二十九日九百四十分日之四百九十九而为月，而以十二月为岁。岁有馀十日九百四十分日之八百二十七，故十九岁而七闰。

这里说，月亮每天进行 $13\frac{28}{76}$ 度，$29\frac{499}{940}$ 日而为一月，而把十二个月作为一岁（今测定是 354.367 日）。每年尚差 $10\frac{827}{940}$ 日，不够 $365\frac{1}{4}$ 日。因而十九年有七次闰年。

关于闰月，《尚书·尧典》中说："朞三百有六旬有六日，以闰月定四时，成岁。"（宋）胡士行撰《尚书详解》卷一："故三年一闰，五年再闰，十九年七闰为一章，二十七章为会，三会为统，三统为元，而后春夏秋冬不差，而后岁功成。"意思是说，一周年是 366 天，要用加闰月的办法，确定春夏秋冬四季，而成一岁。比如，2014 年闰九月，2017 年闰六月。

汉武帝时把秦朝、西汉前期使用的颛顼历（夏历十月为岁首），改为"太初历"（夏历正月为岁首），十二朔望月每月时间为 $29\frac{43}{81}$ 日，太阳一回归年长度为 $365\frac{385}{1539}$ 日。但是使用 188 年后，误差半日，东汉章帝元和二年（85 年），李梵、编䜣等又对太初历进行了改进，称之为"四分历"。

二十四节气纪年法：四季、十二月（夏历）。

《淮南子》中专门有两处论及十二月（夏历）及四季、十二月（夏历）。

其一，十二音律主十二月（夏历）。《淮南子·天文训》中记载：

> 故黄钟位子，其数八十一，主十一月，下生林钟。林钟之数五十四，主六月，上生太蔟。太蔟之数七十二，主正月，下生南吕。南吕之数四十八，主八月，上生姑洗。姑洗之数六十四，主三月，下生应钟。应钟之数四十二，主十月，上生蕤宾，蕤宾之数五十七，主五月，上生大吕。大吕之数七十六，主十二月，下生夷则。夷则之数五十一，主七月，上生夹钟。夹钟之数六十八，主二月，下生无射。无射之数四十五，主九月，上生仲吕。仲吕之数六十，主四月，极不生。

十二音律主十二月（夏历）表

十二律	十二辰	上、下生	管长（整数）	月份（夏历）
黄钟	子		81	十一月
林钟	未	下生	54	六月
太蔟	寅	上生	72	正月
南吕	酉	下生	48	八月
姑洗	辰	上生	64	三月
应钟	亥	下生	42	十月
蕤宾	午	上生	57	五月
大吕	丑	上生	76	十二月
夷则	申	下生	51	七月
夹钟	卯	上生	68	二月
无射	戌	下生	45	九月
仲吕	巳	上生	60	四月

其二，《淮南子·时则训》中春、夏、秋、冬四季的"孟""仲""季"，采用夏历十二月，来对应二十四节气纪年：

> 孟春之月，招摇指寅，昏参中，旦尾中。其位东方。立春之日……
> 孟夏之月，招摇指巳，昏翼中，旦婺女中。其位南方。立夏之日……

孟秋之月，招摇指申，昏斗中，旦毕中。其位西方。立秋之日……

孟冬之月，招摇指亥，昏危中，旦七星中。其位北方。立冬之日……

孟春：斗柄招摇，寅。立春，夏历正月节。二十八宿：参/尾。方位：东方。

孟夏：斗柄招摇，巳。立夏，夏历四月节。二十八宿：翼/婺女。方位：南方。

孟秋：斗柄招摇，申。立秋，夏历七月节。二十八宿：斗/毕。方位：西方。

孟冬：斗柄招摇，亥。立冬，夏历十月节。二十八宿：危/七星。方位：北方。

二十四节气纪年法：四季、十二月（夏历）表

四季	北斗斗柄	十二辰	二十八宿	方位	节气	月份（夏历）
孟春		寅	参/尾	东方	立春/雨水	正月
仲春		卯	弧/建星	东方	惊蛰/春分	二月
季春		辰	七星/牵牛	东方	清明/谷雨	三月
孟夏		巳	翼/婺女	南方	立夏/小满	四月
仲夏		午	亢/危	南方	芒种/夏至	五月
季夏	招摇	未	心/奎	中央	小暑/大暑	六月
孟秋		申	斗/毕	西方	立秋/处暑	七月
仲秋		酉	牵牛/觜巂	西方	白露/秋分	八月
季秋		戌	虚/柳	西方	寒露/霜降	九月
孟冬		亥	危/七星	北方	立冬/小雪	十月
仲冬		子	昏璧/轸	北方	大雪/冬至	十一月
季冬		丑	娄/氐	北方	小寒/大寒	十二月

应当指出的是，《吕氏春秋·十二纪》《礼记·月令》和《淮南子·时则训》，使用的夏历，都是相同的，这和当时秦代、西汉前期官方使用的颛顼历是不同的，其中纠正了颛顼历的失误，计时更加精准，这也显示了《吕氏春秋》和《淮南子》严谨求真的科学态度。

二十四节气纪年法

二十四节气纪年法：五音、十二律纪日。日，就是地球自转一周的时间，也就是一昼夜。孔颖达在《尚书正义·洪范》中说："从夜半以至明日夜半，周十二辰为一日。"

《淮南子·天文训》中说：

以十二律应二十四时之变。甲子，仲吕之徵也；丙子，夹钟之羽也；戊子，黄钟之宫也；庚子，无射之商也；壬子，夷则之角也。

这段极其复杂的内容，说的是《淮南子·天文训》用五音、十二律相对应，来表示二十四节气纪年法中"纪日"的时间变化。也就是采用五音、十二律"旋宫"的方法，来排列六十甲子的变化。它与干支纪年法（十天干、十二地支）、岁星纪年法/太岁纪年法（10岁阳、12岁阴）相近。甲子，处于仲吕之徵时，是"冬至"的开始；丙子，处于夹钟之羽时，是冬至后13日；戊子，处于黄钟之宫时，是冬至后25日；庚子，处于无射之商时，是冬至后37日；壬子，处于夷则之角时，是冬至后49日。其余，以此类推。

五音十二律旋宫以当六十甲子表

应钟亥	无射戌	南吕酉	夷则申	林钟未	蕤宾午	仲吕巳	姑洗辰	夹钟卯	太蔟寅	大吕丑	黄钟子	十二律吕 / 五音
姑洗之徵乙亥	夹钟之徵甲戌	太蔟之徵癸酉	大吕之徵壬申	黄钟之徵辛未	应钟之徵庚午	无射之徵己巳	南吕之徵戊辰	夷则之徵丁卯	林钟之徵丙寅	蕤宾之徵乙丑	仲吕之徵甲子	徵
太蔟之羽丁亥	大吕之羽丙戌	黄钟之羽乙酉	应钟之羽甲申	无射之羽癸未	南吕之羽壬午	夷则之羽辛巳	林钟之羽庚辰	蕤宾之羽己卯	仲吕之羽戊寅	姑洗之羽丁丑	夹钟之羽丙子	羽
应钟之宫己亥	无射之宫戊戌	南吕之宫丁酉	夷则之宫丙申	林钟之宫乙未	蕤宾之宫甲午	仲吕之宫癸巳	姑洗之宫壬辰	夹钟之宫辛卯	太蔟之宫庚寅	大吕之宫己丑	黄钟之宫戊子	宫
南吕之商辛亥	夷则之商庚戌	林钟之商己酉	蕤宾之商戊申	仲吕之商丁未	姑洗之商丙午	夹钟之商乙巳	太蔟之商甲辰	大吕之商癸卯	黄钟之商壬寅	应钟之商辛丑	无射之商庚子	商
林钟之角癸亥	蕤宾之角壬戌	仲吕之角辛酉	姑洗之角庚申	夹钟之角己未	太蔟之角戊午	大吕之角丁巳	黄钟之角丙辰	应钟之角乙卯	无射之角甲寅	南吕之角癸丑	夷则之角壬子	角

二十四节气纪年法：十六时。 古代每天的计时方法，有十时辰、十二时辰、百刻制、十六时辰等多种方法。《淮南子·天文训》中记载：

> 日出于旸谷，浴于咸池，拂于扶桑，是谓晨明。……日入于虞渊之氾，曙于蒙谷之浦，有五亿万七千三百九里，禹（王念孙《读书杂志》云：当为"离"，"离"者"分"也。）以为朝、昏、昼、夜。
>
> 高诱注："自旸谷至虞渊，凡十六所，为九州七舍也。"

一昼夜的时间，是根据太阳从东方旸谷升起，经过十六个地方，一直进入虞渊的水边。太阳的东升西落，便是十六时的依据。具体时间安排是：

十六时表

朝		晨明	朏明	旦明
昏	小还	餔时	大还	高春
昼	蚤食	晏食	隅中	正中
夜	下春	县车	黄昏	定昏

这里的"正中"，可以认定是正当午时，即今天的 12 点。其他的时间，都不能用埃及人发明的 24 小时制来套用。十六时制，分为"朝、昏、昼、夜"四个时段，每个时段，相当于今天的 6 个小时。

这样，以"冬至"为起点的二十四节气纪年法的各项时间要素，即四季、纪年（即 $365\frac{1}{4}$ 度，"日"）、纪月（采用夏历十二月）、纪日（六十甲子）、十六时制、节气（15 天/15.2 天）、二十四节气（365 日/366 日）、闰年（十九年七闰）、一章（19 年）、一纪（76 年）、一终（1520 岁）、二终（3040 年）、三终（4560 年）等的全部时间的规定，都有了定位，显示了淮南王刘安和其门客的科研团队，具有高超的天文、历法、数学、音律等方面的科研水平。

有关"冬至"的文献。 2018 年 11 月至 2019 年 3 月，湖北荆州博物馆

| 二十四节气 纪年法

在胡家草场墓地发掘大量竹简。在《日至》简的正面，写有"冬至、立春、春分、立夏、夏至、立秋、秋分、立冬"等8个节气。根据研究者判断，竹简时代应在汉文帝前元十六年（前164年）前后。这时距离《淮南子》二十四节气纪年法的定型，还有25年。

司马迁撰写的《史记·律书》中记载：

《历术甲子篇》："太初元年，岁名焉逢摄提格，月名毕聚，日得甲子，夜半朔旦冬至。"

这里说，汉武帝太初元年（前104年），岁名叫"焉逢摄提格"，月名叫"毕聚"，日逢甲子，夜半太阳、月亮合朔的时刻，就是冬至。这时，冬至点处在"正北"方，就是《淮南子·天文训》中的地支"子"位，"太初历"正式开始运行。

班固的《汉书·律历志下》中，记载的"朔旦"，在二十八宿的"斗、牛之间"：

十一月甲子朔旦冬至，日月在建星。
○宋祁曰："建星在斗后十三度，在牵牛前十一度，当云在斗、牛之间。中牵牛初，冬至。于夏为十一月，商为十二月，周为正月。"

这里又特别指出，"冬至"之时，夏、商、周三代历法的时间是不同的。"冬至"夏历定在十一月，而商历在夏历十二月，周历在夏历正月，秦历在夏历十月。

清代学者朱右曾撰《逸周书集训校释》中说："造历必始于'冬至'，以正气朔，故曰'日月权舆'。"

中国天文、数学名著《周髀算经》，在"二十四节气"一节中，按照"冬至"往下依次排列的顺序，其中"冬至"日影的长度是："冬至晷（guǐ）长丈三尺五寸。"这应该是当时的测定，"冬至"日影最长，竟有1.35丈。

14

后晋刘昫等撰写的《旧唐书·历志二》中记载:"中气,冬至。律名,黄钟。日中影,一丈二尺七寸五分。"

南朝宋代范晔编撰的《后汉书·律历下》中,记载的"二十四节气",从"冬至"开始,按照夏历月份、二十八宿度数排列:"天正十一月,冬至。""冬至,日所在,斗二十一度,八分退二。晷景,丈三尺。昼漏刻,四十五。夜漏刻,五十五。"

《周礼注疏》中说:"十一月,大雪节,冬至中。""冬至昼则日见之漏四十刻,夜则六十刻。"也就是说,夏历把大雪、冬至安排在十一月。白天、黑夜的时间长度,分别是四十刻、六十刻。每"刻"相当于今天的15分钟。

《清史稿》第四十八卷《时宪志四》:"求节气时刻。日躔(chán)初宫,丑,星纪,初度为冬至。"《清史稿》是中华民国初年由清史馆馆长赵尔巽主编的清朝296年的历史典籍,其天象是当时的实测记录。意思是,太阳运行的轨迹,在黄道十二宫的"初宫"位置,十二辰的"丑"位,十二次的"星纪","初度"就是"冬至"之时。

"冬至"在《吕氏春秋·音律》中又叫"日短至"。东汉学者高诱注中说:"冬至日,日极短,故曰日短至。"而《淮南子·天文训》中则是第一次命名为"冬至"。《史记·律书》中采用了《淮南子》的观点:"气始于冬至,周而复始。""气",指阴气、阳气。"阳气",始于"冬至",盛于夏至。"阴气",始于夏至,盛于冬至。

《尚书·尧典》中记载:"日短,星昴,以正仲冬。""日短",指冬至之日,白天最短,日影最长。"昴",是西方白虎七星的第四宿。"仲冬",即冬季的第二个月,就是夏历的十一月,包括大雪(十一月节)、冬至(十一月中)两个节气。《尧典》的意思是说,冬至白天时间最短,西方白虎七宿的昴星日落时出现在正南方,根据这些天象,来确定仲冬的时节。

"冬至""至",《淮南子》中为什么这样命名?元代吴澄编撰的《月令七十二候集解》解释说:"十一月中,终藏之气,至此而极也。"《尸子》卷下中说："北方为冬。冬，终也。"这里说，"冬"的方位指向北方，阳气终结。冬、终，古人用声训的办法，解释为什么取名叫作"冬"。

明代高濂撰《遵生八笺》卷六引《孝经纬》中也说："大雪后十五日，斗指子，为冬至。阴极而阳始至。"

清代李光地等编撰的《御定月令辑要》详细进行了解读："《孝经说》：斗指子为冬至。'至'有三义：一者阴极之至。二者阳气始至。三是日行南至。"

古代诸多文献，对"至"和"冬至"的解释，准确而完整。

由此可知，二十四节气纪年法的科学规定，是从"冬至"开始的。它是按照北斗斗柄的运行、十二音律的规定、太阳和月亮运行"朔旦"在"冬至"交会、二十八宿的位置和度数、圭表的测量、天文仪器的观测等，全部的"推步"的数据计算，都是以"冬至"为起点。

现代天文学认为，冬至的时候，太阳几乎直射南回归线，北半球白昼最短，黑夜最长。之后阳光直射位置逐渐北移，白昼时间逐渐变长。宋代张君房编写的《云笈七签》卷一百中说："十一月律为黄钟，谓冬至一阳生，万物之始也。"也就是说，冬至虽然阴气最盛，但是阳气已经产生了。

天文学上规定"冬至"为北半球冬季的开始。中国大部分地区受到冷高压空气控制，北方寒潮南下，秦岭—淮河一线的北方地区，平均气温在零度以下。冬至是数"九"的开始。

二十四节气纪年法：七十二候。

五日为"候"。元代吴澄《月令七十二候集解》中说："夫七十二候，吕不韦载于《吕氏春秋》，汉儒入于《礼记·月令》，与六经同传不朽。后魏载之于历，欲民皆知，以验气序。"这里指出，在《吕氏春秋·十二纪》之中，开始出现有关记载。而在《淮南子·天文训》二十四节气纪年法中，并没有七十二候。但是，七十二候的内容，记载在《淮南子·时则训》之中，应当采自《吕氏春秋·十二纪》。也就是说，"七十二候"的名称，是较晚才出现的。

作为计时单位的"候"，较早见于《黄帝内经·素问·六节藏象大论》中说："五日谓之候，三候谓之气，六气谓之时，四时谓之岁，而各从其主治焉。"唐代著名医学家王冰解释说："候，谓日行五度之候也。"就是说，地球围绕太阳公转一周，就是 $365\frac{1}{4}$ 度，也就是一年 $365\frac{1}{4}$ 天，每五天叫一"候"，每个节气又分成三"候"，六个节气合成一季，四季合成为一年（365日/366日）。这样的划分，为二十四节气纪年法提供了"五"天之内具体的标志性物象。

北魏"正光历"。第一次把"七十二候"编入历法系统的，是北魏张龙祥、李业兴等"为主"编撰的国家历法"正光历"（522年），其中就有七十二候的详细内容。而第一次把七十二候列入正史的，是南北朝北齐史学家魏收所著的《魏书》。"正光历"距《淮南子·天文训》二十四节气纪年法，已经661年。《魏书·律历志》中记载说：

推七十二候术曰：

冬至，虎始交，芸始生，荔挺出。

小寒，蚯蚓结，麋角解，水泉动。

大寒，雁北向，鹊始巢，雉始雊。

立春，鸡始乳，东风解冻，蛰虫始振。

雨水，鱼上冰，獭祭鱼，鸿雁来。

惊蛰，始雨水，桃始华，仓庚鸣。

春分，鹰化鸠，玄鸟至，雷始发声。

清明，电始见，蛰虫咸动，蛰虫启户。

谷雨，桐始花，田鼠化为鴽，虹始见。

立夏，萍始生，戴胜降于桑，蝼蝈鸣。

小满，蚯蚓出，王瓜生，苦菜秀。

芒种，靡草死，小暑至，螳螂生。

夏至，鵙始鸣，反舌无声，鹿角解。

小暑，蝉始鸣，半夏生，木槿荣。

大暑，温风至，蟋蟀居壁，鹰乃学习。

立秋，腐化为萤，土润溽暑，凉风至。

处暑，白露降，寒蝉鸣，鹰祭鸟。

白露，天地始肃，暴风至，鸿雁来。

秋分，玄鸟归，群鸟养羞，雷始收声。

寒露，蛰虫附户，杀气浸盛，阳气始衰。

霜降，水始涸，鸿雁来宾，雀入大水化为蛤。

立冬，菊有黄花，豺祭兽，水始冰。

小雪，地始冻，雉入大水化为蜃，虹藏不见。

大雪，冰益壮，地始坼，鹖旦不鸣。

术曰：因"冬至，虎始交"后，五日一候。

"正光历"和《魏书》的"七十二候"，历代备受重视，古代农书、历书、史书、道书、《易》书、占卜书等，大都依循这个传统，成为按照二十四节气纪年法，顺应天道自然规律，安排农业生产，实施政策法令的国家规定。但是也保留了五种对物候的错误记载，需要加以纠正。

古代记载、研究、涉及七十二候的著作、图表有数十种，比如：元朝吴澄撰写的《月令七十二候集解》，这本书的特色是，把七十二候分别归属于二十四节气之下，然后加以解释。比如"夏至"是："五月中。夏，假也，至也，极也。万物于此皆假大而至极也。"而"春分"是："二月中。分者，半也。此当九十日之半，故谓之分。"

明末学者黄道周所编写的《月令明义》，设计了《月令气候生和总图》，排列二"至"、二"分"、四"立"，并且对应七十二候。

《逸周书·时训解》。按照夏历春、夏、秋、冬四季的顺序，第一次完整归纳"七十二候"的，是《逸周书·时训解》。比如："立春之日，东风解冻；又五日，蛰虫始振；又五日，鱼上冰。"

对于《逸周书·时训解》，南宋学者王应麟在《困学纪闻》卷五《礼仪》中，做了详细的考证，他认为《时训解》作于西汉晚期刘歆之后，属于伪托之作。虽然是"伪托"，但是也有参考价值。

第一，归纳出了七十二候，按照"五日"一"候"的顺序排列，使二十四节气与物候之间的联系，更加规范和细致。

第二，按照夏历春、夏、秋、冬四季的顺序，编排二十四节气，对于农耕社会的百姓，使用起来更加方便。

《时训解》的"夏历"四季编排法，它与根据天文、历法、音律等制定的以"冬至"为起点的科学的二十四节气纪年法，存在着一定的差距，容易使人产生"立春"是"第一节气"的误解。

冬至三候

二十四节气纪年法，与自然界的物候现象密切相关。物候是大自然的语言，动物、植物长期以来适应气候、温度条件，而产生周期性变化，形成相应的生长规律。

对于物候现象，记载较早的是《大戴礼记·夏小正》，比如"正月"就有"启蛰""雁北乡""雉"等，总共记载了80多种物候现象。

冬至第一候（1—5日）。《淮南子·时则训》："丘蚓结。"东汉高诱注："丘蚓，虫名也。结，屈结也。"这里说，蚯蚓弯曲缠绕在一起。

《吕氏春秋·仲冬纪》高诱注："蚯蚓，虫也。结，纡（yū）也。"《月令七十二候集解》："蚯蚓结，六阴寒极之时，蚯蚓交相结而如绳也。"蚯蚓是冬眠动物，卷曲在土里，度过漫长的冬天。

明代医学家李时珍的《本草纲目·虫部》第四十二卷记载了蚯蚓的一种药用价值："（陶）弘景曰：'干蚓熬作屑，去蛔虫甚有效。'"

冬至第二候（6—10日）。《淮南子·时则训》："麋（mí）角解。"高诱注："麋角解堕，皆应微阳气也。"

麋，指麋鹿。角像鹿，头像马，体像驴，蹄像牛，俗称"四不像"，这是我国特有的野生动物。目前，麋鹿属于国家一级保护动物。清光绪二十六年（1900年），出于八国联军侵华等原因，我国最后一群麋鹿在北京南海子消失。1985年至1987年，我国政府先后从英国引入38只和39只麋鹿。现在，全国建立了45处麋鹿迁地保护种群。其中有湖北石首、湖南洞庭湖、江苏盐城湿地珍禽保护区，在江西鄱阳湖、内蒙古大青山保护区建立了麋鹿野生种群。我国现有麋鹿种群已经超过12000只，野化驯养的超过5000只。

出土文献中也发现"麋鹿"的记载。1972年山东临沂银雀山汉墓出土竹简，其中有《三十时》，记载"日冬至，麋解，巢生"。研究者考定简文写于公元前140年至前118年。

古人认为，麋和鹿相似而不同种，鹿是山居之兽，属阳；麋是水泽之兽，属阴。东汉许慎《说文解字》中说："麋，鹿属。冬至解其角。"这种动物很奇特，每年夏历十月，雄性麋鹿就要脱角一次。《淮南子·天文训》中说："日至而麋角解。"高诱注："日冬至，麋角解。日夏至，鹿角解。"《地形训》中说："麋鹿故六月而生。"就是说，麋鹿孕育六个月才能出生。李时珍撰写的《本草纲目·兽部》第五十一卷记载："麋，茸。[主治]：阴虚劳损，一切血病，筋骨腰膝酸痛，滋阴益肾。"麋茸，具有很高的药用价值。

冬至第三候（11—15日）。《淮南子·时则训》："水泉动。"这里说的是，深埋于地底的水泉，由于阳气引发，开始流动。

《逸周书·时训解》陈逢衡云："'水泉动'者，泉浚于地，阳气聚于内，故禀微阳而动。动，谓气始达也。"

花信风。南宋末年陈元靓撰写的《岁时广记》有"花信风"条目："（宋代孙宗鉴撰写）《东皋杂录》：'江南自初春至初夏，五日一番风候，谓之花信风。'（宋代）徐师川诗云：'一百五日寒食雨，二十四番花信风。'"番，即次数。《广韵》"元"韵："番，数也。"花信，即花期。花信风，就是对应花期而吹来的风。

清代康熙年间编订的《御定月令辑要》，记载从小寒到谷雨，共4个月8个节气，每5天为一候，共有二十四候，每候对应一种花的信风，详细列举了二十四候的花名。

当代学者王辰、林雨菲编写的《七十二番花信风》，也列出了七十二"候"的代表性花名："冬至第一候：瑞香。第二候：粉蝶。第三候：猩猩花。"

瑞香，美丽花木，玲珑可爱。原产于长江流域。李时珍撰写的《本草纲目·草部》卷十四列有"瑞香"："（李）时珍曰：南方州郡山中有之。枝干婆娑，柔条厚叶，四时青茂。冬春之交，开花成簇，长三四分，如丁香状，有黄、白、紫三色。"而同样的"瑞香"，清代康熙朝编订的《御定月令辑要》"二十四番花信风"，列在"大寒""一候"内。

* 冬至民俗 *

冬至大如年。清代顾禄撰写的《清嘉录》"十一月"有"冬至大如年"的说法，"郡人最重冬至节"，"吴门风俗多重至节"。"吴门"和全国其他地方一样，"冬至"也是民间重要的民俗、节庆活动。民俗活动主要是祭祀，包括祭天、祭祖、祭神等。

冬至：祭"天"。《论语·泰伯》中说："唯天为大，唯尧则之。"只有"天"是伟大而崇高的，只有尧才效法"天"。天子祭"天"，对于占据统治地位的人来说，这才算正宗。《左传·成公十三年》："国之大事，在祀与戎。"天子的祭"祀"，居于首位。冬至祭"天"的文献记载，较早的见于春秋时期的公元前629年。《公羊传·僖公三十一年》："天子祭天，诸侯祭土。"《周礼·春官·大宗伯》东汉学者郑玄的注释中说："'昊（hào）天上帝'，冬至于圜丘所祀天皇大帝。"《周礼·春官·大司乐》中记载："冬至日，于地上之圜丘奏之。"天子祭天，要演奏盛大的礼神音乐。祭"天"的"圜丘",象征"天圆"。圜,模拟上天的圆形;丘,自然形成的高丘。汉武帝元鼎五年(前112年),开始了汉朝皇帝的冬至祭天仪式。唐代祭天大典也在冬至日举行。明、清时期,皇帝在北京天坛举行祭天仪式,祈求来年风调雨顺,表达对上天和自然的尊崇之情。根据统计,从明朝明成祖朱棣永乐年间(1403—1424),到1912年民国政府废除祭天仪式,在漫长的490多年的时间内,在天坛祭天的就有22位皇帝,举行祭天仪式有654次。

冬至:祭"祖"。《说文》:"祖,始庙也。""祖"的本义,指的是祖先的宗庙。《史记·五帝本纪》中记载了舜帝祭祖之事:"十一月,北巡狩。归,至于祖祢(mí)庙,用特牛礼。"可以知道,在遥远的舜帝时代,就有了祭祖的仪式。《周礼·春官·神仕》中说:"以冬至日致天神、人鬼。""冬至"这一天,家庭、家族要在祖庙、家庙里祭祀祖宗先人。明代嘉靖江西《南康县志》记载:"冬至祀先于祠,醮(jiào)墓如清明。"古代祭祖习俗,世代相传。缅怀祖先,激励后人,成为华夏的礼仪传统之一。中国二十四节气纪年法传到东亚、南亚之后,这些国家的民俗也深受影响。据陈雪莲、周晓飞的《中日冬至习俗对比研究》介绍,2013年日本104所神社,在冬至日举行"冬至祭"。

民间贺"冬至"。古代民间非常重视"冬至"节。虽然冬至阴气最盛,但是阳气接着兴起,预示着希望的到来。《淮南子·时则训》说:"是月也,日短至,阴阳争。"意思是,这个月里,白天长,夜里短,阴气、阳气互相交锋。"冬至"作为节日,源于汉朝,官方庆贺冬至。宋代杨侃《两汉博闻》中记载说:"冬至阳气起,君道长,故贺。"官员还要放假休息。宋代沿袭冬至节习俗,要更换新衣,摆酒设宴,祭祀先祖,即使贫困的家庭,也很重视冬至节的习俗。宋代孟元老撰写的《东京梦华录》中说:"十一月冬至,京师最重此节。虽至贫者,一年之间积累假借,至此日更易新衣,备办饮食,享祀先祖。官放关扑,庆贺往来,一如年节。"清人徐士鋐《吴中竹枝词》写尽民间"冬至"节的欢悦:"相传冬至大如年，贺节纷纷衣帽鲜。毕竟勾吴风俗美，家家幼小拜尊前。"清代潘荣陛编写的《帝京岁时纪胜》写道："预日为冬夜，祀祖羹饭之外，以细肉馅包角儿奉献。谚所谓'冬至馄饨夏至面'之遗意也。""预日"，指前一天。"角儿"，即饺子、角子、水角儿，古代京味方言。

＊冬至养生＊

冬至美食：饺子。班固撰《汉书》卷四十三中说："民以食为天。"冬至节的饮食，是老百姓特别关注的事情。冬至北方盛行吃饺子。东汉末年著名的医学家张仲景，著有《伤寒杂病论》十六卷，已经失传，现在只保存了《伤寒论》十卷、《金匮玉函要略方》三卷。张仲景曾经担任长沙太守，并在大堂上行医看病。传说张仲景辞官回乡，看到家乡南阳疾病流行，天寒地冻，很多百姓冻伤了耳朵，于是在南阳东关搭上医棚，熬煮成了"驱寒娇耳汤"的药膳；再用羊肉和胡椒等中药，做成饺子的形状，每人分得两个，再加上喝羊肉汤，很快就治好了冻伤。南阳民谣唱道："冬至不端饺子碗，冻掉耳朵没人管。"

《黄帝内经·四气调神篇》。数九寒天，阴气极盛，人体的阴气也极为充实，因此要特别注意蓄藏阴精。《黄帝内经·素问·四气调神篇》中说："冬三月，此为闭藏。早卧晚起，必待日光。去寒就温，此冬气之应，养藏之道也。"意思是说，冬季三月，这是万物生机闭藏的季节。应该早卧晚起，一定等待日光出来。避开寒冷，靠近温暖的地方，这是适应冬季蓄养藏伏的办法。

有关冬至养生，《淮南子·时则训》中说：在这个月里，君子要整洁身心，居处必须掩藏身形，以求得安静。抛开音乐、美色，禁止贪欲奢求，宁静自己的身体，安定自己的心性。

孙思邈《修养法》。唐代"药王"孙思邈的《孙真人修养法》中说："是月肾脏正旺，心肺衰微，宜增苦味，绝咸，补理肺胃，闭关静摄，以迎初阳，使其长养，以全吾生。"意思是说，仲冬十一月修养法中需要注意的是，这个月肾脏旺盛，心肺衰弱，要特别注意保养"心肺"。

陈抟二十四节气坐功：冬至。清代康熙四十年今福建闽侯人陈梦雷奉敕编辑的古代最大类书《古今图书集成·明伦汇编·人事典·养生部汇考二》，收录了明代高濂撰写的《遵生八笺·四季摄生全录》，其中保留了珍贵的北宋高道陈抟二十四节气坐功图。内容包括经脉、运气、功法、治病等。《陈希夷冬至十一月中坐功》中记载：

运主太阳终气，时配足少阴肾君火。

每日子、丑时，平坐，伸两足，拳两手，按两膝，左右极力二、五度。叩齿，咽液，吐纳。

治病：手足经络寒湿，脊股内后廉痛，足痿厥，嗜卧，足下痛，脐痛，左胁下背痛，髀间痛，胸中满，大小腹痛，大便难，腹大，颈肿，咳嗽，腰冷如冰（反）[及]肿，脐下气逆，小腹急痛，泄泻，肿足，䯒寒而逆，冻疮，下痢，四肢不收。

＊冬至农事＊

二十四节气纪年法，对于中国古代的农耕社会，具有重要的指导意义。太阳东升西落，月亮的盈亏圆缺，循环往复，周而复始；寒来暑往，四时更替；春种秋收，五谷繁殖，莫不同二十四节气纪年法紧密相连。

北魏贾思勰撰《齐民要术·序》中说："尧命四子，敬授民时；舜命后稷，食为政首。"意思是说，尧命令羲叔、羲仲、和叔、和仲，敬记天时，授民历法。舜命令后稷，粮食是治政头等大事。这也就是《淮南子·天文训》制定二十四节气纪年法的理论基础。

冬至农谚。黄淮流域有关农谚有："犁田冬至内，一犁比一金。冬至前犁金，冬至后犁铁。"这里说，冬至耕田，特别重要。"冬至天气晴，来年百果生"。冬至的阴晴，影响着各种果树的收成。"冬至强北风，注意防霜冻"。冬至寒冷，再刮强北风，往往发生大面积霜冻。"冬至萝卜夏至姜，适时进食无病痛"。这里说，冬至时节进食萝卜，有一定的滋补作用。"冬至晴一天，春节雨雪连"。冬至若是晴天，春节就要下雨雪。"吃了冬至饭，一天长一线"。冬至以后，阴气逐渐消退，阳气慢慢增长。

吉林农谚："冬至雪茫茫，来年满仓粮。"冬至下大雪，来年粮食大丰收。广东农谚："冬至出日头，过年冷死牛。"广东的气象是，冬至暖，春节寒。新疆农谚："冬至无云三伏热，重阳无雨一冬晴。"冬至与三伏，有对应关系。

《九九歌》。全国各地的纬度不同，气候差别很大，古今都有《九九歌》。黄淮流域流传的民谣说："一九、二九不出手；三九、四九冰上走；五九、六九沿河看柳；七九河开，八九雁来；九九加一九，耕牛遍地走。"把节气、天象、物候、植物、动物、阴阳变化等，巧妙地编制在一起。"冬至连'九'数"，九九八十一天，寒气才能够消退。

冬至农事。《淮南子·时则训》中记载："冬至"时节，农事活动非常重要。第一，在这个月里，农民有不去收藏采集的，让牛马等家畜乱跑的，取来不加责难。第二，山林湖泽，有能够采集果实、捕猎禽兽的，主管山林之官可以指教他们。第三，他们中有互相侵夺的，处罚不加赦免。

可以知道，冬至是收获、储藏、捕猎的季节，告诫百姓要准备充足的食物，以便度过严寒的冬天。主管官员，要指导农民收获、采集。对于乱采滥伐的，要严加处罚。

＊ 冬至文化 ＊

二十四节气纪年法，自从汉武帝太初元年（前104年）颁行全国以后，2000多年来，已经融入中国人民的文化和精神生活之中。在诗词曲、戏剧、小说、雕塑、绘画等各种艺术形式，都受到二十四节气纪年法的直接影响。

《七月》：周历。中国春秋时代的诗歌总集《诗·豳风·七月》中写道："七月流火，九月授衣。一之日觱（bì）发，二之日栗烈。"

这里的"一之日"，指的是周历、豳历的正月，就是夏历的十一月，正是"冬至"之时。"二之日"，指周历、豳历的二月，则是夏历十二月，正值小寒、大寒。这里说，七月火星流向西方，九月分派制作衣裳。正月（夏历十一月）里寒风劲吹，二月（夏历十二月）里朔风凛冽。

《红楼梦》：冬至。清代曹雪芹《红楼梦》第十一回写道秦可卿病重，贾母等日日差人看视："且说贾瑞到荣府来了几次，偏都遇见凤姐儿往宁府那边去了。这年正是十一月三十日冬至。"这个"冬至"，可不寻常，有人考证，就是明末崇祯五年（1632年）冬至，皇帝在煤山上吊自杀。秦可卿之死，隐喻皇帝归天。

《红楼梦》第五十回写道"芦雪庵争联即景诗"，其中有"葭动灰飞管，阳回斗转杓"。两句中包含了三个内容：其一，《淮南子·天文训》"斗指子则冬至"，北斗斗柄三颗星，称为"杓"，围绕北天极旋转$365\frac{1}{4}$度（日），就是二十四节气纪年法中的一年。其二，《淮南子·天文训》十二音律与二十节气纪年法。这里关于"候气法"的记载，可能官府仍在使用。十二支律"管"，放上"葭灰"，节气到来的时刻，"葭灰"便冲到管外。其三，"冬至"阴气最盛，但是"冬至一阳生"，这就是"阳回"。可知曹雪芹具有高深的天文、历法、音律等知识，对于《淮南子·天文训》二十四节气纪年法非常熟悉。

杜甫《小至》。唐代诗人杜甫特别重视冬至，先后写了《小至》《冬至》《至后》等诗作。其中《小至》中写道："天时人事日相催，冬至阳生春又来。刺绣五弦添弱线，吹葭六管动浮灰。"

诗中说，天时、人事的变化，每天都在相互催促着。过了冬至，阳气逐渐产生，春天就要来到了。阳气就像宫女们刺绣添加的细线，一天天在增加。三重密室里用来测定二十四节气的十二律的律管，里面蒹葭的灰尘，随着节气的变化而浮动。

杜甫用诗的语言，生动地描绘了即将冬去春来的喜悦，并且记载了唐代使用十二律，来测定二十四节气纪年法的准确时间。"六管"，指十二律管，分成六阳律（黄钟、太蔟、姑洗、蕤宾、夷则、无射）和六阴律（大吕、夹钟、仲吕、林钟、南吕、应钟）。"葭""灰"，根据"候气法"的记载，在竹管中放入蒹葭的"灰"，节气到来时，"灰"便冲出；再用漏壶，测定时刻。

朱淑真《冬至》。宋朝女诗人朱淑真，在《冬至》诗中写道："黄钟应律好风催，阴伏阳升淑气回。葵影便移长至日，梅花先趁小寒开。八神表日占和岁，六管飞葭动细灰。已有岸旁迎腊柳，参差又欲领春来。"

这里的十二律"黄钟"，同二十四节气"冬至"相对应，时间在夏历（也称农历）十一月，也是用十二律中的"六管""飞葭"来确定节气时间。虽然寒风凛冽，挺立寒冬的植物冬"葵""梅花""腊柳"，必将迎着"好风"，美好的春天就要来到了。

杜甫和朱淑真的诗作充分说明，唐、宋时代，测定二十四节气纪年法与十二音律关系的"候气法"，仍然在使用着，两位诗人就是见证者。

2. 三九寒气近，鸿雁向北飞：小寒

小寒，属于二十四节气纪年法中的第二个节气。

科学依据

小寒，古六历（黄帝、颛顼、夏、殷、周和鲁历）之一的夏历，规定在十二月节。太阳历即公历每年1月5日或6日，太阳到达黄经285°的时候开始。小寒之所以称"小"，就是说寒气还没有达到最冷的时候。"小寒"正值"三九"前后。

《淮南子·天文训》中记载说："加十五日指癸，则小寒，音比应钟。"意思是说，在冬至之后增加十五日，北斗的斗柄指向十二地支中的癸位，那么就是小寒，相对应的是十二律中的应钟。

《汉书·律历志下》中说："玄枵（xiāo），初婺（wù）女八度，小寒。"古代沿着黄赤道带从西向东，把周天分为十二个等分（也叫"次"），依照顺序是"星纪（大雪、冬至，位于二十八宿斗、牛）、玄枵（小寒、大寒，位于二十八宿婺女、虚、危）……"

明末黄道周撰写的《月令明义》中说："小寒之日，日在斗十度。"

《后汉书·律历下》记载："小寒，女二度，七分进一。"

这三家记载，指明"小寒"节气处在十二次、二十八宿中的位置和度数。

元代吴澄撰《月令七十二候集解》中说："小寒，十二月节。月初寒尚小，故云。月半则大矣。"

清代李光地等撰《御定月令辑要》中说："《三礼义宗》：小寒为节者，亦形于大寒，故谓之'小'。言时寒气犹未及也。"

吴澄、李光地解释了"小寒"命名的依据。

《周髀算经·二十四节气》记载日影的长度是："小寒，丈二尺五寸，小分五。"

《旧唐书·历志二》："中气，小寒。日中影，一丈二尺二寸八分。"

《周礼注疏》中说："十二月，小寒节，大寒中。"就是说，小寒、大寒两个节气，规定在夏历（也称农历）十二月。

《清史稿》第四十八卷《时宪志四》："求节气时刻。日躔（chán）初宫，丑，星纪，十五度为小寒。"清代康熙初年，冬至、小寒，在十二次"星纪"之内。

＊ 小寒物候 ＊

小寒第一候（1—5日）。《淮南子·时则训》中记载："季冬之月，雁北乡。"高诱注："雁在彭蠡（lǐ）之水，皆北乡，将至北漠中也。"

乡（xiàng），通"向"。介词，表示动作的趋向。译为"朝向""对着"等。清代朱骏声《说文通训定声》："向，以'乡'为之。"意思是，大雁向北方飞去。

《夏小正》郝懿行注："雁以北方为居，生且长焉。"《月令七十二候集解》中说："雁北向，乡，向导之义。二阳之候，雁将避热而回。今则乡北飞之，至立春后皆归矣。禽鸟得气之先故也。"

冬候鸟中的大雁，顺着阴阳二气的变化而迁徙。这时阳气已动，所以大雁从南方的洞庭湖一带向北方迁移，有的飞到北方的沙漠，有的飞到青海湖鸟岛，有的飞到俄罗斯贝加尔湖一带，繁育幼雏。

"鸿雁向南方，飞过芦苇荡"，一年一度的长途迁徙，自古至今，寄托了许多游子对故国家园、远方亲友的深深思念。宋代女词人李清照《一剪梅·别愁》中写道："云中谁寄锦书来，雁字回时，月满西楼。"鸿雁传书，寄托着美好的心愿。

小寒第二候（6—10 日）。《淮南子·时则训》中记载："鹊加巢。"

《吕氏春秋·季冬纪》作"鹊始巢。"高诱注："鹊，阳鸟，顺阳而动，是月始为巢也。"

鹊，指喜鹊。《逸周书·时训解》潘振云："鹊，大如鸦而长尾，尖嘴，黑爪，绿背，白腹，阳鸟，随阳而动。"

加，即"架"的本字，有构架义。《说文》段玉裁注："古无'架'字，以'加'为之。"王念孙撰《读书杂志·淮南内篇第五》中说："加，读为'架'，谓搆架之也。"《诗·召（shào）南·雀巢》郑玄注："鹊之作巢，冬至架之，至春乃成。"

《时则训》中说，这时喜鹊开始筑巢。这是一年中最冷的季节，喜鹊已经感受到了阳气的来临，冒着严寒，筑起爱巢，做好孕育后代的准备。

民间传说喜鹊报喜，因此便产生了美丽的神话。《淮南子》的佚文中说："乌鹊填河，而渡织女。"这便是最早的牛郎织女"鹊桥"相会的故事。《风俗通》："织女七夕当渡河，使鹊为桥。"

小寒第三候（11—15 日）。《淮南子·时则训》："雉（zhì）雊（gòu）。"意思是说，雉鸟开始鸣叫。

《吕氏春秋·十二纪》《礼记·月令》《月令七十二候集解》也作"雉雊"。《逸周书·时训解》："又五日，雉始雊。"加"始"字。

雉，指野鸡，山鸡。《玉篇》："雉，野鸡也。"《说文》中记载"雉"有十四种。雄雉尾巴很长，羽毛特别美丽；而雌雉尾巴较短。

雊，《说文》："雌雄鸣也。雷始动，雉鸣而雊其颈。"指雌、雄性野鸡鸣叫。《诗·小雅·小弁（biàn）》中写道："雉之朝雊，尚求其雌。"雉鸟在接近"四九"时，就会因感受到阳气的增长而鸣叫，便开始求合雌鸟。

北宋药物学家寇宗奭在《本草衍义》中说："汉吕太后名'雉'，高祖改'雉'为'野鸡'。"汉高祖刘邦的太后叫"吕雉"。

花信风。清代康熙朝编订的《御定月令辑要》"二十四番花信风"："一候：梅花。二候：山茶。三候：水仙。"《七十二番花信风》："一候：蜡梅。二候：山茶。三候：水仙。"

梅花，种类繁多，清香扑鼻。常见的有黄梅、青梅、红梅、白梅等数种。李时珍撰写的《本草纲目·木部》卷三十六中记载："蜡梅，《释名》'黄梅花'。时珍说：'蜡梅小树，丛枝尖叶。种凡三种：以子种出不经接者，腊月开小花而香淡，名狗蝇梅；经接而花疏，开时含口者，名磬口梅；花密而香浓，色深黄如紫檀者，名檀香梅，最佳。结实如垂铃，尖长寸余，子在其中。其树皮浸水磨墨，有光彩。'[主治]：解暑生津。"

* 小寒民俗 *

小寒时节，临近春节，民间活动丰富多彩，主要民俗活动有贴春联、年画，玩冰嬉，放爆竹等。

贴春联。中国的语言文字，独特而优美。春联作为一种特殊的文学形式，采用对仗、平仄等创作方法，使用简明、精巧的文字语言，抒发美好、吉祥的愿望。每逢春节，家家户户必定贴上春联。

我国最早的春联，是唐玄宗开元十一年（723年）刘丘子所作的"三阳始布，四序初开"四字对联，见于敦煌莫高窟藏经洞出土的敦煌遗书（卷号为斯坦因0610）。后蜀末代皇帝孟昶在964年除夕，在卧室题上对联："新年纳余庆，嘉节号长春。"这副五字联，比刘丘子的四字联，晚了241年。宋代吴自牧撰写的《梦粱录·除夜》中记载："士庶家不论大小，俱洒扫门闾，去尘秽，净庭户，换门神，挂钟馗，钉桃符，贴春牌，祭祀祖宗。""春联"一词，较早见于明代董斯张撰写的《吴兴备志》中引用的《濯缨亭笔记》卷六："元世祖命为殿上春联，子昂题曰：'九天阊阖开宫殿，万国衣冠拜冕旒。'又命书应门春联曰：'日月光天德，山河壮帝居。'"可以知道，第一次被称作"春联"的，是元朝书法家赵孟頫为元世祖忽必烈所书写的春联。据清初陈尚古《簪云楼杂说》记载，明太祖朱元璋在除夕微服私访，偶然看到一个屠夫家，缺少一副对联，便提笔书写道："双手劈开生死路，一刀割断是非根。"遂传扬天下。

挂年画。"年画"的名称，起源较晚。清代李光庭在道光末年撰写的《乡言解颐》卷四《物部》中记载："年昼。扫舍之后，便贴年画，稚子之戏耳。然如《孝顺圆》《庄稼忙》，令小儿看之，为之解说，未尝非养正之一端也。"他的意思是说，有趣的、健康的年画内容，给小儿看了，对于"养正"，也是有帮助的。

中国早期的工艺品年画，题材和驱凶避邪、祈福迎祥密切相关。东汉蔡邕撰写的《独断》卷上中说："神荼、郁垒二神居其门，主阅领诸鬼，其恶害之鬼，执以苇索，食虎。故十二月岁竟，常以先腊之夜，逐除之也。乃画荼、垒，并悬苇索于门户，以御凶也。"这画的是两个神灵，来保佑全家平安，这就是最早的门神。民间年画的主角，从最早的桃符、苇索、金鸡、神虎，到神荼、郁垒，再到关羽、赵云、尉迟恭、秦叔宝等武将，以及钟馗、天师、东方朔等神仙，寄托了民间百姓祈求平安的美好愿望。当今盛行的桃花坞木板画、杨柳青年画、潍坊年画、绵竹年画、朱仙镇木板年画、佛山年画等，画风古朴，各呈异彩，深受民间的喜爱。

玩冰嬉。古代对各种冰上活动，都称作"冰嬉"。宋代就有记载。《宋史·礼志》第五十二中说：真宗皇帝"请冬至行郊庙之礼……幸后苑观花，作水（冰）嬉"。唐代也有冰嬉活动。宋代王应麟所撰《玉海》"唐鱼藻池"中说："顺宗纪：侍宴鱼藻宫，张冰嬉彩舰，宫人为棹歌。"在唐顺宗时代，长安城禁苑大型湖泊鱼藻池，为皇室大型养鱼、划船、赏景、赛舟之地，曾经举办过冰嬉活动。明、清时代，冰嬉成为皇家冬季的体育、军事训练项目。故宫博物院所藏的清代乾隆时期画家金廷标所绘的《冰戏图》，描绘的就是清朝宫廷冰嬉的盛大场面。当今各种冰嬉活动，大多集中在春节期间进行表演，如冰上舞龙、舞狮、跑旱船、滑冰、冰雕、冬泳等活动，受到群众的广泛欢迎。2022年2月4日至20日，第24届冬奥会在北京、张家口联合举办，其中就有冰上和雪上运动项目15项。这就是当今世界级的"冰嬉"吧！

放爆竹。在夏历正月初一至十五的春节期间，家家户户会燃放爆竹。南朝梁代宗懔撰写的《荆楚岁时记》中说："正月初一鸡鸣而起，先于庭前爆竹以辟山臊（sāo）恶鬼。"西汉东方朔撰写的《神异经》中说："西方深山中有人焉，其长丈馀，人脸猴身，性不畏人，犯之令人寒热，畏爆竹。"山臊，也叫山魈（xiāo），跟狒（fèi）狒类动物差不多，古人以为山神。可以知道，燃放爆竹，最早是为了吓跑山神，保佑家庭平安和不受病魔侵害。北宋政治家王安石的《元日》诗中写道："爆竹声中一岁除，春风送暖入屠苏。千门万户曈曈（tóng）日，总把新桃换旧符。""桃符"是古代民间艺人在桃木板上画上神荼、郁垒，挂在门上，镇压邪恶，保佑平安。爆竹声声，辞旧迎新，寄托了人们对新年的祝福。当今有些城市采取禁放爆竹等管理措施，避免爆竹燃放过多，造成空气污染，体现了社会对环保的重视。

﹡小寒农事﹡

小寒农谚。黄淮流域的小寒农谚有："小寒不寒，清明泥潭。"这里说的是，小寒与清明的气象变化，有一定的对应关系。"小寒大寒，冻成一团"。就是说，小寒若是变成大寒的反常天气，冻得让人受不了。"冷在三九，热在中伏"。"三九"，在2024年1月9—17日。"中伏"，在2024年7月25日—2024年8月13日。"大雪年年有，不在三九在四九"。"四九"，在2024年1月18—26日。"腊月大雪半尺厚，麦子被子嫌不够"。"腊月"，指夏历（也称农历）十二月。"牛喂三九，马喂三伏"。大寒、酷热时节，牛、马体力损伤太大，要特别注意加强营养。"腊月三场雾，河底踏成路"。这里说，天寒地冻的十二月，如果没有雨雪，只是下雾，就会

33

是大旱之年。"腊里暖，六月旱；腊里寒，六月水"。这里讲到夏历十二月、六月的气候相互关系，暖、旱和寒、水相对应。

海南农谚："小寒大寒出日头，冻死老黄牛。"这两个节气出太阳，将会奇冷。黑龙江农谚："只有冻死人的小寒，没有冻死人的大寒。"说明小寒最冷。宁夏农谚："雪笼大小寒，来年是丰年。"大寒、小寒下大雪，来年大丰收。

小寒农事。《淮南子·时则训》中记载：其一，出"土牛"。在季冬时节，要请出"土牛"，劝民耕作。其二，"射鱼"。命令渔官开始捕鱼，天子亲自去进行"射鱼"活动。其三，出"五谷"。命令百姓取出黍、稷、稻、麦、菽五种谷物，指导农民从事耕作；修理好耒耜等农具，准备好种田器具。其四，静休。命令农民安静下来，不要从事劳作之事。其五，修法。天子和公卿大夫一起修治国家法令制度，研讨时令变化，以便制定来年更加适应的政令。

＊ 小寒养生 ＊

小寒美食：腊八粥。小寒节气中饮食习惯是吃"腊八粥"。腊八，就是夏历十二月初八。"腊月"，开始见于《新唐书·本纪》卷四中说："腊月（690年，夏历十二月）十七日，开始用周历腊祭为腊月。"又有"腊日"，宗懔编写的《荆楚岁时记》中记载："十二月初八日，为腊日。"清代顾禄编写的《清嘉录》中说："腊八粥，八日为腊八，居民以菜、果入米煮粥，谓之腊八粥。"清代富察敦崇撰写的《燕京岁时记·腊八粥》中写道："腊八粥者，用黄米、白米、江米、小米、菱角米、栗子、红豇豆、去皮枣泥等，和水煮熟，外用染红桃仁、杏仁、瓜子、花生、榛（zhēn）穰（ráng）、松子及白糖、红糖、琐琐葡萄，以作点染。"可以知道，清代京城制作的腊八粥，光是用料就有17种。

腊八粥的来源，传说之一是，明朝开国皇帝朱元璋出生在濠州钟离

(今安徽凤阳），时逢灾荒、战乱、瘟疫，朱家极为贫困，死去多人，朱元璋曾经以乞讨为生。小时候在老鼠洞里扒出了一些粮食，煮熟充饥。朱元璋浴血奋战17年，1368年建立了明朝。即位以后，他让家乡厨师煮粥，时间正在腊月初八，便称为"腊八粥"。明朝吕毖（bì）所撰《明宫史》卷四中记载："十二月初八日，吃腊八粥。"

也有人说最早始于宋代寺院，民间加以仿制。近代徐珂的《清稗类钞》云："腊八粥始于宋，十二月初八日，东京诸大寺以七宝五味和糯米而熬成粥，人家亦仿行之。"南宋吴自牧《梦粱录》记载："此月八日，寺院谓之腊八。大刹等寺，俱设五味粥，名曰腊八粥。"

《遵生八笺》。明代高濂撰写的《遵生八笺》中说："季冬之月，天地闭塞，阳潜阴施，万物伏藏，去冻就温，勿泄皮肤大汗，以助胃气。众阳俱息，勿犯风邪，无伤筋骨。"意思是说，夏历十二月，阴气极盛，要注意养胃；注意风邪，伤及筋骨。

陈抟二十四节气坐功：小寒。清代康熙四十年今福建闽侯人陈梦雷奉敕编辑的古代最大类书《古今图书集成·明伦汇编·人事典·养生部汇考二》，收录了明代高濂撰写的《遵生八笺·四季摄生全录》，其中保留了珍贵的陈抟二十四节气坐功图。内容包括经脉、运气、功法、治病等。《陈希夷小寒十二月节坐功》中记载：

运主太阳终气，时配太阴脾湿土。

每日子、丑时，正坐，一手按足，一手上托，挽手互换，极力三、五度。吐纳，叩齿，漱咽。

治病：荣、卫气蕴食即呕，胃脘痛，腹胀，哕（yuě）疟，饮发中满，食减，善噫，身体皆重，食不下，烦心，心下急痛，溏瘕泄，水闭，黄疸，五泄注下五色，大小便不通，面黄，口干，怠惰，嗜卧，抢心，心下痞，苦善饥善味、不嗜食。

小寒文化

张侃《九九诗》。《九九歌》在宋代已经流行。南宋诗人张侃所作《代吴儿作小至后九九诗八解·其二》中写道:"三九寒威渐渐强,颠风刮面怎禁当?篱头觱栗从头响,添得人愁线样长。""三九"在"冬至"后的第19天至第27天,"颠风"凛冽,寒气逼人。"觱(bì)栗(lì)",古代管乐器,出自西域羌胡、龟兹。用竹作管,用芦苇作嘴,大的九孔,小的六孔,类似胡笳。隋、唐时已经普遍使用。

《红楼梦》:小寒。《红楼梦》第十九卷中说:"宝玉见问,便忍着笑,顺口诌道:'扬州有一座黛山,山上有个林子洞……''林子洞里原来有一群耗子精。那一年腊月初七,老耗子升座议事,说明儿是腊八了,世上的人都熬腊八粥,如今我们洞里果品短少,须得趁此打劫个来才好。'"这是贾宝玉利用小寒节气民间熬八宝粥,打趣林黛玉的故事。

元稹《小寒》。唐代诗人元稹在《小寒》诗中写道:"小寒连大吕,欢鹊垒新巢。拾食寻河曲,衔紫绕树梢。霜鹰近北首,雊雉隐丛茅。莫怪严凝切,春冬正月交。"

诗中所写的"小寒"连接"大吕",相对应的应当是"应钟",见于《淮南子·天文训》。"大吕"错了,与"应钟"相隔11个音律。"垒新巢",采用第二候"鹊始巢"。"拾食""衔紫",拾来食物,衔来紫荆,准备搭巢过冬。"霜鹰"句,和第一候"雁北乡"意思相近。"雊雉"句,和第三候"雉雊"内容相同。"严凝",指天气严寒,河流凝结。不要责怪严冬逼近,冬天、春天即将在正月交会。

元稹作诗,构思奇妙,把二十四节气、十二音律、七十二候、十二月令与"小寒"节气,密切相连,有机结合。

黄庭坚《驻舆遣人寻访后山陈德方家》。宋代文学家黄庭坚的《驻舆遣人寻访后山陈德方家》,比喻奇特:"江雨蒙蒙作小寒,雪飘五老发毛斑。城中咫尺云横栈,独立前山望后山。"

这首七绝,描写小寒时节长江、九江、庐山的美景,诗句优美,景色迷人:小寒时节,浩瀚的大江,冷雨蒙蒙。雪花飘扬的庐山五老峰,就像毛发斑白的五个老人。云层横压在九江城中,近在咫尺。我独自站在前山,远望着后山的友人到来。可以知道,黄庭坚思念友人的心情十分迫切。

3. 寒冬冰雪至，除夕团圆时：大寒

大寒，属于二十四节气纪年法中的第三个节气。

∗ 科学依据 ∗

大寒，古六历（黄帝、颛顼、夏、殷、周和鲁历）之一的夏历，规定在十二月中。在太阳历即公历每年1月20日或21日，太阳到达黄经300°时开始。

《淮南子·天文训》中说："加十五日指丑，则大寒，音比无射。"这里是说，小寒增加十五日指向丑位，那么便是大寒，相对应的是十二律中的无射（yì）。

《汉书·律历志下》中说："玄枵（xiāo），中危初，大寒。于夏十二月，商为正月，周为二月。"

《后汉书·律历下》中记载："十二月，大寒。大寒，虚五度，十四分进二。"

这里的史料指出，大寒在十二次中的位置，就是处于二十八宿中的"危"宿、"虚五度"，并规定在夏历的十二月，指出殷历、周历的不同月份。

清代李光地等撰写的《御定月令辑要》中说："《三礼义宗》：大寒为中者，上形于小寒，故谓之'大'。十一月，一阳爻初起，至此始彻。阴气出地方尽，寒气并在上，寒气之逆极，故谓之大寒。"

这里解释了《淮南子》中取名"大寒"的原因。这时我国大部分地区处于一年最寒冷的时期，但是阳气已经兴起。

《周髀算经·二十四节气》中记载日影的长度："大寒，丈一尺五寸一分，小分四。"

《旧唐书·历志二》："中气，大寒。律名，大吕。日中影，一丈一尺一寸五分。"

《周礼注疏》中说："十二月，小寒节，大寒中。"就是说，小寒、大寒，夏历都是规定在十二月。

《清史稿》第四十八卷《时宪志四》："求节气时刻。一宫，子，玄枵（xiāo），初度为大寒。"清代康熙初年，大寒在十二次"玄枵"之内。

＊大寒物候＊

大寒第一候（1—5日）。《淮南子·时则训》："季冬之月，鸡呼卵。"高诱注："鸡呼鸣求卵也。"这里说，季冬之月（夏历十二月），鸡鸣叫下蛋。

又，《吕氏春秋·季冬纪》作"鸡乳"。高诱注："乳，卵也。"即鸡孵卵。《逸周书·时训解》："鸡始乳。"

三国魏国张揖撰《广雅·释诂》中说："乳，生也。"就是下蛋的意思。《说文》："乳，人及鸟生子曰乳，兽曰产。"意思是，人类和鸟类生育后代叫作"乳"，兽类生育后代叫作"产"。即生育、生产义。

大寒第二候（6—10日）。《吕氏春秋·季冬纪》："征鸟厉疾。"

《逸周书·时训解》："又五日，鸷鸟厉。""征鸟"，《旧唐书·历志二》也作"鸷鸟"。《说文》："鸷，击杀鸟也。"又，《玉篇》："鸷，猛禽。"指的是凶猛的鸟类。

古今学者对于这一"候"的解释，有所不同。

关于"征"。《吕氏春秋·季冬纪》高诱注："征，犹飞也。厉，高也。言是月群鸟飞行，高且疾也。"指的是群鸟高飞。又，陈奇猷《吕氏

39

春秋集释》中说:"征,当读'出征'之'征','征鸟'即指'雁'言。"又,《月令七十二候集解》:"征,伐也。杀伐之鸟,乃鹰隼之属。"又,《礼记·月令》东汉郑玄注:"征鸟,题肩也。齐人谓之击征,或名鹰。"

由此可知,对"征"的解说,就有四说:①飞翔。指群鸟。②出征。指鸿雁。③杀伐。指鹰隼。④题肩。指鹰。

按:《说文》:"征,正行也。"有远行义。段玉裁注:"征,引申为征伐。"那么,解作"杀伐",比较接近引申义。

关于"厉"。①严猛。《礼记·月令》唐代孔颖达疏:"厉,严猛。疾,捷速也。"有猛烈而迅速的意思。②砥砺。陈奇猷《吕氏春秋集释》中说:"厉,同'砺',犹砥砺也。疾,犹'速'也。'厉疾',犹言砥砺其飞,使能速疾耳,亦即练习飞翔之意。"

由此可知,"征鸟",即击杀之鸟,指鹰隼(sǔn)之类。"厉疾",有迅猛快捷的意思。意思是说,鹰隼(sǔn)之属,迅疾飞行,捕杀动物,补充能量,抵御严寒。

大寒第三候(11—15日)。《吕氏春秋·季冬纪》:"水泽复。"高诱注:"复,亦盛也。"这里说,水泽封冻,冰层又厚又硬。

《礼记·月令》作"水泽腹坚"。《逸周书·时训解》:"又五日,水泽腹坚。"

按:复,《后汉书·梁统传》李贤注引毛苌云:"复,厚也。"《说文》:"腹,厚也。"知"复""腹"训义同。又,《月令七十二候集解》:"腹,犹内也。"

冰天雪地撑"冰床",充满乐趣。清代富察敦崇撰写的《燕京岁时记·拖床》中记载:"冬至以后,水泽腹坚,则什(shí)刹(chà)海、护城河、二闸等处,皆有冰床。一人拖之,其行甚速。长约五尺,宽约三尺,以木为之,脚有铁条,可坐三四人。雪晴日暖之际,如行玉壶中,亦快事也。"

古代有凿冰、储冰习俗。《诗·国风·豳风·七月》:"二之日凿冰冲冲，三之日纳于凌阴。"这里说，周历（豳历）二月（夏历十二月）凿冰嗵嗵响，周历（豳历）三月（夏历正月）里食物冰窖藏。可以知道，在2500多年前，古人就在冬季开始凿冰，并保藏在冰窖中，用于冷冻食物，夏季用来防暑降温。1977年在湖北随州擂鼓墩出土的战国曾侯乙墓中，有"青铜冰鉴"，就可以盛冰。北京故宫有"冰窖"、西安有冰窖巷、济宁有冰窖街等，证实古代官方、民间，都有藏冰设施，充分显示了古人的智慧。

花信风。清代康熙朝编订的《御定月令辑要》"二十四番花信风"："一候：瑞香。二候：兰花。三候：山礬。"《七十二番花信风》："一候：梅花。二候：海桐。三候：含笑。"

山礬（fán），乔木名，繁花如雪。李时珍撰写的《本草纲目·木部》第三十六卷中说："时珍曰：'山礬，生江、淮、湖、蜀野中。树之大者，株高丈许。其叶似卮子，叶生不对节，光泽坚强，略有齿，凌冬不凋。三月开花繁白，如雪六出，黄蕊甚芬香。结子大如椒，青黑色，熟则黄色，可食。其叶味涩，人取以染黄及收豆腐，或杂入茗中。'"

＊大寒民俗＊

灶神：神农。大寒时节，天寒地冻。古今民间有祭祀灶神的习俗。"灶神"是谁？其中一种说法，灶神就是炎帝，也就是神农，主管天下老百姓的饮食。《淮南子·原道训》中说："神农之播谷也，因苗以为教。"高诱注："神农，少典之子炎帝也。农植嘉谷，神而化之，故号曰'神农'也。播，布也。布种百谷，因苗之生而长育之，以为后世之常教也。"神农是古代伟大的农业发明家，为华夏民族的生存发展，做出了巨大的贡献。人民为了感戴他的恩德，便树立他为灶神。《氾论训》中说："炎帝作火，死而为灶。"高诱注："炎帝，神农，以火德王天下，死托祀为灶神。"可以知道，祭祀灶神的历史非常悠久。

"腊月二十三，灶王爷上天。"西晋周处所撰的《风土记》记载了这个民间趣事:"腊月二十四日夜,祀灶,谓灶神翌(yì)日上天,白一岁事,故先一日祀之。"唐代杭州诗人罗隐所作的《送灶》中说:"一盏清茶一缕烟,灶君皇帝上青天。玉皇若问人间事,为道文章不值钱。"这首诗带有文人戏谑的味道。宋代范成大的《石湖诗集·祭灶词》中写道:"古传腊月二十四,灶君朝天欲言事。云车风马小留连,家有杯盘丰典祀。猪头烂熟双鱼鲜,豆沙甘松粉饵团。男儿酌献女儿避,酹酒烧钱灶君喜。"范成大的趣诗,把民间祭祀灶神的欢乐、喜庆、虔诚而隆重的气氛,生动地描绘了出来。

小年。民间的"小年"和祭灶,都在同一天。"小年",在北方地区是夏历腊月(十二月)二十三,部分南方地区是腊月二十四。称为"小年",标志旧、新一年的交替开始。宋代爱国政治家文天祥所撰的《文山集》卷二十《二十四日》中写道:"春节前三日,江乡正小年。"他虽然被囚禁在元朝大都兵马司土牢(今北京文天祥祠)中,仍然表达了对故乡的深切思念。

小年祀"灶"。清代潘荣陛编写的《帝京岁时纪胜》中说:"二十三日更尽时,家家祀灶,院内立杆,悬挂天灯。"古代祭祀五位神灵,灶神就是其中之一。班固撰《白虎通义·五祀》记载:"五祀者,何谓也?谓门、户、井、灶、中雷也。"

大年:除夕。中国民间最重要的节日,就是除夕,俗称"过大年",就是在夏历一年的最后一天。《初学记·卷三》中说:"十二月,季冬,亦曰除月。""除"是何意?"除"有"去、离开"的意思,引申为"更新"。《广韵》"鱼"韵:"除,去也。"《说文》:"夕,莫也。从月,半见。""夕"是象形字,月亮将出、未出之时,就是傍晚时分的"莫(暮)"。除夕,即离开最后一个傍晚。含义是除旧更新,旧岁离去,迎来新年。

"除夕"的名称,最早见于晋代周处的《岳阳风土记》:"至除夕,达旦不寐,谓之守岁。"宋代孟元老所撰《东京梦华录》卷十"除夕"中说:"是夜禁中爆竹山呼,声闻于外。士庶之家,围炉团坐,达旦不寐,谓之守岁。"也叫"除夜"。宋人吴自牧的《梦粱录》卷六中说:"十二月尽,俗云'月穷岁尽之日',谓之'除夜'。士庶家不论大小家,俱洒扫门间，去尘秽，净庭户，换门神，挂钟馗，钉桃符，贴春牌，祭祀祖宗。遇夜则备迎神香花供物，以祈新岁之安。"除夕之夜，全家吃团圆饭、守岁、娱乐等民间习俗，流传至今。

除夕，从2008年1月1日起，成为中国的法定节日。

* 大寒农事 *

大寒农谚。大寒的农谚有："小寒大寒不下雪，小暑大暑田开裂。"这里说，两"寒"节气不下雪，两"暑"时节旱情重。"小寒大寒，冷成冰团"。这里说，两"寒"节气，特别寒冷。"大寒小寒，无风自寒"。两"寒"节气，就是不刮风、不下雪，天气也特别寒冷。"三九四九，冻破缸臼"。大寒时节，大水缸都会冻裂。"大寒不寒，春分不暖。大寒不寒，人马不安"。这里说，"大寒"时节温度过高，"春分"的时候就很寒冷；因为节令失调，人类、动物都会不得安宁。"冬至在月尾，大寒正二月。过了大寒，又是一年"。正常年份，冬至在夏历十一月中，大寒在夏历十二月中。如果有闰年，大寒可能在夏历二月。按照正常顺序，过了大寒，就到了夏历正月的"立春"节气，进入新的一年。

海南农谚："南风送大寒，车水灌田秧。"大寒之时，海南秧苗已经生长。内蒙古农谚："腊七腊八，冻死寒鸦。"内蒙古冬季最低温度可以达到零下四十多度。四川农谚："冬田犁两道，明年收成好。"劝谕冬季多耕田，来年庄稼才能大丰收。

大寒农事。大寒时节，极为特殊。《淮南子·时则训》中说，其一，日月运行，周而复始。在这个月里，太阳十二次的运行结束，月亮也在故道运行终结，经行二十八宿一个周期，第二年将要重新开始。其二，备耕。要准备第二年的各种农事、种子、农具等工作。自然界的各种植物、动物，大多处于相对静止和休眠状态，以便孕育新的生机。其三，祭祀。这时要举行社稷、寝庙、山林、名川等各种祭祀，感戴上天、大地和祖先的恩德。这也成为中华民族世代传承的美德之一。

* 大寒养生 *

大寒美食：八宝饭。大寒时节，民间的饮食习惯中，特别爱吃的是八宝饭。传统的八宝饭，多指用香米、糯米、红枣、绿豆、红豆、莲子、枸杞和花生等食材制成，味道甜美，营养丰富，成为节日佳肴。上海"八宝饭"，主料是糯米，配以红豆沙、红枣、莲子、葡萄干、核桃仁、瓜子仁和枸杞等，又香又甜。北方八宝饭，把糯米蒸熟，用开水把白糖、猪油搅匀，蜜枣排成图案，放上豆沙、桂花，铺上糯米饭，塌平，上笼蒸一小时，就制作完成了。经济实用，老少咸宜。

孙思邈《修养法》：唐代药王孙思邈《孙真人修养法》中说："是月土旺，水气不行，宜减甘增苦，补心助肺，调理肾脏，勿冒霜雪，勿泄津液及汗。"这里说，这个月里，食物要减少甘味，增加苦味。滋补心脏，助养肺脏，调理好肾脏，不要宣泄津液和汗水。

陈抟二十四节气坐功：大寒。清代康熙四十年今福建闽侯人陈梦雷奉敕编辑的古代最大的类书《古今图书集成·明伦汇编·人事典·养生部汇考二》，收录了明代高濂撰写的《遵生八笺·四季摄生全录》，其中保留了珍贵的陈抟二十四节气坐功图。内容包括经脉、运气、功法、治病等。《陈希夷大寒十二月中坐功》中记载：

运主厥阴初气，时配足太阴脾湿土。

每日子、丑时，两手向后，踞状，跪坐，一足直伸，一足用力，左右各三、五度。叩齿，漱咽，吐纳。

治病：经络蕴积诸气，舌根彊痛，体不能动摇，或不能卧，彊立。股膝内肿，尻阴臑胻，足背痛，腹胀，肠鸣，食泄不化，足不收行，九窍不通，足胕肿，若水胀。

大寒文化

毛泽东《沁园春·雪》。1936年2月5日至20日,毛泽东和彭德怀率领红军长征部队到达陕北清涧县高杰村袁家沟一带,毛泽东视察地形,登上白雪皑皑的高原,感慨万千,欣然命笔,写下大气磅礴、气势雄伟的《沁园春·雪》。这首诗最早发表于1945年11月14日重庆《新民报晚刊》,又在1957年1月号《诗刊》重新发表。

清代康熙五十四年颁定的《御定词谱》中记载:"沁园春,双调,一百十四字。前段十三句,四平韵。后段十二句,五平韵。"这首长调《沁园春·雪》,完全符合词律的要求。

北国风光,千里冰封,万里雪飘。
望长城内外,惟余莽莽;
大河上下,顿失滔滔。
山舞银蛇,原驰蜡象,欲与天公试比高。
须晴日,看红装素裹,分外妖娆。

这首词的上阕写北国风光,长城、大河、高原,冰封千里,雪飘万里,大"山"像在"舞"蹈,高"原"像在奔"驰",想和老天比个高下,这是何等的英雄气魄。而在"晴"天,"红装素裹",更加"妖娆",充满了对大好河山的深情挚爱。

江山如此多娇,
引无数英雄竞折腰。
惜秦皇汉武,略输文采;
唐宗宋祖,稍逊风骚。
一代天骄,成吉思汗,只识弯弓射大雕。
俱往矣,数风流人物,还看今朝。

| 二十四节气 纪年法

　　下阕评价历史人物：可惜的是，秦始皇、汉武帝，"文采"要差一些；唐太宗、宋太祖，"风骚"也不够；成吉思汗，只会骑马射"大雕"。这些一代帝王，全部消逝了。而真正文韬武略齐备的"风流人物"，还在今天。"掌上千秋史，胸中百万兵"。这就是开国伟人毛泽东。

　　当代诗人柳亚子《沁园春·雪》的"跋"文中说："毛润之《沁园春》一阕，余推为千古绝唱，虽东坡、幼安，犹瞠乎其后，更无论南唐小令、南宋慢词矣。"

　　夏虫语冰。比喻人囿于偏见，视野狭窄，目光短浅。《庄子·秋水》："北海若曰：'井蛙不可以语于海者，拘于虚也；夏虫不可以语于冰者，笃于时也；曲士不可以语于道者，束于教也。'""夏虫"，朝生暮死，夏生冬死，生命短暂，语以"至道"，则茫然无知。

　　也作"夏虫语寒"。《淮南子·原道训》继承《庄子》的思想，并加以改造："夫井鱼不可与语大，拘于隘也；夏虫不可与语寒，笃于时也；曲士不可与语至道，拘于俗、束于教也。"高诱注："言蜩蝉不知寒雪也。"

　　邵雍《大寒吟》。大寒时节，北方寒潮频繁南下，我国大部分地区处于一年中的寒冷时期，宋代理学家邵雍的《大寒吟》，说出了大寒时节的壮美自然景观："旧雪未及消，新雪又拥户。阶前冻银床，檐头冰钟乳。清日无光辉，烈风正号怒。人口各有舌，言语不能吐。"

　　诗中写道，旧时的落雪，没有来得及消融，新的大雪又堵住门户；台阶前成了冰冻的银床，屋檐上悬挂着冰雕的钟乳；清冷的太阳失去了光辉，暴烈的寒风正在呼号怒吼；人们口中的舌头，冻得不能够说话。

4. 四季春为首，夏历春节到：立春

立春，属于二十四节气纪年法中的第四个节气。

科学依据

立春，古六历（黄帝、颛顼、夏、殷、周和鲁历）之一的夏历，规定在正月节。太阳历即公历每年在2月4日或5日，太阳到达黄经315°时开始。

甲骨文、金文、战国文字、小篆"春"字

立春，是春季6个节气的起点。《宋本广韵》"谆"韵中说："春，四时之首。"《汉书·天文志》："立春，四时之始也。"也就是夏历春、夏、秋、冬四季的开头。

我们知道，夏历、周历、殷历、颛顼历等的"岁首"是不同的。比如，《春秋·桓公四年》"四年春正月"，杜预注："周之春，夏之冬也。"《史记·孝武本纪》："夏，汉改历，以正月为岁首。"指汉武帝实行太初历，以夏历正月为岁首。《晋书·律历志下》："暨于秦、汉，乃复以孟冬为岁首。"即秦、西汉以秦历（颛顼历）十月（指夏历）为岁首。三代历法之三"正"。《史记·历书》记载："夏正以正月，殷正以十二月，周正以十一月，盖三王之政若循环，穷则反本。"三代历法与四季、十二月。班固《白虎通德论·三正》引《尚书大传》说："夏以孟春月为正，殷以季冬月为正，周以仲冬月为正。"

四种历法岁首比较：

夏历，正月。岁首。

商历，十二月（夏历）。岁首。

周历，十一月（夏历）。岁首。

秦朝、西汉前期（颛顼历，秦历），十月（夏历）。岁首。

就是说，夏历把正月作为岁首，"立春"排在正月；而比照商历、周历、秦历，可就不是这样啦！

"立春"不是第一节气，它的主要原因是：

其一，"立春"不具备太阳、月亮合朔即"朔旦"的条件，也就不能成为二十四节气纪年法计算时间的开始，所以只能是春季6个节气的起点。

其二，"立春"还有寡年、双春年等规定，也就是说，"立春"的确切时间，是不能固定的。

二十四节气纪年法作为阴阳合历，要根据太阳和月亮的运行规律，用闰年来进行调节。阳历，太阳周年视运动一回归年是365.2422日。阴历，月亮十二个朔望月的长度是354.3672日。这样一年就相差10.88日，所以就有"十九年七闰"的规定。一般来说，闰四、五、六月最多，闰九、十月最少，闰十一、十二、一月不会出现。根据设置闰年的时间安排，在19个年头里，7年没有立春（寡年），7年是双立春（双春年），5年是单立春。既然这样，立春肯定不能作为二十四节气纪年法的起始。

比如，夏历二○二四年是寡春年。夏历二○二五年是双春年。夏历正月初六（2025年2月3日）是立春。夏历十二月十七日（2026年2月4

日）也是立春。

关于"立春"及四"立"的记载，《淮南子·天文训》中说：

子午、卯酉为二绳，丑寅、辰巳、未申、戌亥为四钩。东北为报德之维也，西南为背阳之维，东南为常羊之维，西北为蹄通之维。

《天文训》中的"维""四维"；"绳""二绳"；"钩""四钩"等，是什么意思呢？

"维"，高诱注："四角为维也。"一周天 $365\frac{1}{4}$ 度，分为"四维"。"四维"，就是划分四"立"的根据。四维为处于立春、立夏、立秋、立冬的时节起点。"立"，是开始的意思。《书·周官》蔡沈集传："立，始辞也。"四"立"，就是四季的开始。

"绳""钩"，高诱注："绳，直。"《说文》："钩，曲也。"本义指弯曲的钩子，引申有勾连义。可以知道，"二绳"，子午，连接冬至、夏至；卯酉，连接春分、秋分。这样便可以分出两"分"、两"至"。

"四钩"，丑寅，报德之维，连接冬、春；辰巳，常羊之维，连接春、夏；未申，背阳之维，连接夏、秋；戌亥，蹄通之维，连接秋、冬。可以知道，"四钩"，还可以分出四"立"。

由此可知，二十四节气纪年法，全年规定为 $365\frac{1}{4}$ 度（日），两维之间为 $91\frac{5}{16}$ 度（日），具体分配的时间，整数如下（365日/366日）：冬至—大寒46日，立春—惊蛰45日，春分—谷雨46日，立夏—芒种46日，夏至—大暑46日，立秋—白露46日，秋分—霜降46日，立冬—大雪45日。

《淮南子·天文训》中关于"立春"的记载："加十五日指报德之维，则越阴在地，故曰距日冬至四十六日而立春，阳气冻解，音比南吕。"这里说，惊蛰后增加十五日，北斗斗柄指向报德之维，阴气在大地上泄散，所以说距离冬至46天便是立春。阳气升起，冰冻消释，它与十二律中的南吕相对应。

《汉书·律历志下》中说："诹（zōu）訾（zǐ），初危十六度，立春。"

《后汉书·律历下》记载："立春，危十度，二十一分进二。"

这里的记载，测定了"立春"在十二次、二十八宿中的"危"宿位置和度数。

元朝吴澄撰写的《月令七十二候集解》中说："正月节。立，建始也。五行之气往者过来者续于此。而春木之气始至，故为之'立'也。立夏、秋、冬同。"这里解释了《淮南子》中"立春"命名的依据。

《周髀算经·二十四节气》中记载日影的长度是："立春，丈五寸二分，小分三。"

《旧唐书·历志二》："中气，立春。日中影，九尺六寸二分。"

《吕氏春秋·孟春纪》高诱注："冬至后四十六日而立春。立春之节，多在是月也。"

《周礼注疏》中说："正月立春节，雨水中。"

这里的记载说明，立春、雨水两个节气，规定在夏历正月，在冬至后的46天。

《清史稿》第四十八卷《时宪志四》："求节气时刻。一宫，子，玄枵（xiāo），十五度为立春。"清代康熙初年，立春在十二次"玄枵"之内。

＊ 立春三候 ＊

立春第一候（1—5日）。《淮南子·时则训》："孟春之月，东风解冻。"高诱注："东方木，火母也，气温，故东风解冻也。"意思是，孟春正月，东风送暖，大地解冻。

《淮南子·地形训》中叫"炎风"："何谓八风？东北曰炎风。"高诱注："艮气所生。一曰融风。"亦见于《吕氏春秋·有始》。东风，就是立春时从东北方向吹来的风,也叫"春风""融风""炎风"。立春时节,东风吹拂;万物复苏,草长莺飞。

《逸周书·时训解》陈逢衡云:"'东风解冻'者,立春距冬至四十六日,阳气畅达,向之'水泽腹坚',今则无不融释也。"

唐代白居易的七绝《春风》诗中写道:"春风先发苑中梅,樱杏桃梨次第开。荠花榆荚深村里,亦道春风为我来。"春风吹拂,梅花、樱花、杏花、桃花、梨花、荠菜花、榆树花,先后开放,生机盎然,百花争艳。

立春第二候(6—10日)。《淮南子·时则训》:"蛰虫始振苏。"高诱注:"振,动。苏,生也。"这里说,蛰伏动物开始振动、苏醒。

《吕氏春秋·孟春纪》:"蛰虫始振。"高诱注:"蛰伏之虫乘阳,始振动苏生也。"《大戴礼记·夏小正》:"正月:启蛰。言始发蛰也。"又,《广雅·释诂三》云:"启,开也。"

蛰(zhé),《说文》:"藏也。"就是隐藏的意思。《月令七十二候集解》:"鲍曰:'动而未出,至二月乃大惊而走也'。"动物冬眠,躲藏起来,睡足了觉,立春到来,阳气升起,蛰居的虫类,开始苏醒、活跃起来了。到了惊蛰,才能走出洞穴,重见阳光。

立春第三候(11—15日)。《淮南子·时则训》:"鱼上负冰。"高诱注:"是月之时,鲤鱼应阳而动,上负冰也。"意思是,鱼儿向上游动,背负着冰冻。

《吕氏春秋·孟春纪》:"鱼上冰。"高诱注:"鱼,鲤、鲋(fù)之属也。应阳而动,上负冰。"《大戴礼记·夏小正》作:"鱼陟负冰。陟,升也。'负冰'云者,言解蛰也。"《月令七十二候集解》:"鱼当盛寒,伏水底而遂暖,至正月阳气至,则上游而近冰,故曰'负'。"

在冬天寒冷的季节里,鱼儿潜伏在水下,这时水底比较温暖。正月阳气上升,鱼就游到水面,背靠着冰层,所以叫"鱼上负冰"。

花信风。清代康熙年间编订的《御定月令辑要》中记载"二十四番花

51

信风"："一候：迎春。二候：樱桃。三候：望春。"又，《七十二候番花信风》："一候：迎春。二候：望春。三候：番花。"

望春花，也叫辛夷、木笔，紫玉兰，花似焰火。李时珍撰写的《本草纲目·木部》卷三十四中记载："时珍曰：'辛夷花初出枝头，苞长半寸，尖锐如笔头，有重重青黄茸毛顺铺，长半分许。开时似莲花而小，如灯盏，紫苞红焰，似莲和兰花的香味。也有白色者，人称玉兰。'"

* 立春民俗 *

祭礼：迎春。立春时节，官方的习俗是"迎春"。迎春，也叫迎岁，是古代的祭礼之一。《淮南子·时则训》中记载："立春之日，天子亲率三公、九卿、大夫以迎岁于东郊。"高诱注："迎岁，迎春也。东郊，郭外八里也。"在立春的前一天，古代天子在都城东郊八里的祭坛，举行盛大的迎春祭祀活动，并且颁布春天的政策法令。古代官方，因袭传承。

可以知道，举行"迎春"仪式和系列活动，是"天子"重要的大事。敬畏大自然，感念天地的赐予，保护人类赖以生存的生态环境和物质资源，这是持续发展的国策之一。

出"土牛"。季冬时节要举行出"土牛"活动，劝勉农耕。《淮南子·时则训》："季冬之月，出土牛。"高诱注："出土牛，今乡、县出劝农耕之土牛于外是也。"立春时节还要举行。《吕氏春秋·季冬纪》："出土牛。"高诱注："出土牛，令之乡、县，得立春节，出劝耕土牛于东门外是也。"立春之时，民间仍然要大规模举行迎土牛、鞭土牛、迎农祥、浴蚕种等活动，来促进农业生产。宋代高承《事物纪原》中说："周公始制立春土牛。盖出土牛，以示农耕之早晚。"耕牛，是农民的宝贝。传说周初执政者周公旦，就已经制作出"土牛"，鼓励农民耕作。

春节期间，放鞭炮、舞龙、舞狮、杂耍诸戏等活动，至今盛行不衰。

春节。立春期间的主要节庆活动是春节，其次是元宵节。春节的时间，定在夏历的正月初一，并延续到正月十五。这是中国民间传统最盛大的节日。

定名"春节"，时间只有100多年。1913年（民国二年）中华民国政府批准以夏历正月初一为"春节"，1914年起开始实行。1949年12月23日中国政务院规定"春节"为法定节日。

"春节"的特点，主要有：其一，它是夏历一年正月的开始。其二，它与二十四节气纪年法中的立春节气时间（不包括闰年），理论上比较接近。这便是"春节"命名的特殊意义。

汉武帝太初元年（前104年）把二十四节气纪年法编入官方的历法系统，并采用夏历纪月、纪年。所以，东汉崔寔（shí）在《四民月令》中写道："正月之旦，是为正日。躬率妻孥（nú），絜（jié）祀祖祢（mí）。"由此可知，春节规定在夏历正月初一，已经有2129年的历史了。

元宵节。元宵节，指的是夏历正月十五日夜晚举行的节庆活动。"元"，《说文》："始也。""宵"，《说文》："夜也。"就是正月（元月）月圆之夜。元宵节的历史悠久。汉代是一天，唐代是三天，宋代有五天，明代是十天。北宋词人苏轼所作《蝶恋花·密州上元》词中写道："灯火钱塘三五夜，明月如霜，照见人如画。"苏轼在钱塘（今浙江杭州市）过了三个元宵节，钱塘城中，灯火辉煌。南宋词人辛弃疾《青玉案·元夕》中描写都城临安（今浙江杭州市）元宵节的景况是："东风夜放花千树，更吹落，星如雨。"满城烟火，游人如织，火树银花，通宵歌舞。宋代女词人朱淑真《元夜》诗中写道："火树银花触目红，揭天鼓吹闹春风。"把元宵节的热闹，淋漓尽致地表现出来。

燃灯。夏历正月十五有燃灯的习俗。西汉司马迁《史记·乐书》中记载："汉家常以正月上辛祠太一甘泉，以昏时夜祠，到明而终。"太一，就是天神。甘泉宫，秦代、汉代大型宫殿名称，也是天子、皇帝办公和居住的地方。从黄昏开始，皇宫中点燃灯烛，通宵达旦。汉武帝时代最为盛行。唐代韦述所撰的《两京新记》中说："正月十五夜，敕金吾弛禁，前后各一日看灯。"这里记载了盛唐时代正月十五日夜都城长安张灯的盛况。明代郎瑛所编的《七修类稿·辩证类》"元宵灯"中说："上元张灯，诸书皆以为沿汉祀太一，自昏到明，今遗其事。"也认为起源于西汉。元宵燃灯的习俗，被历代所延续。

✳ 立春农事 ✳

立春农谚。立春是个农耕时节，要"立春一年端，种地早盘算"。"春争日，夏争时，一年大事不宜迟"。立春是四季的开始，往往影响一年的作物收成。耕田种地，作物管理，施肥浇水，机不可失。"立春雨水到，早起晚睡觉"。"立春之日雨淋淋，阴阴湿湿到清明"。这里说，立春下雨，会连续不断到清明。"吃了立春饭，一天暖一天"。过了立春，寒意消失，天气渐暖。

黑龙江农谚："立春的萝卜，立秋的瓜。"这时的萝卜，口味最佳。新疆农谚："春打六九头，河边看杨柳。""六九"，指冬至后的第"六"个"九"天，就是45.6天，便是立春。海南气象农谚："立春雨，清明晴。"立春、清明时节的雨天、晴天，有对应关系。

立春农事。《淮南子·时则训》中说：在立春的节气里，禁止砍伐正在生长的树木，不能捣毁鸟巢，不能杀死怀胎的麋子，不要捕捉幼鹿和产卵的动物，不要聚集大众修筑城郭，要掩埋裸露在外的尸骨。

在这些"禁止"的举措中，保护生长树木、植物，保护怀孕和幼小的动物，表明了严厉的保护生态环境的国家政策；不要大修城郭，要保护劳动力，全力投入春耕生产；而采取很人性化的举措是，掩埋无人认领的野外尸骨。

✳ 立春养生 ✳

立春美食：元宵。元宵佳节，传统美食是元宵。中国南方叫汤圆。有的包有各种馅料，有的没有馅料。一般用糯米粉、糖、芝麻、猪油等做成。南北朝梁代宗懔撰写的《荆楚岁时记》："正月十五作豆糜加油膏。"这种食品大约与汤圆相似。清代作家吴趼人所著的《二十年目睹之怪现状》第五十二回中说："旁边是一个卖汤圆的担子，那火便是煮汤圆的火。"清代钱塘符曾创作的《上元竹枝词》中有《元宵》一首："桂花香馅裹胡桃，江米如珠井水淘。见说马家滴粉好，试灯风里卖元宵。"马家的滴粉汤圆，远近闻名。珍珠江米，井水淘洗。桂花馅、胡桃仁，香甜异常。光亮的灯光，卖着美味元宵。汤圆的"圆"，有"团团圆圆"之意。大年初一早晨，一般家庭都要吃汤圆。

孙思邈《摄生论》。唐朝"药王"孙思邈的《摄生论》中说："正月肾气受病，肺脏炁（qì）微，宜减咸酸，增辛辣味，助肾补肺，安养胃炁。勿冒冰冻，勿太温暖。早起夜卧，以缓形神。"这里指出，正月应该安神补肺，保养胃气。不要受冻，也不要太暖。

陈抟二十四节气坐功：立春。清代康熙四十年今福建闽侯人陈梦雷奉敕编辑的最大类书《古今图书集成·明伦汇编·人事典·养生部汇考二》，收录了明代高濂撰写的《遵生八笺·四季摄生全录》，其中保留了珍贵的北宋高道陈抟二十四节气坐功图，内容包括运行经脉、功法、治病等。《陈希夷立春正月节坐功》中记载：

运主厥阴初气，时配手太阳、三焦。

宜每日子、丑时，叠手按髀，转身拗颈，左右耸引，各三五度，叩齿、吐纳、漱咽三次。

治病：风疾积滞，顶痛，耳后痛，肩臑（nào）痛，背痛，肘臂痛，诸痛悉治。

立春文化

一年之计在于春。（宋）谢维新撰的《古今合璧事类备要前集·卷十》："一年之计在于春，一日之计在于寅。"寅，指早晨3—5点。一年的计划，要在春天考虑安排。意思是，凡事要抓紧时间，尽早作出安排。明代《白兔记·牧牛》中说："一年之计在于春，一生之计在于勤，一日之计在于寅。春若不耕，秋无所望；寅若不起，日无所办；少若不勤，老无所依。"（清）康熙朝编撰的《御定佩文韵府》记载："一日之计在于晨，一年之计在于春。"

王贞白《白鹿洞二首》。唐末五代诗人王贞白在庐山白鹿洞书院刻苦攻读。他的《白鹿洞二首·其一》中写道："读书不觉已春深，一寸光阴一寸金。不是道人来引笑，周情孔思正追寻。"

人生如白驹过隙，要珍惜光阴，刻苦钻研，这些已经成了周公、孔子等先贤倡扬教育的悠久传统。

贯云石《清江引·立春》。元代词人贯云石在《清江引·立春》中写道：

金钗影摇春燕斜，

木杪生春叶。

水塘春始波，

火候春初热。

土牛儿载将春到也。

贯云石在《立春》小令中写道，妇人出游，金钗摇动，"春燕"斜插。树木梢头，长出翠芽。池塘的水流，春天来到，泛起波浪。春风吹来，温度转热。"土牛"耕田，春天到了。

一幅春意盎然、欣欣向荣的美景。藏头"金、木、水、火、土"五字，每句又各有一个"春"字。

杜甫《立春》。唐代宗大历元年（766年），55岁的诗人杜甫，贫病交加，来到夔州，写下了《立春》诗，前面四句是："春日春盘细生菜，忽忆两京梅发时。盘出高门行白玉，菜传纤手送青丝。"

诗中说，春天"春盘"中放着细细的生菜，纤纤的细手依次传递着。忽然回忆在"两京"梅花开放之时，出自高门白玉般的春盘。诗人由眼前的"春盘"，想起太平盛世时长安、洛阳的繁华，与当前自己贫病无依、到处漂泊的生活，形成鲜明的对照；对安史之乱给国家、百姓造成的伤害，形成强烈的对比。

5. 烟柳草色青，好雨润新芽：雨水

雨水，属于二十四节气纪年法中的第五个节气。

﹡ 科学依据 ﹡

雨水，古六历（黄帝、颛顼、夏、殷、周和鲁历）之一的夏历，规定在正月中。在太阳历即公历每年2月19日或20日，太阳到达黄经330°时开始。

《淮南子·天文训》中记载："加十五日指寅，则雨水，音比夷则。"这里说，立春增加十五日，北斗斗柄指向寅位，便是雨水，它与十二律中的夷则相对应。

《汉书·律历志下》："降娄，初奎五度，雨水。今日惊蛰。"

《后汉书·律历下》中记载："正月，雨水。雨水，室八度，二十八分进三。"

这两条文献，指出了"雨水"节气，处在十二次、二十八宿中的度数和位置。

《周髀算经·二十四节气》中记载太阳日影的长度是："雨水，九尺五寸三分。小分二。"

《新唐书·历志四上》中记载："定气，雨水。阳城日晷，八尺二寸一分，六。漏刻，二十四刻，四百七十分。"

《周礼注疏》中说："一年之内有二十四节气。正月，立春节，雨水中。"就是说，立春、雨水两个节气，规定在夏历正月。

元代吴澄撰写的《月令七十二候集解》中说："正月中。天一生水，春始属木，然生木者，必水也，故立春后继之雨水，且东风既解冻，则散而为雨水矣。"这里用五行相生理论，解释了"立春"→"雨水"的生成原因。

《清史稿》第四十八卷《时宪志四》："求节气时刻。二宫，亥，陬（zōu）訾（zī），初度为雨水。"清代康熙初年，雨水在十二次"陬訾"之内。

＊雨水三候＊

雨水第一候（1—5日）。《淮南子·时则训》："獭祭鱼。"高诱注："獭，（滨）[猵]也。是月之时，獭祭鲤鱼于水边，四面陈之，谓之祭鱼。"

猵（biān），獭之别名，也指大獭。《说文》："獭，如小狗也。水居，食鱼。"《说文》："猵，獭属。"獭，有水獭、旱獭、海獭之分。这里的"獭（tǎ）"，指水獭，栖息水边，善于游泳，喜欢捕食鱼类、青蛙等动物，皮毛呈棕色，特别珍贵。

关于"祭鱼"。《月令七十二候集解》："獭祭鱼。獭，一名水狗，贼鱼者也。祭鱼，取鱼以祭天也。所谓豺獭知报本，岁始而鱼上游，则獭初取以祭。"《御定月令辑要》中说，原《礼》"獭祭鱼"注："此时鱼肥美，獭将食之，先以祭也。"

这里的记载，赋予了"獭"讲究儒家"仁""礼"的理念。实际情况是，雨水时节，鱼儿肥美，水獭捕到的食物太多，根本吃不了，吃了几口，便扔到了岸边，好像要举行祭祀一样。

雨水第二候（6—10日）。《淮南子·时则训》："候雁北。"高诱注："是月之时，应候雁从彭蠡来，北过周、雒，至汉中孕卵鷇（kòu）也。"

高诱注中的"汉中",恐地名不确。本句说,大雁开始从南方向北方迁徙。

北方,是大雁居住、出生和成长的地方。《大戴礼记·夏小正》中说:"正月,雁北乡。""乡者,何也?乡其居也。雁以北方为居。何以谓之居?生且长焉尔。"

这条记载有分歧。

其一,《礼记·月令》中记载"鸿雁来"。东汉郑玄注:"雁自南方来,将北反其居。"《旧唐书·历志二》《逸周书·时训解》作"鸿雁来"相同。

其二,《吕氏春秋·孟春纪》和《淮南子·时则训》记载"候雁北"。《孟春纪》高诱注:"候时之雁,从彭蠡(lí)来,北过北极之沙漠也。方春非雁来之时。"《月令七十二候集解》:"候雁北。雁知时之鸟,热归塞北,寒来江南,沙漠乃其居也。孟春阳气既达,候雁自彭蠡而北矣。"彭蠡,就是当今的洞庭湖。

两家的记载,可能所处位置的观察点不同。从北方的角度说,是从"南方来"。从南方的角度说,是向"北"方。所以,两家所说都是正确的。

鸿雁飞向遥远的北方,越过大漠,有的飞到中国青海湖鸟岛,有的飞到俄罗斯贝加尔湖一带,繁殖育雏。

雨水第三候(11—15 日)。《吕氏春秋·孟春纪》:"草木繁动。"高诱注:"是月也,泰卦用事,乾下坤上,天地和同,繁众动挺而生也。"本句指众多草木开始发芽。

《礼记·月令》作"草木萌动"。《逸周书·时训解》陈逢衡云:"萌动,谓草木之根渐有生意,《大戴礼》所谓'百草权舆'是也。"意思是,天地间阴阳交泰,草木趁此生机,开始萌动。

花信风。清代康熙朝编订的《御定月令辑要》"二十四番花信风":"一候:菜花。二候:杏花。三候:李花。"又,《七十二番花信风》:"一候:杏花。二候:李花。三候:桃花。"

菜花，即油菜。李时珍撰写的《本草纲目·菜部》卷二十六中记载："芸苔，《唐本》即油菜。"［释名］："寒菜、胡菜、苔菜、苔芥、油菜。[时珍曰]：此菜易起苔，须采其苔食，则分枝必多，故名芸苔，而淮人谓之苔芥，即今油菜，为其子可榨油也。羌、陇、氐、胡，其地苦寒，冬月多种此菜，能历霜雪，种自胡来，故服虔《通俗文》谓之胡菜。……九月、十月下种。开小黄花，四瓣，如芥花。结荚收子，亦如芥子，灰赤色。炒过榨油黄色，燃灯甚明，食之不及麻油。"

油菜是我国主要的油料作物，种植范围广泛。仅仅是长江流域，2023年种植面积，就达到500万公顷。

＊雨水民俗＊

生地：回娘屋。雨水时节的民俗，女子有"回娘家"的传统，也叫"回娘屋"，即回到自己出生的地方。到了雨水节气，出嫁在外的女儿，带上一些有意义的礼物，回到娘家拜望父母。生育了孩子的女子，一般要带上罐罐肉、椅子等礼品，感谢父母的养育之恩。这在四川西部等地区，十分流行。奉养父母，子女有责。

敬老：接寿。雨水节气到来，女婿还有"接寿"的民俗。女婿要给岳父岳母送上礼品。礼品通常要带上传统食品"罐罐肉"，它是用猪蹄、猪腿，加上黄豆、白豆，调料生姜、大蒜、食盐等，精心熬煮而成。还要送上两把藤椅，上面缠着一丈二尺长的红带，寓意是祝福岳父岳母健康长寿，这就叫"接寿"。这件事体现了中国人的传统美德：百善孝为先。

＊雨水农事＊

雨水农谚。雨水节气的农谚有："春雨贵如油。"这里说，开春以后，麦苗、油菜、果蔬等，都需要雨水浇灌。"七九河开，八九雁来"。"七九"正逢"雨水"节气。"麦田返浆，抓紧松耪（pǎng）。麦子洗洗脸，一垄添一碗"。这里说,越冬小麦正处在生长期,需要松土、浇返青水,确保农业丰收。"蓄水如囤粮,水足粮满仓"。要趁着雨水的节气,把水库、池塘等蓄满水,以保障充足的农业用水。

海南农谚:"雨水有雨禾苗好,大春、小春一片宝。"大春主要种植水稻、玉米、大豆、高粱等农作物,小春主要种植小麦、油菜、蔬菜、药材等作物。宁夏农谚:"雨水有雨水,农家不缺米。"雨水时节下雨,是个好兆头。黑龙江农谚:"雨水、清明紧相连,植树季节在眼前。"这两个节气,正是植树的最佳时机。

雨水农事。《礼记·月令》注疏中说:"此阳气蒸达,可耕之候也。"就是说,这个节气里,最适宜耕种田地。

《淮南子·时则训》中说,其一,主要政事有:命令刑狱之官,赦免罪行较轻的罪犯,脱去束缚犯人的刑具。目的是让他们参加农业生产。其二,对于老幼:要抚育幼小,存恤孤独。就是要帮助年幼和矜寡孤独的人。其三,要应对雨水万物滋长的节气:能够使仲春的生长阳气,充分通到达草木和一切生物。

* 雨水养生 *

雨水美食:**春饼**。雨水时节的饮食,古代传统是吃春饼。春饼类似春卷。用麦面烙制或蒸制的薄饼,通常在里面卷上各种菜肴,味道更好。唐代诗人杜甫在《立春》中写道:"春日春盘细生菜,忽忆两京梅发时。""春盘",其中一种是把葱、蒜、韭、蓼、芥等时新菜蔬,配上其他食材,合为一盘,与"春饼"一起食用,味道更佳。可以知道,唐代京城长安、洛阳,在立春、雨水时节,流行"春饼"美食。元代孙国敉(mǐ)撰写的《燕都游览志》中说:"凡立春日,于午门外赐百官春饼。"清代富察敦崇编写的《燕京岁时记》也记载:"打春,是日富家多食春饼。"南方也喜食春饼,并馈赠亲友。清代顾禄撰写的《清嘉录》卷一中写道:"春前一月，市上已插标供卖春饼。居人相馈贶（kuàng），卖者自署其标曰：'应时春饼。'"

《遵生八笺》。明代高濂撰写的《遵生八笺》中说："孟春之月，天地俱生，谓之发阳。天地资始，万物化生，生而勿杀，与而无夺。君子固密，毋泄真气。"

这里说，君子要牢固、周密地保护"真气"，不要轻易泄漏出去。"真气"是什么？指的是人体生命之气。《黄帝内经·素问·上古天真论》："恬惔虚无，真气从之；精神内守，病安从来？"

陈抟二十四节气坐功：雨水。清代康熙四十年今福建闽侯人陈梦雷奉敕编辑的最大类书《古今图书集成·明伦汇编·人事典·养生部汇考二》，收录了明代高濂撰写的《遵生八笺·四季摄生全录》，其中保留了珍贵的陈抟二十四节气坐功图，内容包括经脉、运气、功法、治病等。《陈希夷雨水正月中坐功》中记载：

运主厥阴初炁（qì），时配三焦、手少阳相火。

宜每日子、丑时，叠手按脾（bì），拗颈转身，左右偏引各三五度，叩齿、吐纳、漱咽。

治病：三焦经络留滞，邪毒，嗌（ài）干及肿哕（yuè）、喉痹、耳聋、汗出、目锐、眦（zì）痛、颊痛，诸候皆治。

雨水文化

贺知章《咏柳》。唐代诗人贺知章《咏柳》（一作《柳枝词》）中写道："碧玉妆成一树高，万条垂下绿丝绦。不知细叶谁裁出，二月春风似剪刀。"

把"春风"比作"剪刀"，这个比喻告诉我们，其一，虽然是"春风"，但是仍然充满着寒凉，吹在身上，就像"刀""剪"一样。其二，自然万物，枝叶开始萌生，就像用"刀""剪"裁一样，"裁"出"细叶""丝绦"。

杜甫《春夜喜雨》。唐肃宗上元二年（761年）的春天，颠沛流离的诗人杜甫，已经50岁。他在成都草堂定居两年，自己耕作，种菜、种树、养花，交农民朋友，深知春雨的宝贵，一首饱含深情和哲理的诗作《春夜喜雨》，就创作出来了："好雨知时节，当春乃发生。随风潜入夜，润物细无声。野径云俱黑，江船火独明。晓看红湿处，花重锦官城。"

诗中说，正当春天需要雨水的时候，及时雨就马上降落。在夜晚悄悄地随着风声落下，无声无息地滋润着万物。田野小径的天空黑云笼罩，江中的渔火独放光明。天亮看到浸湿的花朵，锦官城的鲜花更加沉重。

"润物细无声"，自然造化就是这样，给予大地，给予万物，给予人类，却毫无声息，不向天地索取，不让百姓知道，不要求回报，这就是大德，这就是最高的精神境界。

韩愈《初春小雨》。"唐宋八大家"之一的韩愈，他笔下的春雨，又与众不同。他在《初春小雨》中写道："天街小雨润如酥，草色遥看近却无。最是一年春好处，绝胜烟柳满皇都。"

这首诗写于唐穆宗长庆三年（823年）的春天，当时韩愈56岁，担任吏部侍郎。韩愈的任职时间并不长，但是能够在治政上发挥作用，很是高兴。他所看到的是这样的景象：

长安街上的小雨润滑如酥，远望草色连成一片，近看还没有长成。一年之中最美的就是早春的景色，远远胜过烟柳满城的晚春。

韩愈所赞美的，是经过寒冬的洗礼，春草露出嫩芽，首先报告春天信息的到来，它代表着希望、美好和未来。

辛弃疾《浣溪沙》。南宋词人辛弃疾的《浣溪沙》中写道：

父老争言雨水匀。

眉头不似去年颦。

殷勤谢却甑中尘。

啼鸟有时能劝客，小桃无赖已撩人。

梨花也作白头新。

词中展现这样欣喜的场景：父老们争着说，今年雨水均匀。他们的眉头，不像去年紧锁了。急切地除去甑中的尘土。

啼鸣的鸟儿，有时也能劝客饮酒；桃树的小枝已经能够逗人。梨花也新添了一头白发。全词清新质朴，春风扑面；体察民情，跃然纸上。

6. 惊雷震天地，蛰虫喜复苏：惊蛰

惊蛰，属于二十四节气纪年法中的第六个节气。

✳ 科学依据 ✳

"惊蛰"，西汉之时，在二十四节气纪年法的排序中，曾经出现过两种说法，并且引起后人的争论。东汉以后，则全部回归到《淮南子·天文训》的科学排序。

第一种说法。"惊蛰"，古六历（黄帝、颛顼、夏、殷、周和鲁历）之一的夏历，规定在二月节。在太阳历即公历每年3月5日或6日，太阳到达黄经345°时开始。

《淮南子·天文训》中记载："十五日指甲，则雷惊蛰，音比林钟。"这里说，雨水增加十五日，北斗斗柄指向甲位，那么雷声响起，惊蛰到来，它与十二律中的林钟相对应。

《后汉书·律历下》中记载："惊蛰，壁八度，三分进一。"

《周髀算经·二十四节气》中记载太阳日影的长度是："启蛰，八尺五寸四分。小分一。"

《旧唐书·历志二》记载："中气，启蛰。律名，太蔟。日中影，八尺七寸。"

《周礼注疏》中说："二月，启蛰节，春分中。"就是说，启蛰、春分两个节气，规定在夏历二月。

《旧唐书·历志二》中记载:"开元大衍历经:惊蛰,二月节。"

元代吴澄撰写的《月令七十二候集解》中记载:"二月节。万物出乎震,震为雷,故曰'惊蛰',是蛰虫惊而出走矣。"(按:《淮南子·天文训》中的"惊蛰",与《周易》中"大壮"相对应,不对应"震"卦。)

清代李光地等撰写的《御定月令辑要》中说:"《四时气候》:立春以后,天地二气合同,雷欲发生,万物蠢动,蛰虫振动,是为惊蛰。乃二月之气。"

吴澄、李光地对"惊蛰"的命名、月份、八卦的"震"卦、"雷"的成因等,做了科学的分析。

《清史稿》第四十八卷《时宪志四》:"求节气时刻。二宫,亥,陬(zōu)訾(zī),十五度为惊蛰。"清代康熙初年,惊蛰在十二次"陬訾"之内。

这些文献告诉我们,雨水以后,就是惊蛰,归于二月节。它在二十八宿中的位置、日影的长度等,都有准确的定位。

第二种说法。《汉书·律历志》记载,刘歆的《三统历》中,把"惊蛰"排在"正月中",紧接在"立春"之后。这是唯一的一次错误排序。

此后,《汉书·律历志》《后汉书·律历志》以及《周髀算经·二十四节气》等诸多文献,重新把"惊蛰"放在"雨水"之后,回到"二月节",恢复了《淮南子·天文训》的排序原貌。

刘歆这样排序的目的、依据是什么?就是这个"惊蛰"。

"惊蛰",较早见于《大戴礼记·夏小正》:"正月:启蛰。言始发蛰也。正月必雷,雷不必闻,惟雉为必闻。"(其中的"启"字,为了避开汉景帝刘启的"启"字讳,《淮南子·天文训》改为"惊"。)《夏小正》的说法是:正月必定打雷,雷声就会使冬眠的动物苏醒,所以叫"启蛰"。应该指出,这是《夏小正》中,唯一提到与《淮南子·天文训》比较接近的节气名称。当然,它还不具备完整的科学的"惊蛰"的内涵。

东汉班固的《汉书·律历志下》中,保留了西汉末期刘歆《三统历》

| 二十四节气 纪年法

的说法，但是随即又用小字加以纠正。《汉书·律历志下》中说："诹（zōu）訾（zī），初危十六度，立春。中营室十四度，惊蛰。今日雨水。于夏为正月，商为二月，周为三月。"这里说，《三统历》把立春、惊蛰排在夏历一月份，而班固则指出，"惊蛰"在东汉时已经改为"雨水"了。

对于刘歆编写《三统历》，只是依据一个"启蛰"，制造一个不合乎科学常识的二十四节气纪年法，他的出发点，就是想通过复旧，来为王莽篡汉制造舆论。他的错误做法，使后人对二十四节气体系产生了误解。

纠正刘歆错误的，还有东汉刘洪的《乾象历》。《逸周书·时训解》阎百诗曰："康成（郑玄字）时，尚是'惊蛰'前，'雨水'后，至后汉刘洪《乾象历》，方改易其次。"南朝宋代范晔编写的《后汉书·律历志》中，对刘歆《三统历》中的失误，也加以改正，把立春、雨水放在一月份，"惊蛰"排在二月节。

班固、刘洪、郑玄、范晔等学者拨乱反正以后，仍然采用《淮南子·天文训》中的名称、顺序和理论依据，并且一直沿用到今天。

＊惊蛰三候＊

惊蛰第一候（1—5日）。《淮南子·时则训》："仲春之月，桃、李始华。"高诱注："桃、李于是皆秀华也。"这里说，仲春二月（夏历，即农历二月），惊蛰之时，桃树、李树开始开花。

《吕氏春秋·仲春纪》作"桃、李华"。高诱注："桃、李之属皆舒华也。"就是说，桃树、李树都舒展开花了。《礼记·月令》作"桃始华"。《逸周书·时训解》："惊蛰之时，桃始华。"《月令七十二候集解》："桃始华。桃，果名，花色红，是月始开。"

明代李时珍在《本草纲目·果部》第二十九卷记载："时珍曰：桃品甚多，易于栽种，且早结实。其花有红、紫、白、千叶、二色之殊，其实有红桃、绯桃、碧桃、缃桃、白桃、乌桃、金桃、银桃、胭脂桃，皆以色名者也。有绵桃、油桃、御桃、方桃、匾桃、偏核桃，皆以形名者也。有五月早桃、十月冬桃、秋桃、霜桃，皆以时名者也。[主治]：作脯食，益颜色。肺之果，肺病宜食之。"可以知道，"桃"的品种甚多，养生和药用价值都很高。

惊蛰第二候（6—10日）。《淮南子·时则训》："仓庚鸣。"意思是，仓庚开始鸣叫。

《吕氏春秋·仲春纪》高诱注："苍庚，《尔雅》曰：'商庚，黎黄，楚雀'也。齐人谓之搏（tuán）黍，秦人谓之黄离，幽、冀谓之黄鸟。《诗》云：'黄鸟于飞，集于灌木'是也。至是月而鸣。"高注中保留了古代各地对于"仓庚"的不同称呼，留下了宝贵的方言资料。

仓庚，就是黄鹂。《诗·豳（bīn）风·东山》中记载："仓庚于飞，熠（yì）燿（yào）其羽。"这里说，黄鹂在天空飞翔，阳光下羽毛发光。可以知道，古人特别重视"仓庚"的到来。

黄鹂为夏候鸟，一般每年四五月来到我国北方繁殖，九十月飞到南方越冬。黄鹂鸣叫，就到了春耕大忙的季节。唐代诗人杜甫《绝句》中写道："两个黄鹂鸣翠柳，一行白鹭上青天。"黄鹂鸣叫，白鹭飞翔，这是多么美好的春天。

惊蛰第三候（11—15日）。《淮南子·时则训》："鹰化为鸠。"高诱注："鹰化为鸠，喙正直，不鸷搏也。鸠，盖为布谷也。"

这个错误的记载，较早见于《大戴礼记·夏小正》："正月：鹰则为鸠。"《礼记·月令》中也说："仲春之月，仓庚鸣，鹰化为鸠。"宋代罗愿《尔雅翼》认为："盖鹰正月则化为鸠，秋则鸠化为鹰。"而《吕氏春秋·十二纪》《逸周书·时训解》等文献，也全部沿袭旧说。鹰、鸠的互相转化，这是由于先民博物知识的缺乏，而造成的误解。

"鹰"，《玉篇》"鸷鸟也"。《尔雅·释鸟》郝懿行义疏："鹰、鹞是同类。旧说大为鹰，小为鹞。"鹰属于猛禽，有苍鹰、赤腹鹰、雀鹰等种类。苍鹰捕食其他鸟类及小兽类。唐代诗人白居易的《放鹰》中说："鹰翅疾如风，鹰爪利如钩。"利爪，勾嘴，视力强，飞行快，这就是"鹰"的特性。

鸠，古代有"五鸠"，即祝鸠、鴡鸠、鸤鸠、鹈鸠、鹘鸠等，属于鸠鸽科。常见的有斑鸠。《吕氏春秋·仲春纪》高诱注中说："鸠，盖布谷鸟也。"唐代药物学家陈藏器《本草拾遗》中记载"鸤鸠"时说："江东呼为郭公。农人候此鸟鸣，布种其谷矣。"古代的农耕社会，观察物候，适时播种，所以特别重视"鸠"鸟。在今天看来，"鹰"和"鸠"虽然同样归于鸟类，但是鸟的种属根本不同。古代文献中说"鹰""鸠"的互相转化，则是根本不存在的。

花信风。清代康熙朝编订的《御定月令辑要》"二十四番花信风"："一候：桃花。二候：棣棠。三候：蔷薇。"又，《七十二番花信风》："一候：玉兰。二候：棣棠。三候：木瓜。"

棣棠，蔷薇科，落叶灌木，暮春开花，金黄色。宋代孟元老撰写的《东京梦华录》卷七："是月季春，万花烂漫，牡丹、芍药、棣棠、木香，种种上市。"

惊蛰民俗

驱虫。惊蛰的民俗是驱虫。新疆农谚："到了惊蛰期，百虫缓过气。"春雷惊醒了害虫，农户在这一天拿着扫帚，到田间举行扫虫仪式；同时手持清香、艾草，熏遍家里的每个角落，希望能够驱走蛇、虫、蚊、鼠等害虫，也盼望能赶走霉气。

香港："打小人"。惊蛰到了，气温回升，各种病菌、病毒、昆虫等容易滋生疾病。为了祈求平安吉祥，必须赶走疾病灾祸。我国南方珠江三角洲一带，民间习俗又叫"打小人"。"小人"代表了凶祸、邪恶。在香港，每年3月5日惊蛰"打小人"，还被香港民政事务局列为"非物质文化遗产"之一。香港湾仔鹅颈桥桥底，成为"打小人"比较集中的地方。每年惊蛰时节，桥底下便会出现不少男女观众，聚集起来"打小人"。

惊蛰农事

惊蛰农谚。惊蛰节气常见的农谚有："春雷响，万物长。"雷声阵阵，农作物开始萌芽生长。"二月打雷麦成堆"。就是说，二月打雷下雨，对于越冬小麦的茁壮生长，非常有利。"冻土化开，快种大麦。大麦豌豆不出九。种蒜不出九，出九长独头"。这个节气里，是种植大麦、豌豆、大蒜的最好时机。"麦子锄三遍，等着吃白面"。冬小麦返青期到了，要锄地、施肥、浇水。"核桃树，万年桩，世世代代敲不光。栽桑树，来养蚕，一树桑叶一簇蚕"。惊蛰时节，也是种植核桃树、桑树的最好时节。

海南农谚："过了惊蛰节，耕田不得歇。"惊蛰一过，田里就忙碌起来。新疆农谚："惊蛰播春麦，小暑来收割。"这是新疆春小麦的播种、收获期。吉林农谚："惊蛰天气晴，五谷喜丰收。"惊蛰大晴天，庄稼收成好。

惊蛰农事。《淮南子·时则训》中说，在这个月里，不要使川泽的水源干涸，不要用完池塘的水；不能毁坏山林；不要干征伐、戍边等大事，以致妨碍农业生产；祭祀时不要使用处于生育期的牲畜，换用圭璧，改用鹿皮、彩色丝帛来代替。

为了保护生态环境，首先，要保护好水源，保障有充足的水源，以免影响农业生产。其次，要保护山林资源。树木等植物，即将进入生长期。再次，充分保护劳动力资源，准备投入农业生产中去，不要参与战争、戍边等大事。最后，要保护处于生育期的牲畜，不能够用来祭祀。

惊蛰养生

梨。惊蛰时节，饮食习惯是吃梨。梨子多汁，食、药两用，被称为"百果之宗"。李时珍撰写的《本草纲目·果部》第三十卷中说："梨，

[主治]：热咳，止渴。润肺凉心，消痰降火。"梨性寒味甘，有润肺止咳，滋阴清热的功效。

民间认为，"梨"的谐音是"离"。这种说法不能成立。离，上古音来纽、歌部，拟音为［lǐa］。梨，上古音来纽、脂部，上古音拟音为［lǐei］。二字声纽相同，韵部相近，可知二字上古并不同音。惊蛰吃"梨"，可以让病虫害远离庄稼，能够保护全年的好收成。

我国种植梨树具有悠久的历史。班固《汉书·货殖列传》中说："淮北、荥南、河济之间，千株梨，其人与千户侯等也。"南朝宋代郑缉之撰写的《永嘉记》中说："青田村人家多梨树。有一梨树，名曰官梨，大一围五寸，恒以贡献，名曰御梨。"北魏贾思勰《齐民要术》记载："《广志》曰：洛阳北邙张公夏梨，海内唯有一树。常山真定、山阳钜野、梁国睢阳、齐国临菑、巨鹿，并出梨。上党楟梨，小而加甘。广都梨重六斤，数人分食之。新丰箭谷梨，弘农、京兆、右扶风郡界诸谷中梨，多供御。阳城秋梨、夏梨。"可以知道，我国古代既有大面积种植，也有各地梨树之冠。

中国古今民间培育了大量优质的梨的品种。当今中国四大名梨有安徽砀山酥梨、新疆库尔勒香梨、山东莱阳梨、辽宁鸭梨，风味不一，各具特色。

孙思邈《摄养论》。唐代"药王"孙思邈《摄养论》中说："二月肾气微，肝正旺，宜戒酸增辛，助肾补肝。宜静膈去痰水，小泄皮肤，微汗以散元冬蕴伏之气。"意思说，这个月肾气微弱，肝气旺盛，应该帮助养肾，补足肝气。

陈抟二十四节气坐功：惊蛰。清代康熙四十年今福建闽侯人陈梦雷奉敕编辑的最大类书《古今图书集成·明伦汇编·人事典·养生部汇考二》，收录了明代高濂撰写的《遵生八笺·四季摄生全录》，其中保留了珍贵的陈抟二十四节气坐功图，内容包括经脉、运气、功法、治病等。《陈希夷惊蛰二月节坐功》中记载：

运主厥阴初气，时配手阳明太阳燥金。

每日丑、寅时，握固转头，反肘后向，颇掣五六度，叩齿六六，吐纳、漱咽三三。

治病：腰、脊（lǚ）、肺、胃，蕴积邪毒。目黄，口干，鼽（qiú）衄（nù），喉痹，面肿，暴哑，头风牙宣，目暗羞明，鼻不闻臭，遍身疙瘩，悉治。

惊蛰文化

陶渊明《拟古》。晋代诗人陶渊明，在《拟古》"其三"诗中写道："仲春遘时雨，始雷发东隅。众蛰各潜骇，草木纵横舒。翩翩新来燕，双双入我庐。"

诗人笔下一片热闹场面：春意盎然，一派生机；喜雨降临，雷声滚滚；动物苏醒，蠢蠢欲动；草木滋生，萌芽欲出；燕子飞来，入我旧居。惊蛰时分，春光明媚。

苏轼《惠崇春江晚景二首》。北宋文学家苏轼的《惠崇春江晚景二首》中写道："竹外桃花三两枝，春江水暖鸭先知。蒌蒿满地芦芽短，正是河豚欲上时。"

诗中描写的竹林摇曳、桃花绽放、江水波澜、鸭子戏水、蒌蒿生长、芦芽冒尖、河豚觅食，春意盎然，美不胜收。

陆游《春晴泛舟》。南宋诗人陆游的《春晴泛舟》，写出了春回大地、主人公欣赏美景的愉悦心情："儿童莫笑是陈人，湖海春回发兴新。雷动风行惊蛰户，天开地辟转鸿钧。鳞鳞江色涨石黛，嫋嫋柳丝摇麴尘。欲上兰亭却回棹，笑谈终觉愧清真。"

诗中说，孩子们啊，不要笑话我是老年人，江河上春天泛舟，重新焕发起兴致。雷声阵阵，和风吹来，惊醒了庄户人家；开天辟地的变化，就像转动巨大的天轮。江面上波光粼粼，涨水淹没了黑色的礁石；柔弱的柳丝,摇动着鹅黄色柳絮。想上岸边亭子,还是回转船桨;嬉笑的谈论,最终觉得有愧于清新真实的美景。

　　这就是惊蛰时分的江南水乡的美丽画卷。作者身临其境,欣赏大自然的风光,给人带来无穷的精神享受。

7. 阴阳二气平，玄鸟始来临：春分

春分，二十四节气纪年法中的第七个节气。

科学依据

春分，古六历（黄帝、颛顼、夏、殷、周和鲁历）之一的夏历，规定在二月中。在太阳历即公历每年3月20日或21日，太阳达到黄经0°时开始。

天球上黄道和赤道相交的两个点之一，就是春分点和秋分点，二"分"相差180°。

《淮南子·天文训》中说："子午、卯酉为二绳。"这里说，子午、卯酉四辰，就像两条直"绳"，划分出二"至"、二"分"，也就是冬至与夏至、春分与秋分。春分和秋分，这两天昼夜时间平分，古代也称为"日夜分"。《吕氏春秋·仲春纪》高诱注："分，等。昼夜钧也。"

《淮南子·天文训》中记载说："加十五日指卯，中绳，故曰春分，则雷行，音比蕤宾。"就是说，惊蛰增加15天，北斗的斗柄指向卯位，正当"绳"处，所以称为春分，那么雷声大作，它与十二律中的蕤（ruí）宾相对应。

《汉书·律历志下》中记载："中娄四度，春分。于夏为二月，商为三月，周为四月。"

《后汉书·律历下》中说："天正二月，春分。春分，日所在，奎十四度，十分。晷景，五尺二寸五分。昼漏刻，五十五八分。夜漏刻，四十四二分。"

这里的资料，指明"春分"在二十八宿中的位置和度数，以及在夏历、殷历、周历中的不同月份。其中的夏历，与今天通行的月份相同。

《岁时百问》中记载："仲春四阳二阴，昼夜之气中停，阴阳交分，故谓之春分。"

《月令七十二候集解》中说："二月中。分者，半也。此当九十日之半，故谓之分。"

这里的记载，解释了《淮南子》"春分"的命名依据。

《周髀算经·二十四节气》记载日影的长度："春分，七尺五寸五分。"

《旧唐书·历志二》记载："中气，春分。律名，夹钟。日中影，五尺三寸三分。"

《礼记·月令》东汉马融注："昼有五十刻，夜有五十刻。据日出日入为限。"

《周礼注疏》中说："二月启蛰节，春分中。"又，"漏尺百刻，春、秋分昼夜各五十刻。"这里说，惊蛰、春分两个节气，规定在夏历二月。这一天，昼夜时间平分，都是 50 刻。每"刻"，相当于今天的 15 分钟。

《清史稿》第四十八卷《时宪志四》："求节气时刻。三宫，戌，降娄，初度为春分。"清代康熙初年，春分在十二次"降娄"之内。

这些文献，从北斗斗柄运行、十二月令、十二音律、二十八宿度数、十二星次、日晷测量、漏壶计时等方面，记载了"春分"节气的一系列科学数据。

* 春分三候 *

春分第一候（1—5 日）。《吕氏春秋·仲春纪》："玄鸟至。"高诱注："玄鸟，燕也春分而来，秋分而去。《传》曰：'玄鸟氏，司启者也。'"这句说，燕子在春分时节，从南方飞来。

又，《左传·昭公七年》中说："玄鸟氏，司分者也。青鸟氏，司启者也。"杜预注："玄鸟，燕也。以春分来，秋风去。青鸟，鶠鷃（yàn）也。以立春鸣，立夏止。"高注"启"，应作"分"。

关于"玄鸟"的记载，文献很多。《诗·商颂·玄鸟》中写道："天命玄鸟，降而生商。"《楚辞·天问》："简狄在台，誉何宜？玄鸟致贻，女何喜？"《史记·殷本纪》中说："玄鸟堕其卵，简狄取吞之，因孕生契。"《诗经》中说，商朝的老祖母简狄，吃了燕子的鸟蛋，怀孕生下了契（xiè），以后成为商朝的始祖。这时大概是母系社会，民知其母，不知其父。

《礼记·月令》中说："仲春三月，玄鸟至。"燕子每年春分时节，从热带、亚热带的我国南海、海南岛，以及菲律宾、马来西亚、印度尼西亚等地方，飞到我国黄河、淮河、长江流域，并且一直向北飞行；秋分时节再飞往南方过冬，年年如此，周而复始，进行南北大迁徙。

北宋词人晏殊的《珠玉词·浣溪沙》中咏道："一曲新词酒一杯，去年天气旧亭台。夕阳西下几时回。无可奈何花落去，似曾相识燕归来。小园香径独徘徊。"晏殊以候鸟燕子入词，感慨韶华易逝。天轮运转，阴阳变化，花儿"一岁一枯荣"，燕子春来秋往，"逝者如斯夫"，世人应珍惜岁月，不必蹉跎。

春分第二候（6—10日）。《淮南子·时则训》："是月也，日夜分，雷始发声。"高诱注："分，等也。冬阴闭固，雷伏不发，是月阳生，雷始发声也。"这里说，这个时候，雷开始发出声音。《吕氏春秋·仲春纪》："是月也，日夜分，雷乃发声。"《礼记·月令》相同。

商代甲骨文的"雷"字，像闪电的形状。金文加了个"雨"字头。《淮南子·天文训》中说："阴阳相薄，感而为雷。"对于"雷"的成因，作了比较科学的解释。

古代对打"雷"这种天象，特别关注。《淮南子·时则训》中说：在预计打雷的前三天，主管官员要敲起大铃，告诫百姓说："天上就要打雷啦，如果有不戒备自己行止的人，生下的孩子，必定会发生疾病等灾祸。"在2000多年以前，人的年龄平均大概只有30多岁。古人为了优生优育，保障婴幼儿健康，告诫人们不能在天上打雷的时候受孕，防止孩子有聋哑、脑瘫等疾病发生。

春分第三候（11—15日）。《吕氏春秋·仲春纪》："始电。"这里说，天空开始出现闪电。

《礼记·月令》相同。《逸周书·时训解》："又五日，始电。"

《淮南子·地形训》中说："阴阳相薄为雷，激扬为电。"《说文》："電，阴阳激耀也。从雨，从申。""申"，即古文"电"字，像闪电之形。意思说，阴气、阳气互相接触而产生"雷"，剧烈碰撞而产生"电"。《淮南子》中对"电"的解释，同现代科学比较接近。

花信风。清代康熙朝编订的《御定月令辑要》"二十四番花信风"："一候：海棠。二候：梨花。三候：木兰。"《七十二番花信风》："一候：海棠。二候：梨花。三候：丁香。"

木兰，观赏树木，有白玉兰、广玉兰、山玉兰等。白花似雪，芳香四溢。李时珍撰写的《本草纲目·木部》第三十四卷中记载："时珍曰：'其香如兰，其花如莲，故名。其木心黄，故曰黄心。木兰枝叶俱疏。其花内白外紫，亦有四季开者。深山生者尤大，可以为舟。'"

春分民俗

春分：祭日。春分到来，古代官方有"祭日"的大典。中国古代的太阳神崇拜，历史悠久。观测太阳的东升西落，制定节令，有利于发展农业生产，合理安排百姓的生活。《尚书·尧典》中说："乃命羲和，钦若昊天，历象日、月、星辰，敬授人时。分命羲仲，宅嵎夷，曰旸谷。"意思是说，帝尧命令主管天文、历法的羲氏、和氏，敬慎地遵循天数，推算

7.阴阳二气平，玄鸟始来临：春分

日、月、星辰的运行规律，制定出历法，并把天时、节令布告天下。分别命令羲仲，住在东方的旸谷，告诉太阳东方升起的时刻。

太阳神是个什么样儿？《山海经·海外东经》："下有汤谷。汤谷上有扶桑，十日所浴，在黑齿北。居水中，有大木，九日居下枝，一日居上枝。"汤谷上长着扶桑，上面住着十个太阳，轮流值班，给人间送来光明。

祭祀日神，古代都是由朝廷举办，极其隆重。明、清两代"祭日"的地方，就在北京的日坛。日坛，明朝嘉靖九年（1530年）建立。清代潘荣陛的《帝京岁时纪胜》记载："春分祭日，秋分祭月，乃国之大典，士民不得擅祀。"明、清时期，祭日规定在春分的卯刻；每逢甲、丙、戊、庚、壬年份，要由皇帝亲自祭祀；其余的年份，则由官员代祭。祭日大典，感念上天恩赐，祈求国泰民安。

纸鸢。春分前后，阳光明媚，清气上升，微风激荡，正是放风筝的最好季节。刀郎《花妖》歌词："你看那天边追逐落日的纸鸢，像一盏回首道别夤夜的风灯。"（宋）高承撰写的《事物纪原》中说："纸鸢，其制不一，上可悬灯。又以竹为弦，吹之有声如筝，故又曰风筝。"中国风筝，历史悠久。《淮南子·齐俗训》中记载："鲁般、墨子，以木为鸢而飞之，三日不集。"鸢（yuān），是老鹰一类的飞禽。春秋时期鲁国的科学家有鲁般和墨子，这两位大匠研制出的"木鸢"，能够在天上飞行三天，这应该是世界上最早的飞行器了，当然也是飞机、风筝的祖先。

中国古代民间对风筝特别喜爱。中唐诗人元稹在《元氏长庆集·乐府·有鸟十二章》中写道："有鸟有鸟群纸鸢，因风假势童子牵。去地渐高人眼乱，世人为尔羽毛全。风吹绳断童子走，余势尚存犹在天。"描绘了唐代儿童放风筝的神态，十分逼真。清代《红楼梦》的作者曹雪芹，乐于助人。他的残疾朋友于景廉，穷困潦倒，衣食无着。曹雪芹就帮助他扎风筝卖钱渡过了年关。这时曹雪芹就编写了《南鹞（yào）北鸢考工志》，专门传授扎风筝的技艺和样式，从此曹氏风筝流传天下。

中国作为世界"木鸢"、风筝的发源地，最近几十年来，全国各地相继举办大型风筝节。潍坊"北筝"、阳江"南筝",风格不同,各逞异彩,受到海内外爱好者的关注。山东潍坊于1984年4月1日举办第一届国际风筝会,现在每年4月中旬都要举办一年一度的国际风筝盛会,至今已举办38届,影响遍及五大洲。这是北派代表。广东阳江从1992年开始,每年夏历九月初九重阳节,在南国风筝竞技场举办群众性风筝比赛。这是南派代表。全国各地,风筝大赛,千姿百态,翱翔蓝天。放飞自然,浮想联翩。

＊春分农事＊

春分农谚。春分对于农业生产,具有重要的指导意义。农谚中说:"春分秋分,昼夜平分。"这时白天、夜里的时间基本相同。"春分有雨家家忙,先种瓜豆后插秧"。春分前后,是种瓜点豆的最好时机。春分之时早秧已经开始普遍插种。"春分降雪春播寒,春分有雨是丰年"。春分降雨,风调雨顺,全年丰收。"春分刮大风,刮到四月中"。"春分大风,夏至雨"。春分所刮的是东风,《淮南子》中叫"明庶风"。温暖、和煦的春风吹来,万物开始蓬勃生长。如果春分时节刮风,对应的夏至时节就要下雨。"麦过春分昼夜长"。冬小麦过了春分,天天变个样,生长的速度明显加快。

新疆农谚:"春分种麻种豆,秋分种麦种蒜。"春分是麻类、豆类的种植季节。广东农谚:"春分瓜,清明麻,谷雨花。"春分种"瓜",时机最佳。吉林农谚:"春分下场雨,家家都欢喜。"春分下雨是喜雨。

春分农事。《淮南子·时则训》中记载,其一,国家在春分、秋分时节,要发布有关农事、政事的一系列重要规定:"令官市,同度量,均衡石,角斗桶,端权概。"

这是国家对于市场、农业、商贸、交易活动的标准,发布统一的规定。命令管理市场的官员,统一长度和容量单位,使秤和重量标准平正,均等容器斗、桶的标准,校正秤锤和刮平斗斛的器具。就是说,国家所规定的长度、重量、容量等的标准，必须统一，并发布公告，颁行天下。

其二，对于生态资源的保护，《淮南子·时则训》中说：不要使大川沼泽的水源干涸，不要用完池塘的蓄水，不能毁坏山林，不要干征伐、戍边等大事，以致妨碍农业生产。可以知道，一切为了农业生产，这是春分时节要做的大事。

* 春分养生 *

春分的田野，一派生机，正是挖荠菜、春笋，采摘香椿的好时节。

荠菜。《淮南子·地形训》中记载："荠冬生而中夏死。"荠菜，是草本植物，冬至后生出苗芽，二三月起茎，开出细白花，生长在田野、路边和庭园。荠菜叶子鲜嫩，营养价值很高。民间烹饪荠菜的方法多种多样，有包饺子、清炒等。我国自古民间就有采食野生荠菜的习惯。春分时节的荠菜，也可以作为药用。李时珍撰写的《本草纲目·菜部》第二十七卷中说："荠，有大、小数种。小荠小花茎扁，味美。大荠科，叶皆大，而味不及。[主治]：利肝和中，利五脏。根，治目痛。"可以知道，荠菜对保护肝脏、五脏和眼睛都有益处。

春笋。春笋是竹子的嫩芽，味道鲜美，营养丰富，也有较好的药用价值。南朝宋代戴凯之撰写的《竹谱》中说："植物之中，有名曰竹。不刚不柔，非草非木。"李时珍撰写的《本草纲目·菜部》第二十七卷记载："利九窍，通血脉，化痰涎，消食胀。"春笋尤其利于清热化痰。

香椿。香椿被称为"树上蔬菜"。每年春季谷雨前后，香椿的嫩芽生长出来，可以做成各种菜肴。李时珍撰写的《本草纲目·木部》第三十五卷中说："椿木皮细肌实而赤，嫩叶香甘可茹。"它不仅营养丰富，而且具有很好的药用价值。香椿叶厚芽嫩，香味浓郁，远远高于其他蔬菜。

《遵生八笺》。明代高濂撰写的《遵生八笺》中说："仲春之月，号厌于日，当和其志，平其心，勿极寒，勿太热，安静神气，以法生成。"意思是说，在仲春二月，不要遭受"极寒"，也不要遭受"太热"，安神、静气，按照自然规律，就能够生成。

陈抟二十四节气坐功：春分。清代康熙四十年今福建闽侯人陈梦雷奉敕编辑的最大类书《古今图书集成·明伦汇编·人事典·养生部汇考二》，收录了明代高濂撰写的《遵生八笺·四季摄生全录》，其中保留了珍贵的陈抟二十四节气坐功图，内容包括经脉、运气、功法、治病等。《陈希夷春分二月中坐功》中记载：

运主少阴二气，时配手阳明大肠燥金。

每日丑、寅时，伸手回头，左右挽引各六七度。叩齿六六，吐纳、漱咽三三。

治病：胸臆，肩背经络虚劳，邪毒齿痛，颈肿寒慄，热肿耳聋，耳鸣、耳后、肩臑、肘臂外痛，气满，皮肤殼（ké）殼然坚而不痛、瘙痒。

＊ 春分文化 ＊

《红楼梦》：四"春"。《红楼梦》中贾府官三代四大千金：贾元春，"才选凤藻宫"，皇妃省亲，风光无限，最终"虎兔相逢大梦归"。虎年、兔年相交之时，死了。贾迎春，嫁给了一个"无情兽""中山狼"，"芳魂艳魄"，"一载赴黄粱"。贾探春，"才自清明志自高"，"清明涕泣江边望"，远嫁海疆。贾惜春，"勘破三春景不长"，"独卧青灯古佛旁"，出家当了尼姑。四大美女，"飞鸟各投林"。

苏轼《癸丑春分后雪》。北宋文学家苏轼在熙宁六年（1073年）担任杭州通判。春分时节，写下了《癸丑春分后雪》，前面四句是："雪入春分省见稀，半开桃李不胜威。应惭落地梅花识，却作漫天柳絮飞。"

在浙江杭州，春分时节居然飘起了雪花。开了一半的桃花、李花，禁不住雪花的威力。看到满地凋落的梅花，感到惭愧。桃花却像柳絮一样，漫天飞舞。博学多才的苏轼，看到这个奇景，诗兴大发，留下了传世名篇。

宋琬《春日田家》。清代诗人宋琬的《春日田家》中写道："野田黄雀自为群，山叟相过话旧闻。夜半饭牛呼妇起，明朝种树是春分。"

这就是一幅美妙的画卷：一群黄雀，野外觅食；山村老翁，向人叙说旧闻。半夜喂牛，叫起老伴；明天春分，准备种树。

诗中有翠绿的田野，有可爱的动物黄雀、老牛，有人物山叟夫妇。春分时节，山村里充满了恬静、自然、和美的生活情趣。

8. 清新明洁风，踏青插柳时：清明

清明，属于二十四节气纪年法中的第八个节气。

科学依据

清明，古六历（黄帝、颛顼、夏、殷、周和鲁历）之一的夏历，规定在三月节。在太阳历即公历每年 4 月 4 日或 5 日，太阳到达黄经 15°时开始。

《淮南子·天文训》中说："明庶风至四十五日，清明风至。"《说文》："东方曰明庶风，东南曰清明风。"这里说，东方吹来的"明庶风"后四十五天，东南方的"清明风"来到了。

东南风吹拂，清新而明净，所以叫"清明风"。"清明"的节气名称，是由"八风"的名称转化而来。

《淮南子·天文训》记载说："加十五日指乙，则清明风至，音比仲吕。"这里说，春分增加十五日，北斗斗柄指向乙位，清明之风吹来，它与十二律中的仲吕相对应。

《汉书·律历志下》："中昴八度，清明。今曰谷雨。于夏为三月，商为四月，周为五月。"

《后汉书·律历下》中记载："清明，胃一度，十七分退一。"

这里的引文，指出"清明"在二十八宿中的位置和度数。同时指出"清明"在夏历、殷历、周历中的不同月份。

《周礼注疏》中说:"三月,清明节,谷雨中。"就是说,清明、谷雨两个节气,规定在夏历三月。

《礼记注疏》中说:"清明者,谓物生清净明洁。"

《月令七十二候集解》中说:"三月节。物至此时,皆以洁齐而清明矣。"

孔颖达、吴澄两位学者,解释了《淮南子》"清明"命名的依据。

《周髀算经·二十四节气》中记载太阳日影的长度是:"清明,六尺五寸五分。"

《旧唐书·历志二》:"中气,清明。日中影,四尺三寸四分。"

《清史稿》第四十八卷《时宪志四》:"求节气时刻。三宫,戌,降娄,十五度为清明。"清代康熙初年,清明在十二次"降娄"之内。

＊ 清明三候 ＊

清明第一候（1—5日）。《淮南子·时则训》:"桐始华。"高诱注:"桐,梧桐。是月生华。"桐,当指白桐。本句说,白桐树开始开花。

"桐"是什么树?有两种说法。

其一,梧桐。《吕氏春秋·季秋纪》高诱注:"桐,梧桐也。是月生叶,故曰'始华'。"当代学者陈奇猷撰《吕氏春秋校释》,发现不对,把"华"改成"叶"。他在书中说:"考梧桐树春发叶,夏开花,此在春季,当以'叶'为是。此文'桐始华'者,谓梧桐树开始发叶而茂盛也。"

其二,白桐。北宋药学家唐慎微撰写的《重修政和经史证类备用本草》引证药学家陶弘景的说法是:"其类有四种:旧注云:青桐,枝叶俱青而无子;梧桐,皮白,叶青而有子,子肥美可食;白桐,有华与子,其华二月舒,黄紫色,一名椅桐,又名黄桐,则药中所用华叶者是也;岗桐,似白桐,惟无子,即是作琴瑟者。"

清代乾隆年间编定的《钦定授时通考》中也说:"一候桐始华。桐有三种。华而不实曰白桐，亦曰花桐。《尔雅》谓之'荣桐'，至是'始华'也。"

又，《逸周书·时训解》陈逢衡云："桐有白桐、青桐、油桐，今始华者白桐也。"

由此可知，"二月"开"黄紫花"的是"白桐"，高诱、陈奇猷说是"梧桐"，这是不准确的。

清明第二候（6—10日）。《淮南子·时则训》："田鼠化为䴏。"

高诱注："田鼠，鼢（fén）鼠（sī）鼠也。䴏（rú），鹑也。青、徐谓之䳺（yáng），幽、冀谓之鹑。"《大戴礼记·夏小正》："三月。田鼠化为䴏。䴏，鹑也。"

田鼠，《吕氏春秋·季春纪》中叫"鼸（xiàn）鼠"。

郝懿行的《尔雅义疏·释兽》："按：鼸鼠，即今香鼠，颊中藏食，如猕猴然。灰色、短尾而香，人亦蓄之。"

䴏，鹌鹑之类的小鸟，肉质鲜美。在我国大部分地区，为夏候鸟。《尔雅·释鸟》："䴏，鹌（móu）母。"

田鼠与鹌鹑的互变，《大戴礼记·夏小正》《吕氏春秋·季春纪》《淮南子·时则训》《礼记·月令》等文献，相互传抄，误解已久。

清明第三候（11—15日）。《淮南子·时则训》："虹始见（xiàn）。"高诱注："虹，螮（dì）蝀（dōng）也。《诗》云：'螮蝀在东，莫之敢指。'"意思是，这时候彩虹开始出现。

对于"虹"的解释，《说文》中说："虹，螮蝀。"指彩虹，雨后天空中出现的彩色圆弧，由赤、橙、黄、绿、青、蓝、紫七种颜色组成。《御定月令辑要》中说："雄者曰虹，雌者曰蜺。雄谓明盛者，雌为暗微者。虹是阴阳交汇之气，纯阴、纯阳则虹不见。若云薄漏日，日照雨滴，则虹生。"这里的解释，基本上是符合科学道理的。

古人特别重视"虹"的出现。《诗·鄘风·螮蝀》中说："螮蝀在东，莫之敢指。"意思说，美人虹出现，没有人敢指向她。

花信风。清代康熙朝编订的《御定月令辑要》"二十四番花信风":"一候:桐花。二候:麦花。三候:柳花。"又,《七十二番花信风》:"一候:桐花。二候:紫藤。三候:琼花。"

"桐花",白花朵朵,宛若白雪。李时珍撰写的《本草纲目·木部》第三十五卷中记载:"桐,白桐,黄桐,泡桐,椅桐,荣桐。[时珍曰]:盖白桐,即泡桐也。叶大径尺,最易生长。皮色粗白,其木轻虚,不生虫蛀,作器物、屋柱尤良。二月开花,如牵牛花而白色。结实大如巨枣,长寸余,壳内有子片,轻虚如榆荚、葵实之状,老则壳裂,随风飘扬。"

∗ 清明民俗 ∗

清明节气期间,主要的民俗活动有扫墓、寒食、踏青、荡秋千、蹴鞠、插柳等。

扫墓。清明节扫墓的起源,传说是由于春秋晋国贤臣介子推(?—前636年)在绵山被烧死而兴起。《左传·僖公二十四年》记载:"晋侯赏亡者,介之推不言禄,禄亦弗及。其母曰:'与女偕隐。'遂隐而死。晋侯求之不获,以绵上为之田,曰:'以志吾过,且旌善人。'"介子推割股充饥的故事,家喻户晓。《韩诗外传》卷十中说:"晋公子重耳之亡也,过曹。里凫须以从,因盗其资而逃。重耳无粮,馁不能行。介子推割其股肉,以食重耳,然后能行也。"介子推被烧死后,晋文公下令,从烧死的那一天,定为寒食节,从寒食到清明,祭祀介子推。《庄子·盗跖》中记载:"介子推至忠也,自割其股以食文公,文公后背之,子推怒而去,抱木而燔死。"战国文学家屈原在《离骚》中写道:"封介山而为之禁兮,报大德之优游。"从春秋、战国以后,扫墓、寒食节世代相传。明代刘侗撰写的《帝京景物略》中记载:"三月清明日,男女扫墓。"

踏青。《论语·先进》中记载:"莫春者,春服既成,冠者五六人,童子五六人,浴乎沂,风乎舞雩(yú),咏而归。"这就是春秋时期孔子和学生们的春游活动。踏青,后来演变成了广泛而普及的仕女游春活动。唐代极为盛行。唐人李淖的《秦中岁时记》中说:"唐上巳日,赐宴曲江,都人于江头禊(xì)饮,践踏青草,曰踏青。"上巳日,即夏历三月上旬的巳日。三国魏朝以后,改在三月三日。东晋书法家王羲之在永和九年(353年)夏历三月三日,和好友谢安等42人,在会稽山阴(今浙江绍兴)兰亭修禊时,饮酒赋诗,王羲之即兴挥毫,写下了《兰亭集序》,成为古代行书精品。唐代诗人杜甫《丽人行》中写道:"三月三日天气新,长安水边多丽人。"唐代诗人刘禹锡《竹枝词》中写道:"两岸山花似雪开,家家春酒满银杯。昭君坊中多女伴,永安宫外踏青来。"永安宫,在今重庆奉节县城内,这里是刘备托孤和驾崩的地方。可以知道,刘禹锡描绘的是三峡一带的踏青场景。

荡秋千。清明节天气晴朗,风和日丽,最适合做荡秋千娱乐游戏。唐代学者欧阳询撰写的《艺文类聚》卷四中说:"北方山戎,寒食日用秋千为戏。"这里说,北方少数民族山戎,非常喜欢这种游戏。唐、宋两朝,盛行荡秋千。北宋文学家苏东坡的词作《蝶恋花·春景》中写得好:"墙里秋千墙外道,墙外行人,墙里佳人笑。"这里说,墙里少女荡着秋千,墙外行人经过,听到墙里佳人的笑声。宋代女词人李清照《点绛唇·蹴(cù)罢秋千》中写道:"蹴罢秋千,起来慵(yōng)整纤纤手。"这位少妇,荡罢秋千,起身懒得揉搓白嫩的双手。可以知道,荡秋千,是当时男女感兴趣的游乐活动。

蹴鞠(jū)。蹴鞠活动,跟军事训练有关,与今天的踢足球类似,古代归于"兵家"的"技巧类"。班固《汉书·艺文志》有:"《蹴鞠》二十五篇。师古曰:'鞠以韦为之,实以物,蹴蹋之,以为戏也。蹴鞠,陈力之事,故附于兵法焉。'"这应是中国最早的足球专著。《后汉书·梁冀传》中说:"梁冀性嗜酒,能挽满、弹棋、格五、六博、蹴鞠之戏。"其中就有拉弓和踢球两种。《水浒传》中也记载:高俅初为苏轼小吏,后事枢密都承旨王铣(xiǎn),因善蹴鞠,获宠于端王赵佶(jí)。赵佶,就是宋徽宗。

高俅，因为踢球，而当上了太尉。这一帮君臣，最后导致了北宋的灭亡。

插柳。清明节还有插柳的习俗。其中说法之一，就是纪念春秋晋国贤人介子推。介子推守节明志，被烧死在大柳树下。晋文公将柳树赐名为"清明柳"。戴柳、插柳就成为民间习俗。唐代诗人韩翃（hóng）的《寒食日即事》诗中写道："春城无处不飞花，寒食东风御柳斜。"描写了都城长安遍栽柳树、满城飞絮飘舞的情景。

清明节。1935年中华民国政府将清明节定在公历4月5日。2007年12月7日，中华人民共和国国务院第198次常务会议通过了《全国年节及纪念日放假办法》，其中规定"清明节，放假1天"。2009年，清明节放假改为3天。

清明农事

清明农谚。清明时节的农谚有："清明前后，种瓜点豆。清明种瓜，船装车拉。"这里说，清明前后，可以种植黄豆、豇豆、红豆、四月豆、茄子、辣椒等，也是种植黄瓜、西瓜、南瓜、苦瓜、葫芦等的最好季节。"清明后，谷雨前，又种高粱又种棉。清明高粱谷雨谷，立夏芝麻小满黍"。这里说，高粱、棉花必须赶在清明、谷雨节气期间种植。"清明断雪，谷雨断霜"。在这两个节气里，雪、霜就不会再有了。

海南农谚："绿豆过清明，生叶不结仁。"绿豆播种，必须在清明之前。新疆农谚："清明雨水紧相连，抓紧植树莫迟延。"这两个节气，是植树的好时机。吉林农谚："二月清明麦在前，三月清明麦在后。"夏历二月清明，在清明前种麦子；三月清明，在清明后播种。

清明农事。《淮南子·时则训》中说：其一，在这个月里，生命的气象旺盛，阳气布散开来，草木弯曲地全部长出来，直立地全部向上生长，不能够把它们控制住。其二，天子命令主管官员，打开粮仓，资助贫穷，赈救困乏之人。其三，打开府库，拿出丝帛等财物，出使诸侯国。其四，招聘有名德之人，礼遇贤德之士。其五，命令主管水土之官，应时之雨即将来临，低处的水将向上泛滥，要顺次巡行国家都邑，普遍察看郊外平原，修筑堤坝，沟通沟渎，清除路障，使道路畅通，从国都开始，一直到达边境。

由此可知，清明节气的政事、农事、水利等是非常繁忙的，特别是要做好水利设施的修缮、清障，保障沟渠畅通，为农业生产做好充分的保障。

清明养生

寒食。清明节饮食习惯，主要是寒食和青精饭。寒食，是在清明节的前一天或前两天。南朝梁代宗懔撰写的《荆楚岁时记》中说："去冬节一百五日，谓之寒食，禁火三日。"《琴操》中说："晋文公与介子绥俱亡，子绥割腕以啖（dàn）文公，文公复国，子绥独无所得，子绥作《龙蛇之歌》而隐。文公求之，不肯出，乃燔（fán）左右木。子绥抱木而死。文公哀之，令人五月五日不得举火。"这里记载了寒食节的来历。唐代诗人卢象在《寒食》诗中写道："子推言避世，山火遂焚身。四海同寒食，千秋为一人。"

养生佳品：青精饭。食用青精饭，有益于身体健康。它的制作方法是：取南烛茎叶，捣碎取汁，用粳米，九浸九蒸九暴，可以储藏。青精饭，又叫乌米饭、乌饭，色泽青绿，清香扑鼻。青精饭本是道家研制的养生食品，现今江南地区多有流行。

《神农本草经》中写道："南烛枝叶，久服轻身长年，令人不饥。"清代康熙年间编撰的《御定渊鉴类函》中记载："青精，一名南天烛，又曰'黑饭草'，以其可染黑饭也，道家谓之青精饭，故《仙经》云：'服草木之正，气与神通；食青烛之津，命不复陨。'"唐代诗人杜甫《赠李白》诗中写道："岂无青精饭，使我颜色好。"宋代林洪《山家清供》卷上中说：

"青精饭……久服,延年益颜。"

孙思邈《修养法》。唐代"药王"孙思邈在《修养法》中说:"肾气以息,心气渐临,木气正旺,宜减甘增辛,补益精气。慎避西风,宜懒散形骸,便宜安泰,以顺天时。"这里说,季春三月,应该补益精气。放松形骸,舒适安泰,顺应天时。

陈抟二十四节气坐功:清明。清代康熙四十年今福建闽侯人陈梦雷奉敕编辑的最大类书《古今图书集成·明伦汇编·人事典·养生部汇考二》,收录了明代高濂撰写的《遵生八笺·四季摄生全录》,其中保留了珍贵的陈抟二十四节气坐功图,内容包括经脉、运气、功法、治病等。《陈希夷清明三月节坐功》中记载:

运主少阴二气,时配手太阳小肠寒水。

每日丑、寅时,正坐定,换手左右,如引硬弓各七八度。叩齿六六,纳清吐浊、咽液各三。

治病:腰肾、肠胃虚邪积滞,耳前热苦寒。耳聋,嗌痛。颈痛不可回顾,肩拔臑折,腰软及肘臂诸痛。

＊ 清明文化 ＊

《清明上河图》。北宋末年画家张择端,游学汴京(今河南开封),研习绘画。在宋徽宗时期,供职翰林图画院。后卖画为生,创作了《清明上河图》等名画。1101年,《清明上河图》被御府收藏,宋徽宗赵佶曾在卷首题下五签,同时加盖双龙小印。1000多年来,这幅世界名画,模仿者众多。根据有关统计,《清明上河图》大概有30多种版本,中国大陆珍藏10多本,中国台湾藏有9本,美国藏有5本,法国保藏4本,英国、日本各藏有1本。

杜牧《清明》。晚唐诗人杜牧的《清明》诗,家喻户晓:"清明时节雨纷纷，路上行人欲断魂。借问酒家何处有，牧童遥指杏花村。"

诗中说，"清明时节"的气象特点，就是"雨纷纷"。"路上行人"，扫墓上坟，思念亲人，就像"断魂"一样。行走在外的诗人询问"何处"有"酒家"，放牛娃指向远处的"杏花村"。

关于"杏花村"，也有两说。

其一，位于今安徽省池州市贵池区。依据是：唐武宗李炎会昌四年（844年）九月，42岁的杜牧，担任池州刺史，治所在秋浦县（今安徽池州市贵池区），任职2年。清代康熙年间文学家郎遂，历经11年，编撰了《杏花村志》十二卷。

其二，指山西省汾阳市城北的杏花村，以"杏花村"美酒闻名天下。以杜牧曾写有《并州道中》诗，作为实证。杜牧诗中写道："戍楼春带雪。"但是，这与"清明时节雨纷纷"，在节气上不能相互对应。

孟浩然《清明即事》。唐玄宗开元十六年（728年）春，初唐四杰之一的孟浩然来到长安，参加进士考试，但是进士不第。适逢清明，40岁的诗人写下了《清明即事》："帝里重清明，人心自愁思。车声上路合，柳色东城翠。花落草齐生，莺飞蝶双戏。空堂坐相忆，酌茗聊代醉。"

诗中说，京城里的人特别重视清明，而旅居在外的人，心中自然就有愁绪思念。车轮转动在路上合着声响，东城的柳色一片青翠。花谢了野草茁壮生长，黄莺飞翔双蝶嬉戏。空旷的大堂里，坐着回忆往事，喝茶聊天，也就醉了。

欧阳修《六一词·采桑子》。北宋文学家欧阳修的《采桑子》，描述北宋清明时节的颍州（今安徽阜阳颍州区）西湖，热闹非凡：

清明上巳西湖好，满目繁华。

争道谁家。

绿柳朱轮走钿车。

游人日莫相将去，醒醉喧哗。

路转堤斜。

直到城头总是花。

欧阳修治颍，政通人和，一片升平：车水马龙，游人如织；富庶繁华，花团锦簇：杨柳低拂，长堤逶迤；欢歌笑语，醉酒喧哗；日暮月上，相将归家。

9. 喜雨百谷生，新茶话陆羽：谷雨

谷雨，属于二十四节气纪年法中的第九个节气。

科学依据

谷雨，古六历（黄帝、颛顼、夏、殷、周和鲁历）之一的夏历，规定在三月中。太阳历即公历每年 4 月 20 日或 21 日，太阳到达黄经 30°时开始。

《淮南子·天文训》中记载："加十五日指辰，则谷雨，音比姑洗。"这里说，清明增加十五天，北斗斗柄指向辰位，那么便是谷雨，它和十二律中的姑洗（xiǎn）相对应。

《汉书·律历志下》："大梁，初胃七度，谷雨。今日清明。"

《后汉书·律历下》中记载："三月，谷雨。谷雨，昴二度，二十四分退二。"

这里的资料，记载了"谷雨"在十二辰、二十八宿中所处的位置和度数。并且纠正了刘歆改动部分二十四节气排序的错误。

《周髀算经·二十四节气》中记载太阳日影的长度是："谷雨，五尺五寸六分，小分四。"

《旧唐书·历志二》："中气，谷雨。律名，姑洗。日中影，三尺三寸。"

《周礼注疏》："三月，清明节，谷雨中。"就是说，清明、谷雨，安排在夏历三月。

《礼记注疏》中说:"谷雨者,言雨生百谷。"

《月令七十二候集解》:"三月中。自雨水后,土膏脉动,今又雨其谷于水也。盖谷以此时播种,自上而下也。"

《通纬·孝经援神契》:"清明后十五日,斗指辰,为谷雨,三月中,言雨生百谷、清净明洁也。"

孔颖达、吴澄等三家,解释了"谷雨"名称的来历。

《清史稿》第四十八卷《时宪志四》:"求节气时刻。四宫,酉,大梁,初度为谷雨。"清代康熙初年,谷雨在十二次"大梁"之内。

＊ 谷雨三候 ＊

谷雨第一候（1—5日）。《淮南子·时则训》:"萍始生。"高诱注:"萍,水藻也。是月始生也。"这里说,夏历三月,水中的浮萍草开始生长。

《说文》中说:"萍,苹也。水艸也。从水、苹,苹亦声。"萍,即浮萍。"萍"是会意加亦声字。

《逸周书·时训解》陈逢衡云:"萍也者,苹也。无根之物,生与水平,故名'苹'也。一谓之水藻。"按:说是"无根",这是观察的不准确。

《神农本草经》中说:"水萍,一名水华,味辛寒,治暴热身痒。下水气,乌须发,久服轻身。"可知浮"萍"还有很好的养生功效。

谷雨第二候（6—10日）。《淮南子·时则训》:"鸣鸠奋其羽。"高诱注:"鸣鸠,奋迅其羽,直刺上飞入云中是也。"

奋,《说文》:"翚（huī）也。"即鸟类振羽展翅,迅猛起飞之义。

又,《吕氏春秋·季春纪》作"鸣鸠拂其羽"。高诱注:"鸣鸠,斑鸠也。是月拂击其羽,直刺上飞数十丈,乃复者是也。"

拂，《说文》："过击也。"即掠击、过击义，引申有振动、甩动、拍动义。"鸣鸠拂""羽"，提醒农民开始耕种。

《诗·小雅·小宛》中记载："宛彼鸣鸠，翰飞戾天。"意思说，那个小小的斑鸠，高飞在遥远的天空。

一说是"布谷"鸟。《月令七十二候集解》："鸣鸠，布谷也。《本草》云：'拂羽，飞而翼拍其身，气使然也。盖当三月之时，趋农急矣，鸠乃追逐而鸣，鼓羽直刺上飞，故俗称'布谷。'"布谷鸟，又叫杜鹃，子规。（清）姚鼐的《山行》："布谷飞飞劝早耕，春锄扑扑趁春晴。"

谷雨第三候（11—15日）。《淮南子·时则训》："戴鵀降于桑。"高诱注："戴鵀，戴胜鸟也。《诗》曰：'尸鸠在桑，其子在梅'是也。"本句说，戴鵀鸟降落到桑树上。

《吕氏春秋·季春纪》作："戴任降于桑。"高诱注："戴任，戴胜，鸱（chī）也。《尔雅》曰：'鸒鸠。'部生于桑，是月其子彊飞，从桑空中来下，故曰'戴任降于桑'也。"

《礼记·月令》《逸周书·时训解》作"戴胜"。陈逢衡云："戴胜，蚕事之候鸟也。"

戴胜鸟，形状似雀，头有冠，五色，如戴花胜，所以被称为戴胜。戴胜鸟喜欢在桑树中做窝下蛋，孵化育雏。东汉蔡邕《月令章句》中说："戴鵀降于桑，以劝民是也。"

鵀（rén），又作"胜""任""紝""𦆂"等。鵀、任，上古音归于日纽、侵部。胜，上古音书纽、蒸部。日、书，声近。侵、蒸，韵近。上古音二字属于音近通假。清代音韵学家朱骏声《说文通训定声》中说："任、胜，一声之转。"

花信风。清代康熙朝编订的《御定月令辑要》"二十四番花信风"："一候：牡丹。二候：荼蘼。三候：楝花。"又，《七十二番花信风》："一候：牡丹。二候：荼蘼。三候：楝花。"

荼（tú）蘼（mí），写法很多，属于非双声、叠韵、同音联绵词。落叶小灌木，夏季开白花，洁美清香。南宋辛弃疾《满江红》中写道："点火樱桃，照一架，荼如雪。"高濂撰《遵生八笺》卷十六："大朵色白，千瓣而香，枝梗多刺。诗云：'开到荼蘼花事尽'，为当春尽时开耳。"引诗出自宋代诗人王淇《春暮游小园》："一丛梅粉褪残妆，涂抹新红上海棠。开到荼蘼花事了，丝丝天棘出莓墙。"梅花、海棠、荼蘼先后开放，冬去春来。"天棘"出墙，初夏到来。

＊ 谷雨民俗 ＊

祭仓颉。许慎所著的《说文解字·序》中说："仓颉之初作书，盖依类象形，故谓之文。其后形声相益，即谓之字。"这里说，仓颉所创造的文字，独体的叫作"文"，合体的叫作"字"。

《荀子·解蔽》中说："好书者众矣，而仓颉独传者，壹也。"意思是说，古代爱好书写的人众多，但是只有仓颉独自流传，这是用心专一的缘故。

《韩非子·五蠹》中记载："昔者苍颉之作书也，自环者谓之厶，背厶谓之公。"这里说，苍颉造了"公""厶"两个字，"厶"字为我，"公"字为大众。

仓颉造字，为中华民族从蛮荒走向文明，做出了巨大的贡献。中国文字，从甲骨文、金文、大小篆、隶书、行书、草书、楷书，代代相传，中华文明5000多年，生生不息，就是依靠文字的传承。现在，全国仓颉陵、仓颉庙、造字台就有多处。由《淮南子·本经训》中的"天雨粟"，而演变为谷雨祭祀仓颉。陕西白水县史官镇、河南洛水县等地，每年都在谷雨节举行盛大祭祀活动。

＊ 谷雨农事 ＊

谷雨农谚。谷雨时节的农谚有："谷雨有雨好种棉。清明高粱谷雨花，立夏谷子小满薯。清明麻，谷雨花，立夏栽稻点芝麻。"谷雨是种植棉花的好时机。"过了谷雨种花生。谷雨栽上红薯秧，一棵能收一大筐。谷雨下秧，大致无妨。苞米下种谷雨天。谷雨天，忙种烟"。这里说，谷雨时节要种花生、插红薯、插秧、种玉米、种烟叶等，可以知道，谷雨是春种的大忙节气。

吉林农谚："谷雨前后，种花点豆。"种植豆类、花草，谷雨是最好季节。海南农谚："谷雨有雾秋水大。"谷雨的"雾"，与秋水有密切关系。新疆农谚："谷雨孵蚕，小满使钱。""孵蚕"在谷雨之时。

谷雨农事。《淮南子·时则训》中说：在这个节气里，第一，捕猎要完全停止，收藏起罗网和弓箭。毒杀野兽的食物，不准带出国都之门。第二，禁止主管山林之官，去砍伐养蚕用的桑树、柘树。斑鸠展翅高飞，戴胜鸟降落到桑枝上。这时要准备好养蚕用的蚕架、蚕箔（bó）和竹筐。

可以知道，古代对动物保护，对蚕桑业的重视，已经成为国家的重要制度。

谷雨养生

谷雨茶。中国是茶叶的故乡，是茶的发现者，饮茶历史悠久。唐代陆羽的《茶经》中说："三皇，炎帝神农氏。《神农食经》：'茶茗久服，人有力，悦志。'华佗《食论》：'苦茶久食，益意思。'陶弘景《杂录》：'苦茶轻身换骨，昔丹丘子、黄山君服之。'"这里说，茶的发明者是神农氏，曾经遍尝百草；饮茶对于身体健康、精神愉悦，具有奇特的功效；古代的神仙家们，把饮茶作为养生长寿的方法之一。

谷雨茶，是指谷雨时节采制的新茶，它是谷雨时节养生饮用的佳品。明代许次纾（shū）撰写的《茶疏》说："清明太早，立夏太迟；谷雨前后，其时适中。"清明见芽，谷雨见茶，真正的好茶，采自谷雨时节，芽叶肥硕，色泽翠绿，叶质柔软，营养丰富，味道香醇。唐代齐己的《谢中上人寄茶》诗中写道:"春山谷雨前,并手摘芳烟。绿嫩难盈笼,清和易晚天。且招邻院客,试指落花泉。"春山谷雨前,茶叶很稀少。天色将晚,还未采满一笼。诗人殷勤地邀请邻院客人,前来品尝新茶。

谷雨又称"茶节",谷雨节品尝新茶,相沿成习,这时也是采茶、制茶、交易的好时机。谷雨茶节、全民饮茶日、中华茶祖节等活动,在中国的主要茶叶产地,如火如荼地展开。

《遵生八笺》。明代高濂的《遵生八笺》中说:"季春之月,万物发陈,天地俱生,阳炽阴伏,宜卧早起早,以养脏气。时肝脏气伏,心当向旺,宜益肝补肾,以顺其时。"这里说,季春三月,阳气炽烈,阴气潜伏。早睡早起,调养肝气。肝气潜伏,心气旺盛,适宜养肝补肾。

陈抟二十四节气坐功:谷雨。清代康熙四十年今福建闽侯人陈梦雷奉敕编辑的最大类书《古今图书集成·明伦汇编·人事典·养生部汇考二》,收录了明代高濂撰写的《遵生八笺·四季摄生全录》,其中保留了珍贵的陈抟二十四节气坐功图。内容包括经脉、运气、功法、治病等。《陈希夷谷雨三月中坐功》中记载:

运主少阴二炁,时配手太阳小肠寒水。

每日丑、寅时,平坐。换手左右举托,移臂左右掩乳各五、七度。叩齿、吐纳、漱咽。

治病:脾胃结瘕淤血,目黄,鼻衄,颊肿,颌肿,肘臂外廉肿痛,臂外痛,掌中痛。

＊ 谷雨文化 ＊

唐代茶道。中国唐朝,是茶文化最兴盛的时期。高僧皎然,是茶文化的开拓者,被称为"茶道"始祖。

"茶圣"陆羽,著有《茶经》三卷,成为中国第一部茶学专著。"茶仙"卢仝，写下了《七碗茶歌》。中国的茶道，逐步走向了日本、韩国、东南亚以及世界各国。

皎然的《饮茶歌诮（qiào）崔石使君》中写道："越人遗（wèi）我剡（shàn）溪茗，采得金牙爨（cuàn）金鼎。素瓷雪色缥（piāo）沫香，何似诸仙琼蕊浆？一饮涤昏寐，情来朗爽满天地。再饮清我神，忽如飞雨洒轻尘。三饮便得道，何须苦心破烦恼。此物清高世莫知，世人饮酒多自欺。"

诗题中说，唐德宗贞元初期，崔石担任湖州刺史，高僧皎然在湖州妙喜寺隐居。越人赠送给我剡溪名茶，采下黄色的茶叶嫩芽，放在金鼎之中烹煮。白色的瓷碗里，漂着青色的茶汤，怎么和众多仙人采摘琼蕊的浆液相像？

一次饮后洗涤昏寐，情思开朗充满天地；再饮使我精神清爽，就像忽然降落飞雨，洒到轻微的浮尘中；三饮便得"道"的真谛，何必苦心破除烦恼？这个"茶"的清高，世人不能明白，俗人多靠饮酒来欺骗自己。

皎然第一次确立了"茶道"的三大功效："涤昏寐""清我神""便得道"，影响深远。

清代陆廷灿撰写的《续茶经》卷下，收录了唐代"茶圣"陆羽的《六羡歌》，虽然只有34个字，却含义深刻："不羡黄金罍（léi），不羡白玉杯。不羡朝入省（shěng），不羡暮入台。千羡万羡西江水，曾向竟陵城下来。"

"四不羡"，体现陆羽的志趣和情操：不慕名贵器物，不慕权势，不慕富贵，而羡慕的是家乡的西江水，流向竟陵城下来。

被称为"茶仙"的卢仝，他品尝到朋友谏议大夫孟简所赠送的新茶，随即写下了《走笔谢孟谏议寄新茶》诗，留下有名的"七碗茶"："柴门反关无俗客，纱帽笼头自煎吃。碧云引风吹不断，白花浮光凝碗面。一碗喉吻润，两碗破孤闷。三碗搜枯肠，唯有文字五千卷。四碗发轻汗，平生不平事，尽向毛孔散。五碗肌骨清，六碗通仙灵。七碗吃不得也，唯觉两腋习习清风生。蓬莱山,在何处?玉川子,乘此清风欲归去。"

诗中说,我把柴门反关上,没有俗人来临,戴着纱帽笼头,自己煎起了新茶。碧绿的茶水,雾气向上升腾,吹也吹不断。茶中的白色泡沫,映着阳光,凝结在碗面。

喝下第一碗,滋润嘴唇咽喉。喝了第二碗,破除孤独烦闷。第三碗搜尽枯干的肠胃,却只有文章五千卷。第四碗轻轻出汗,一生的不平之事,全部从毛孔中向外发散。第五碗肌肤骨骼清爽。第六碗通了神仙灵验。第七碗吃不得了,只觉得两个腋下,清风飕飕吹拂要升天。蓬莱山,在哪里?玉川子,我要乘着清风,飞向仙山。

卢仝的《七碗茶歌》,在日本等国广为流传,并且逐渐演变成"喉吻润、破孤闷、搜枯肠、发轻汗、肌骨清、通仙灵、清风生"等七个境界的日本茶道,对世界"茶"文化的创立,产生了深远的影响。

《红楼梦》:茶道。《红楼梦》中关于茶道的描写,集中体现了明、清时期贵族饮茶的侈靡风气。其中茶名有枫露茶(第八回)、六安茶(第四十一回)、老君眉(第四十一回)、普洱茶、女儿茶(第六十三回)、暹罗茶(第二十五回)等。六安茶,清代朝廷贡茶。老君眉,用武夷岩茶特殊工艺制成。栊翠庵妙玉给薛宝钗使用的茶杯叫瓟(bān)斝(páo)斝(jiǎ),有小真字"晋王凯珍玩"字样。给林黛玉使用的叫点犀盉(qiáo),用犀牛角制成。给贾宝玉使用的叫绿玉斗,都是"古玩奇珍"。据红学家周汝昌研究,《红楼梦》中涉及茶道的有279处,有关茶的诗词楹联23处,与"茶"有关的字词出现1520多次。

10. 立夏尝三鲜，荷花别样红：立夏

立夏，属于二十四节气纪年法中的第十个节气。

﹡科学依据﹡

立夏，它是夏季6个节气的起点。古六历（黄帝、颛顼、夏、殷、周和鲁历）之一的夏历，规定在四月节。在太阳历即公历每年5月5日或6日，太阳到达黄经45°时开始。

甲骨文、金文、战国文字、小篆"夏"字

《淮南子·天文训》中记载："加十五日指常羊之维，则春分尽，故曰有四十六日而立夏。大风济，音比夹钟。"这里说，谷雨增加十五日，北斗斗柄指向常羊之维，那么春季节气终止，因此说有四十六天而立夏。大风停止。它与十二律中的夹钟相对应。

《汉书·律历志下》中记载："实沉，初毕十二度，立夏。"

《后汉书·律历下》中说："立夏，毕六度，三十一分退三。"

这里的记载，指明"立夏"处在十二次"实沉"、二十八宿中的

"毕"宿的位置和度数。

清代李光地等撰写的《御定月令辑要》中记载："《孝经纬》：'斗指辰东南维为立夏，物至此时皆假大也。'"假，就是"大"的意思，指植物类茁壮成长。

《周髀算经·二十四节气》记载日影的长度："立夏，四尺五寸七分，小分三。"

《旧唐书·历志二》："中气，立夏。日中影，三尺四寸九分。"

《吕氏春秋·孟夏纪》高诱注："春分后四十六日而立夏。立夏多在是月也。"

《周礼注疏》中说："四月立夏节，小满中。"就是说，立夏、小满两个节气，规定在夏历四月。

《月令七十二候集解》中记载："四月节。夏，假也，物至此时皆假大也。"

东汉扬雄编撰的《方言》卷一中说："凡物之壮大者而爱伟之谓之夏，周、郑之间谓之假。"《尔雅·释诂上》："假，大也。"

为什么称作"夏"？《玉篇》："夏，大也。"《淮南子·时则训》高诱注："夏，大也。"夏，有"大""长大"等义，指万物成长壮大。周、郑古代方言又读成"假"。《汉书·高帝纪》颜师古注中引用郑玄的解释是："夏，音假借之'假'。"

夏，上古音属于匣纽、鱼部；假，上古音归于见纽、鱼部。两个字的上古音，韵部相同，声纽相近，可以通假使用。汉、唐等时代的学者，给我们解决了一个困惑。

《清史稿》第四十八卷《时宪志四》："求节气时刻。四宫，酉，大梁，十五度为立夏。"清代康熙初年，立夏在十二次"大梁"之内。

* 立夏三候 *

立夏第一候（1—5 日）。《淮南子·时则训》："孟夏之月，蝼蝈鸣。"

本句说，孟夏四月，青蛙开始鸣叫。

"蝼蝈"是什么？古代有多种说法。

①指蛙。《礼记·月令》郑玄注："蝼蝈，蛙也。"

②指蝼蛄、虾蟆。《淮南子·时则训》高诱注："蝼，蝼蛄也。蝈，虾蟆也。四月阴气始动于下，故类应鸣也。"包括两类动物。

③指虾蟆。《吕氏春秋·孟夏纪》高诱注："蝼蝈，虾蟆也。"

④指小虫，土狗。《月令七十二候集解》："蝼蝈，小虫，生穴土中，好夜出，今人谓之土狗也。"

东汉学者高诱在《淮南子》《吕氏春秋》的注文中，自己就有两种说法。

蝼，《说文》："蝼蛄也。"俗称土狗子，专吃庄稼根部的害虫。蝼蛄，不会鸣叫。

关于"虾蟆"。《说文》："虾，蟆也。""蟆，虾蟆也。"虾、蟆，可以单称，也可以合称，指青蛙和蟾蜍。青蛙可以鸣叫。《逸周书·时训解》朱右曾曰："蝼蝈，蛙之属。蛙鸣始于二月，立夏而鸣者，其形较小，其色褐黑，好聚浅水而鸣，旧谓即'虾蟆'，非也。"

蝈，《广韵》"麦"韵："蝼蝈，蛙别名。"《集韵》"德"韵："蝈，虫名，虾蟆也。"

可知高诱注《淮南子》和《吕氏春秋》，自乱阵脚。也可能是《淮南子》许慎注和高诱注，两家混杂在一起。而郑玄注和《广韵》"蝼蝈"指"蛙"，则是可信的。

立夏第二候（6—10日）。《淮南子·时则训》："丘蚓出。"高诱注："丘蚓，蠢蠕也。"

《吕氏春秋·孟夏纪》高诱注："丘蚓从土中出也。"《月令七十二候集解》："蚯蚓，即地龙也。《历解》曰：'阴而屈者，乘阳而伸见也。'"

《说文》："蚓，侧行者。螾，或从'引'。"即却行的虫类，就是蚯蚓。这时阳气旺盛，蚯蚓结束冬眠，从泥土中爬了出来。

立夏第三候（11—15 日）。《淮南子·时则训》："王瓜生。"高诱注："王瓜，菇（kuò）楼也。"

王瓜，也叫土瓜，是葫芦科多年生藤本植物，果实椭圆形，熟时呈红色。李时珍撰的《本草纲目·草部》第十八卷中说："王瓜三月生苗，其蔓多须，嫩时可茹。结子累累，熟时有红黄二色。深掘三尺乃得正根。味如山药。"又，《逸周书·时训解》朱右曾曰："王瓜，一名土瓜。四月生苗延蔓，五月开黄花，子如弹丸，生青熟赤，或以为即菰（kuò）瓤（lóu）。"

花信风。七十二候与代表花卉。《七十二番花信风》："一候：蔷薇。二候：杜鹃。三候：芍药。"

杜鹃花，鲜艳夺目，娇媚动人。它的别名很多，还有山石榴、红踯躅、满山红、应春花、索玛花等。其中一名叫映山红。电影《闪闪的红星》陆柱国作词："岭上开遍哟映山红。"李时珍所著《本草纲目·草部》第十七卷中记载："山踯（zhí）躅（zhú），处处山谷有之，高者四五尺，低者一二尺。春生苗，叶浅绿色，枝少而花繁，一枝数萼，二月始开，花如羊踯躅，而蒂如石榴，花有红者、紫者、五出者、千叶者。"

立夏民俗

祭礼：迎夏。立夏的官方传统活动有"迎夏"。《淮南子·时则训》中说："立夏之日，天子亲率三公九卿大夫，以迎岁于南郊。"高诱注："迎岁，迎夏也。南郊，七里之郊也。"在立夏这一天，古代天子率领文武百官，在都城南郊七里举行盛大仪式，迎接夏天到来，并且颁布一系列夏季的政令。

疰夏：斗蛋。立夏流行孩子"斗蛋"的游戏。把煮熟的鸡蛋、鸭蛋，放在丝线编织成的五颜六色的袋子里，比赛"斗蛋"。斗碎的，胜者吃掉它。它是增强夏季人们体质的一种游戏，小孩子们非常喜欢。它的道理是这样的：夏季经常会产生"疰（zhù）夏"的病症。疰病，指一种具有传染性和病程长的慢性病。"疰夏"，中医学上指的是夏季身体倦怠、身体发热、食量减退的一种疾病。清人顾禄编著的《清嘉录》中说："俗以入夏眠食不服曰注夏。"清代梁章钜编写的《浪迹续谈·天（chán）春》中说："温州土语，凡小儿退热谓之疰夏，杭人谓自立夏多疾者为疰夏，其义各别。"清代尤怡的《金匮翼·诸疰》中说："疰者，住也。邪气停住而为病也。"夏季湿热，体质下降，家长鼓励孩子们多吃鸡蛋，来提高身体素质。

立夏农事

立夏农谚。立夏节气农谚有："立夏麦子龇牙，一月就要拔。立夏麦咧嘴，不能缺了水。"这里说，麦子尚未成熟，要注意不能缺水。"豌豆立了夏，一夜一个杈"。豌豆这时候正在茁壮生长。"立夏大插薯。立夏芝麻小满谷。立夏的玉米，谷雨的谷。立夏种绿豆。立夏种麻，七股八杈。立夏栽稻子，小满种芝麻"。立夏时节，红薯、芝麻、玉米、绿豆、稻子等农作物，都是种植的季节。"立夏三日正锄田"。立夏时节，还要除草松土。

海南农谚："立夏不下雨，犁耙高挂起。"立夏没有雨水，影响耕作。吉林农谚："立夏刮东风，八九禾头空。"立夏的东风，影响收成。新疆农谚："立夏前后种棉花，结的棉桃鸭蛋大。"棉花的最佳种植时机，就在立夏。

立夏农事。《淮南子·时则训》中说：立夏时节，其一，帮助物类生长繁衍，继续使之生长，不要有所损害。其二，不要兴建土木工程，不要砍伐大的树木。其三，命令管理山野的官员，巡查田野，劝勉农民努力耕作，驱逐田里的野兽家畜，不让践踏庄稼。

立夏养生

立夏美食：尝三新。立夏时节，民间的饮食有"尝三新"。清代顾禄编写的《清嘉录》中说："立夏日，家设樱桃、青梅、稞（lèi）麦，供神享先，名曰立夏见三新。"江南地区传统的"三新"有樱桃、青梅、鲥鱼；也有指竹笋、樱桃、梅子；或者樱桃、青梅、麦仁；或者竹笋、樱桃、蚕豆等。总之，在立夏时节，可以吃上时令新鲜的食物。

"三新"又叫"三鲜"。立夏时节，各地气温、湿度、光照，有所不同。各地民间又流行"地三鲜"，一般指蚕豆、苋菜、黄瓜；"树三鲜"，一般说是樱桃、枇杷、杏子；"水三鲜"，主要指海螺、河豚、鲥鱼。

孙思邈《修养法》。唐代"药王"孙思邈《修养法》中说："是月肝脏已病，心脏渐壮，宜增酸减苦，以补肾助肝，调养胃气。勿受西、北二方暴风，勿接阴以壮肾水，当静养以息心火。勿与淫接，以宁其神，以自强不息，天地化生之机。"意思是说，孟夏四月，肝脏衰弱，心脏强壮，应补肾养肝。不要接触房事，安宁精神。自强不息，迎接化生的时机。

陈抟二十四节气坐功：立夏。清代康熙四十年今福建闽侯人陈梦雷奉敕编辑的最大类书《古今图书集成·明伦汇编·人事典·养生部汇考二》，收录了明代高濂撰写的《遵生八笺·四季摄生全录》，其中保留了珍贵的陈抟二十四节气坐功图。内容包括经脉、运气、功法、治病等。《陈希夷立夏四月节坐功》中记载：

运主少阴二气，时配手厥阴心胞络风木。

每日寅、卯时，闭息瞑目，反换两手，抑掣两膝各五七度。叩齿、吐纳、咽液。

治病：风湿留滞，经络肿痛，臂肘挛急，腋肿，手心热，喜笑不休杂证。

立夏文化

《红楼梦》：柳絮词。《红楼梦》第七十回中写道，暮春之际，史湘云感柳絮飘舞，偶成小令。诗社众人以柳絮为题，以各色小调，作成《柳絮词》。史湘云的《如梦令》："且住，且住！莫放春光别去。"林黛玉的《唐多令》："粉堕百花洲，香残燕子楼。"薛宝钗的《临江仙》："白玉堂前春解舞，东风卷得均匀。"贾探春、贾宝玉的《南柯子》："一任东西南北各分离。""纵是明春再见应隔期。"薛宝琴的《西江月》："三春事业付东风，明月梅花一梦。"

范成大《四时田园杂兴》。南宋诗人范成大《四时田园杂兴》"其二"中写道："梅子金黄杏子肥，麦花如雪菜花稀。日长篱落无人过，惟有蜻蜓蛱蝶飞。"

我们看到：树上，挂满金黄的梅子、肥大的杏子；田野上，生长着雪白的荞麦花、稀疏的油菜花。太阳光照，白天加长了；篱笆上，影子变短了。行人啊，人迹罕至。自由飞翔的，只有蜻蜓和蝴蝶。这是立夏时节农村一幅美丽的画卷。

杨万里《晓出净慈寺送林子方》。南宋诗人杨万里描绘立夏杭州西湖的诗《晓出净慈寺送林子方》，其中写道："毕竟西湖六月中，风光不与四时同。接天莲叶无穷碧，映日荷花别样红。"

六月的西湖，风光独特，与四季绝不相同：湖面的荷叶，与蓝天融为一体，形成无穷无尽的碧绿色；阳光照耀下的荷花，显示出不一样的鲜红色。可以知道，杭州西湖美不胜收的时节，就在立夏。

司马光《居洛初夏作》。北宋史学家司马光在《居洛初夏作》中写道："四月清和雨乍晴，南山当户转分明。更无柳絮因风起，惟有葵花向日倾。"

在晴和日丽、骤雨初停的初夏，一片明媚的景色。作为下野的文化人，并没有因为"柳絮"的干扰而忧心忡忡。相反，他潜心读书、著述，独钟"葵花向日"，退居15年，终究完成294卷400万字的传世巨著《资治通鉴》。

11. 冬麦始饱满，亲蚕祭嫘祖：小满

小满，归于二十四节气纪年法的第十一个节气。

∗ 科学依据 ∗

小满，古六历（黄帝、颛顼、夏、殷、周和鲁历）之一的夏历，规定在四月中。太阳历即公历每年 5 月 21 日或 22 日，太阳到达黄经 60°时开始。

《淮南子·天文训》记载："加十五日指巳，则小满，音比太蔟。"这里说，立夏增加十五日，北斗斗柄指向巳位，就是小满，它与十二律中的太蔟（cù）相对应。

《汉书·律历志下》中说："中井初，小满。于夏为四月，商为五月，周为六月。"

《后汉书·律历下》中记载："四月，小满。小满，参四度，六分退四。"

这里的引文，指出"小满"节气在二十八宿中的位置和度数。《汉书》的小字指出，夏历、商历、周历"小满"所属的月份，有夏历四月、五月、六月的不同。

《隋书·律历下》中说："四月，立夏节，小满中。"这里说，立夏、小满，定在夏历四月。

《周髀算经·二十四节气》中记载太阳日影的长度是："小满。三尺五

寸八分，小分二。"

《旧唐书·历志二》："中气，小满。律名，中吕。日中影，一尺九寸八分。"

清代李光地等编撰的《御定月令辑要》中说："《孝经纬》：斗指巳为小满。小满者，言物于此小得盈满也。《懒真子录》：'小满，四月中，谓麦之气至此方小满，而未熟也。'"这里说，在"小满"节气里，冬小麦的颗粒开始饱满，但是还没有达到全部饱满。

《清史稿》第四十八卷《时宪志四》："求节气时刻。五宫，申，实沈，初度为小满。"清代康熙初年，小满在十二次"实沈"之内。

小满三候

小满第一候（1—5日）。《淮南子·时则训》："孟夏之月，苦菜秀。"高诱注："《尔雅》曰：'不荣而实曰秀。'苦菜宜言'荣'也。"这里说，孟夏四月，苦菜开花。

《易纬·通卦验》中说："苦菜叶似苦苣而细，断之有白汁，花黄似菊，堪食但苦耳。"《逸周书·时训解》朱右曾曰："苦菜，荼也。生于秋，凌冬不凋，至夏乃秀，叶似苦苣而细，断之有白汁，花黄似菊。"

苦菜，一种野菜的名称，又叫荼、苦苣等。茎中空，春夏之间开花，嫩茎叶可作蔬食。秀，指禾谷吐穗开花。《论语·子罕》朱熹集注："吐华曰秀。"

小满第二候（6—10日）。《淮南子·时则训》："靡草死。"高诱注："靡草，则荠、亭历之属。"意思是，靡草之类死亡。

靡（mǐ），有细小义。《小尔雅·广言》："靡，细也。"

明代杨慎所撰的《丹铅馀录》卷一中说："其枝叶细碎，谓之靡草。"靡草，指荠菜、葶苈之类，这些植物的枝叶非常细小，所以叫"靡草"。

荠、亭历，《逸周书·时训解》陈逢衡云："荠也者，菜之甘者也。以冬美，以夏死。葶苈者，三月开花结子，至夏则枯死。"

《淮南子·天文训》中记载："阴生于午，五月为小刑，荠、麦、亭历枯，冬生草木必死。"这四句说，阴气从夏至南方"午"时开始产生，所以五月含有轻微的肃杀之气，荠菜、麦类、葶苈等植物枯黄，越冬生长的草木一定会死去。

对于葶苈，《淮南子·缪称训》中说："大戟去水，亭历愈胀。用之不节，乃反为病。"宋代药学家唐慎微《重修政和经史证类备用本草》中记载："葶苈，味辛，寒。主症瘕，积聚结气，饮食寒热，破坚逐邪，通利水道。"《淮南子》中说，葶苈具有大泄、消胀的作用，但是不能使用过量，必须加以节制。

小满第三候（11—15日）。《淮南子·时则训》："麦秋至。"高诱注："四月阳气盛于上，（乃）[及]五月阴气作于下，故曰'麦秋至，决小罪，断薄刑'，顺杀气也。"意思是，麦子收获的季节到来。

这一"候"的记载，有两说。

其一，"麦秋至"。《礼记·月令》《吕氏春秋·孟夏纪》，也是"麦秋至"。

什么叫"麦秋"？东汉蔡邕《月令章句》中说："百谷各以初生为春，熟为秋，故麦以孟夏为秋。"《月令七十二候集解》："麦秋至，秋者百谷成熟之期，此于时虽夏，于麦则'秋'，故云'麦秋'也。""小满"节气，在夏历四月二十六日左右，冬小麦全面收获季节，即将到来。

其二，"小暑至"。《逸周书·时训解》："小满之日，苦菜秀。又五日，靡草死。又五日，小暑至。"丁宗洛《外篇》云："后世历'靡草死'下皆系'麦秋至'，此处'小暑至'，恐误。"

《吕氏春秋·仲夏纪》《淮南子·时则训》《礼记·月令》也有"仲夏之月，小暑至"。

这里的"小暑"，应当指较小的暑热，则与实际天象比较接近。因为再过一个节气"芒种"，便是"夏至"，阳气达到最盛。可以知道，这里的

"小暑至",并不是指二十四节气纪年法中的"小暑"。

花信风。七十二候与代表花卉。《七十二番花信风》："一候：月季。二候：忍冬。三候：石榴。"

石榴，汉代叫安石榴。石榴营养丰富，红花鲜艳。现在中国有临潼石榴、蒙自石榴、怀远石榴、河阴石榴、拉马登石榴、喀什噶尔石榴、贾汪大洞山石榴、峄城石榴、盐水石榴、大田石榴，都是石榴的著名产地。李时珍撰写的《本草纲目·果部》第三十卷中记载："安石榴，时珍曰：'榴者，瘤也，丹实垂垂如赘瘤也。'"《博物志》云："汉张骞出使西域，得涂林安石国榴种以归，故名安石榴。"傅玄《榴赋》所谓"灼若旭日栖扶桑"者是矣。[集解]：弘景曰："石榴花赤可爱，故人多植之，尤为外国所重。"

∗ 小满民俗 ∗

国家大典：亲蚕。小满的重要民俗，就是在季春之月，历代王朝皇后率领内外命妇，在都城北郊，举行"亲蚕"仪式，这是从周朝以后，历代王朝都要举行的国家大典。《淮南子·时则训》中记载："季春之月，后妃斋戒，东乡亲桑，省妇使，劝蚕事。"《礼记·月令》"孟夏之月，蚕事毕，后妃献茧。"

《韩诗外传》卷三中说："先王之法，天子亲耕，后妃亲蚕，以供祭服。"古代社会，男耕女织。皇帝在天坛、地坛，拜祭农神，祈求风调雨顺；皇后在先蚕坛，举行"亲蚕"大典，祈祷蚕业丰收。

苑窳妇人、寓氏公主。东汉时期祭祀的蚕神，主要是苑窳（yǔ）妇人、寓氏公主。《后汉书·礼仪志》中记载："祠先蚕，礼以少牢。"唐代李贤注引《汉旧仪》说："祀以中牢羊豕，祭蚕神曰苑窳妇人、寓氏公主，凡二神。"北齐杜台卿编写的《玉烛宝典》卷二引《淮南万毕术》说："二月上壬日，取道中土井华水和泥蚕屋四角宜蚕。神名苑窳。"这里说，

113

"苑窳"是汉代祭祀的蚕神。

先蚕：螺祖。中国古代养蚕、缫丝的创始人，一说就是"螺祖"。螺祖，她是黄帝元妃。《史记·五帝本纪》："螺祖为黄帝正妃，生二子，其后皆有天下。"《集韵》"脂"韵中说："黄帝娶于西陵氏之女，是为螺祖。"《路史·后纪五》："黄帝元妃西陵氏曰傫祖，以其始蚕，故又祀先蚕。"螺祖"首创种桑养殖之法，抽丝编绢之术"。古代后妃"亲蚕""躬桑"，效法"螺祖"，体现了古代对蚕桑业的高度重视。宋人罗泌《路史》引用《淮南王蚕经》的记载："西陵氏劝蚕稼，亲蚕始此。"

西汉张骞分别在汉武帝建元二年（前139年）和元狩四年（前119年）两次出使西域，开辟了著名的汉代丝绸之路，把中国的丝绸和文化，传播到西域和欧洲。

民间传说小满为蚕神诞辰，因此我国南方特别是江浙一带，在小满期间有"祈蚕节"。祈求养蚕有个好的收成。

咏蚕。古代咏蚕诗词很多。唐朝诗人李商隐的《无题》中写道："春蚕到死丝方尽，蜡炬成灰泪始干。"丝，谐音思念的"思"，以蚕丝的绵长，表达对心爱的姑娘的思念。五代后蜀诗人蒋贻恭的《咏蚕》中写道："辛勤得茧不盈筐，灯下缫丝恨更长。著处不知来处苦，但贪衣上绣鸳鸯。"对百姓缫丝辛苦与贵族贪图享乐，作了鲜明的对比。

＊ 小满农事 ＊

小满农谚。小满的农谚有："麦到小满日夜黄。小满十日见白面。大麦不过小满，小麦不过芒种。"这里说，大麦收割期限，不会超过小满。小麦收割，到芒种全部结束。"小满节气到，快把玉米套。小满候，芒种前，麦田串上粮油棉"。麦田套种，有夏玉米、棉花、花生等。"小满麦渐黄，夏至稻花香"。小满麦子变黄，即将收割。夏至稻花开始飘香。"小满芝麻芒种黍"。小满时节开始种芝麻，芒种开始种黍类。"小满不起蒜，留在地里烂"。收获大蒜，必须在小满节气。"小满见三鲜：黄瓜、樱桃和蒜薹"。小满季节，新鲜的黄瓜、樱桃、蒜薹开始上市。"好蚕不吃小满叶"。意思是，小满时节，春蚕不再吃老了的桑叶。

黑龙江农谚："小满的水，粮仓里的米。"小满雨水充足，粮食有望丰收。海南农谚："东风迎小满，立夏雨哗哗。"小满吹东风，立夏下大雨。新疆农谚："小满见三新，芒种吃大麦。"这时大麦收割完毕，西瓜、蚕豆、黄瓜等已经上市。

小满农事。《淮南子·时则训》中说，其一，要帮助物类生长繁衍，继续使之增长，不能有任何损害。其二，不要兴建土木工程，不要砍伐大的树木。其三，命令管理山野的官员，巡行田野，劝勉农民努力耕作；驱逐田里的野兽家畜，不让践踏庄稼。其四，采集各种成熟的药物，葶苈开始枯死，冬小麦成熟。

可以知道，小满时节保护和采集、收获并重，应该是个非常繁忙的节气。

小满养生

时令菜蔬：苦菜。小满饮食佳肴是苦菜。苦菜是古今民众喜爱的野菜之一。

《诗·唐风·采苓》中说："采苦采苦，首阳之下。"汉代毛亨解释说："苦，苦菜。"朱熹集传："苦，苦菜，生山田及泽中，得霜甜脆而美。"霜打的苦菜，味道甜脆鲜美。

对于苦菜的功用，李时珍所撰的《本草纲目·菜部》卷二十七中说："春初生苗，有赤茎、白茎二种。开黄花，初如绽野菊。[主治]：五脏邪气，厌谷胃痹。久服安心益气，轻身耐老。"可以知道，苦菜具有很好的养生延年的功效。

苦菜，属于菊科植物，药食兼具，略带苦味，可清炒或凉拌，有抗菌、解热、消炎、明目等作用。

季节佳果：杨梅。小满的季节水果类有杨梅。杨梅，又叫圣生梅、白蒂梅、树梅。北魏贾思勰《齐民要术》中记载："杨梅。《临海异物志》曰：'其子大如弹子，正赤，五月熟。似梅，味甜酸。'"这里说，杨梅的果实就像弹丸一样，颜色正红色，夏历五月成熟，像梅子，甜中带酸味。明代李时珍撰写的《本草纲目·果部》第三十一卷中记载："时珍曰：'杨梅树叶如龙眼及紫瑞香，冬季不凋。二月开花结实，形如楮实子。五月熟，有红、白、紫三种，红胜于白，紫胜于红，颗大而核细，盐藏、蜜渍、糖收皆佳。'东方朔《林邑记》云：'邑有杨梅，其大如杯碗，青时极酸，熟则如蜜。用以酿酒，号为梅香酎，甚珍重之。'王明清《挥麈录》云：'会稽杨梅天下冠。'"

中国驰名杨梅品种有靖州杨梅、仙居杨梅、兰溪杨梅、青田杨梅、余姚杨梅、石屏杨梅、丁岙杨梅、浮宫杨梅、金华杨梅、杭州杨梅。

《遵生八笺》。明代高濂在《遵生八笺》中说："孟夏之月，天地始交，万物并秀，宜夜卧早起，以受清明之气。勿大怒大泄。"这是一年中的好季节。天地开始交合，万物并起秀美，应该晚睡早起，享受清明之气。不要大怒大泄。

陈抟二十四节气坐功：小满。清代康熙四十年今福建闽侯人陈梦雷奉敕编辑的最大类书《古今图书集成·明伦汇编·人事典·养生部汇考二》，收录了明代高濂撰写的《遵生八笺·四季摄生全录》，其中保留了珍贵的陈抟二十四节气坐功图。内容包括经脉、运气、功法、治病等。《陈希夷小满四月中坐功》中记载：

运主少阳三气，时配手厥阴心胞络风木。

每日寅、卯时，正坐，一手举托，一手拄按，左右各三、五度。叩齿，吐纳，咽液。

治病：肺腑蕴滞，邪毒，胸肋支满，心中憺（dàn）憺大动，面赤，鼻赤，目黄，心烦作痛，掌中热，诸痛。

＊小满文化＊

哲理：小满。在《淮南子·天文训》二十四节气纪年法中，名称设计有小寒、大寒，有小雪、大雪，有小暑、大暑，有"小满"，却没有"大满"。这就深深地体现了淮南王刘安"物极必反"的哲学思想。《周易》有"否极泰来"。《老子》五十八章："祸兮福之所依，福兮祸之所伏。"《尚书·大禹谟》："满招损，谦受益。"《战国策·秦策四》："臣闻物至而反，冬、夏是也。"二十四节气纪年法中命名有"冬至""夏至"，就是阴气、阳气达到极点的意思，而后阳气、阴气逐渐产生，又达到极点，周而复始，这就是"物极必反"。

杨万里《小池》。宋代诗人杨万里的《小池》写道："泉眼无声惜细流，树阴照水爱晴柔。小荷才露尖尖角，早有蜻蜓立上头。"

这是一首描绘立夏、小满时节的优美风光的七言绝句。诗中说，泉眼静悄悄地流过，为了爱惜涓涓的细流；照在水中的树阴，喜欢晴朗柔和的春光。小小的荷叶，刚刚露出尖尖的嫩角；早就有一只蜻蜓，站立在它的上头。

泉眼、细流、树阴、晴柔、小荷、尖尖、蜻蜓、站立，这就是《小池》所展现的美好祥和的意境。那样和谐，那样柔美，那样自然，那样真切，字字如画，美不胜收。

苏轼《浣溪沙》。宋代词人苏轼的《浣溪沙》，把小满时节的自然景观和人物活动，描写得栩栩如生：

麻叶层层檾叶光，
谁家煮茧一村香？
隔篱娇语络丝娘。

二十四节气 纪年法

垂白杖藜抬醉眼，

捋青捣麨软饥肠。

问言豆叶几时黄？

这里说，麻叶层层叠叠，檾（qǐng）叶发出亮光；谁家在煮茧，香气弥漫了整个村庄？隔着篱笆，传来缫丝姑娘的娇声笑语。垂着白发的老翁，拄着藜杖，抬起迷离似醉的双眼，捋下发青的麦穗，捣制烘成麦饼，用作饥饿的食粮。顺便问问，豆叶什么时候转黄？

这是小满时节农村的一幅美好的生活图画。这里有和美的田园风光：田野里，麻叶茂盛，叶片在阳光照射下，发出光亮。欢乐的蚕妇：这时正在煮茧抽丝，香气四溢，不断传来"络丝"蚕妇们的娇声细语。白发老人：辛勤劳作，捋下麦穗，做成麦饼、麦糊，饥饿时可以用作早餐。这一切，显示的是中国古代农耕社会顺应自然、自给自足的生活图景。

12. 芒种收种忙，端午竞龙舟：芒种

芒种，属于二十四节气纪年法中的第十二个节气。

科学依据

芒种，古六历（黄帝、颛顼、夏、殷、周和鲁历）之一的夏历，规定在五月节。太阳历即公历每年6月5日或6日，太阳到达黄经75°时开始。

对于"芒种"的解释，主要有两种说法：

其一，种植有"芒"的农作物。清代李光地等撰写的《御定月令辑要》中说：《三礼义宗》记载："五月芒种为节者，言时可以种有芒之谷，故以芒种为名。"这里说，在这个节气里，最适合种植有"芒"的谷物，所以就叫作"芒种"。

其二，收获、种植有"芒"的农作物。《礼记注疏》中说："谓之芒种者，言有芒之谷，可稼种。"有"芒"的谷物，可以收获的有大麦、小麦、燕麦、黑麦等。可以种植的有晚谷、黍、稷、水稻等。"芒种芒种，连收带种。"这是符合"芒种"节气实际的。

《淮南子·天文训》记载："加十五日指丙，则芒种，音比大吕。"这里说，小满增加十五日，北斗斗柄指向丙位，那么便是芒种，它与十二律中的大吕相对应。

《汉书·律历志下》中说："鹑首，初井十六度，芒种。"

《后汉书·律历下》中记载："芒种，井十度，十三分退三。"

这里的记载，指明"芒种"所处的十二次和二十八宿"井"宿度数和位置。

《周髀算经·二十四节气》中记载太阳日影的长度是："芒种，二尺五寸九分，小分一。"

《旧唐书·历志二》："中气，芒种。日中影，一尺六寸四分。"

《周礼注疏》："五月，芒种节，夏至中。"这里说，芒种、夏至两个节气，规定在夏历五月。

《清史稿》第四十八卷《时宪志四》："求节气时刻。五宫，申，实沈，十五度为芒种。"清代康熙初年，芒种在十二次"实沈"之内。

芒种三候

芒种第一候（1—5日）。《淮南子·时则训》："螳螂生。"高诱注："螳螂，世谓之天马，一名齿肬（yóu），兖、豫谓之巨斧也。"这里说，螳螂这时生出。

《月令七十二候集解》："螳螂，草虫也。饮风食露，感一阴之气而生，能捕蝉而食，故又名杀虫；曰天马，言其飞捷如马也；曰斧虫，以前二足如斧也。尚名不一，各随其地而称之。深秋生子于林木间，一壳百子，至此时则破壳而出。药中桑螵（piāo）蛸（xiāo）是也。"螳螂在深秋时节产卵，芒种之时破壳而出。

耳熟能详的"螳臂当车"的成语，解说却有不同：

①不自量力。《庄子·人间世》："汝不知夫螳螂乎？怒其臂以当车辙，不知其不胜任也。"按：当，抵挡，敌对。《玉篇》："当（dāng），敌也。"

②赞赏勇武。《淮南子·人间训》："齐庄公出猎，有一虫举足将搏其轮。问其御曰：'此何虫也？'对曰：'此所谓螳螂者也。其为虫也，知进而不知却，不量力而轻敌。'庄公曰：'此为人而必为天下勇武矣！'"

芒种第二候（6—10日）。《淮南子·时则训》："䴗始鸣。"高诱注：

"鵙（jué），百劳鸟也。五月阴气于下，伯劳夏至应阴而鸣，杀蛇于木。《传》曰：'伯赵氏，司至者。'""伯劳"鸟很厉害，居然能杀死蛇。这里说，伯劳开始鸣叫。

"伯劳"作为夏至应"候"之鸟，古籍多有记载。《诗·豳风·七月》中记载："七月鸣鵙。"《月令七十二候集解》："《毛诗》曰：'七月鸣鵙'。盖周七月，夏五月也。"这里说，伯劳鸟周历七月开始鸣叫。《左传·昭公十七年》中说："伯赵氏，司至者也。"杜预注："伯赵，伯劳也。以夏至鸣，冬至止。"这里说，伯劳在夏至时开始鸣叫，到了冬至时才会停止。

芒种第三候（11—15日）。《淮南子·时则训》："反舌无声。"高诱注："反舌，百舌鸟也。能辨变其舌，反易其声，以效百鸟之鸣，故谓百舌。"

反舌，又叫百舌鸟，学名乌鸫（dōng）。立春之时，可爱的反舌鸟开始鸣叫；到了芒种之时，叫声就停止了。

《礼记正义·月令》孔颖达疏："春始鸣，至五月稍止。其声数转，故名反舌。"《吕氏春秋·仲夏纪》高诱注："反舌，伯舌也。能辩反其舌，变易其声，效百鸟之鸣，故谓之反舌。"

花信风。七十二候代表花卉。《七十二番花信风》："一候：蜀葵。二候：萱草。三候：栀子。"

栀子，花期长，花儿美。李时珍所作的《本草纲目·木部》第三十六卷："时珍曰：'卮，酒器也。栀子象之，故名。俗作栀。叶如兔耳，浓而深绿，春荣秋瘁。入夏开花，大如酒杯，白瓣黄实，薄皮细子有须，霜后收之。蜀中有红栀子，花烂红色，其实染物则赭红色。'"

* 芒种民俗 *

龙舟竞渡。赛龙舟，这是芒种时节最热闹的民俗活动。传说夏历五月五日，是战国时期伟大的文学家屈原投汨罗江的日子，人们龙舟竞渡，驱散江中之鱼，以免让鱼吃掉屈原的身体。

祭祀屈原的习俗，已经有将近1500多年的悠久历史了。《隋书·地理志》中记载："屈原以五月五日赴汨罗，士人追到洞庭不见，乃歌曰：'何由得渡湖？'因尔鼓棹争归，竞会亭上，习以相传，为竞渡之戏。其迅楫齐驰，棹歌乱响，喧振水陆，观者如云。诸郡率然，而南郡、襄阳尤甚。"这里说，古代在今湖北的荆州、襄阳特别盛行。唐代诗人刘禹锡的《竞渡曲》自注中说："竞渡始于武陵，及今举楫而相和之，其音咸呼云：'何在！'斯招屈之义。"刘禹锡笔下的武陵，在今湖南省常德市一带。

龙舟竞渡，成为中国百姓喜爱的体育项目之一。中华龙舟大赛，2011年4月20日正式举办。在端午节（公历6月6日）来临之时，首届花落江苏江阴。

端午节。芒种的节庆，重要是端午节。端午节，每年夏历五月初五。端午，又称端阳、重午、天中、朱门、五毒日、端五、重五等，是我国传统节日之一。唐、宋以后都举行盛大活动，并赏赐百官。

举办端午节的主要目的，就是要祭祀和拯救屈原。宗懔《荆楚岁时记》中说："五月五日竞渡，俗为屈原投汨罗江，伤其死，故并命舟楫以拯之。"

对于"端午"的解释，主要有两种说法：

其一，端，正。清代仇兆鳌《杜诗详注·端午日赐衣》注中说："五月建午，故曰端午。端，正也。"按："端，正"的解释，不合文义。

其二，端，始，初。《集韵》"桓"韵："端，始也。"晋代周处所撰《岳阳风土记》中说："仲夏端午。端，初也。"清代姜宸英撰写的《湛园杂记》卷二中说："端阳前五日俱可称'端'。文山以五月初二日生，称此日为'端二'。"午，通"五"。清代朱骏声《说文通训定声》中说："午，又借为'五'。"这应该是"端午"即"五月初五"的来历。

芒种农事

芒种农谚。芒种时节的农谚有:"芒种忙,麦上场。"收割冬小麦,芒种时节全部结束。"芒种黍子夏至麻。芒种谷,赛过虎。芒种不种高山谷,过了芒种谷不熟。芒种插秧谷满尖,夏至插的结半边。芒种有雨豌豆收,夏至有雨豌豆丢"。这里说,芒种节气,正是种植黍子、高山谷子、豌豆、插秧等的最好节气。

海南农谚:"芒种芒种,样样要种。"芒种是海南种植的大忙季节。新疆农谚:"芒种灌满浆,夏至收小麦。"新疆的冬小麦,夏至才能收获。吉林农谚:"芒种芒种忙着种,谷子、糜子一起种。"芒种是种植糜子、谷子的好时机。

芒种农事。《淮南子·时则训》中说:其一,要禁止老百姓采割蓝草,来染制衣服。其二,不要砍伐树木,来烧灰肥田。其三,不要暴晒葛麻织成的布匹。其四,不要关闭城门、巷道。其五,不去关塞、市场征索关税。

可以知道,施行这一系列规定,为了保护自然资源更好地生长,使民生得到充分的生活保障。

芒种养生

芒种时节,民间的养生、饮食习俗有:喝雄黄酒,吃粽子,挂艾叶。

饮雄黄酒。雄黄是一种矿物,也叫鸡冠石、石黄,分为雄黄、雌黄两种。李时珍撰写的《本草纲目·石部》第九卷中说:"雄黄。[气味]:苦,平,寒,有毒。"一般用作颜料和药用。它也是古代炼丹术常用的原料之一。清代顾禄撰写的《清嘉录》中说:"研雄黄末,屑蒲根,和酒饮之,谓之雄黄酒。"明代高濂编写的《遵生八笺》卷四中说:"五日午时,饮菖蒲雄黄酒,辟除百疾而禁百虫。"古人认为,雄黄酒可以抑制蛇、蝎等百虫的危害。《白蛇传》中蛇精白娘子喝下了雄黄酒，便现出了原形。

芒种美食：粽子。吃粽子的习俗，在魏、晋时代已经流行。晋代周处所作的《岳阳风土记》中说："仲夏端午，烹鹜（wù）角黍。"注中说："端，始也。谓五月五日。"鹜，就是鸭子。角黍，就是粽子。当时粽子的形状，就像鸭子的尾巴。梁代吴均的《续齐谐记》记载："屈原五月五日投汨罗水，楚人哀之。至此日，以竹筒子贮米，投水以祭之。"战国楚国爱国诗人屈原投江，百姓为了不让鱼吃了屈原的尸体，便包了很多的粽子，投入汨罗江中。

挂艾叶。悬挂艾叶，可以除菌消毒。艾叶，李时珍撰写的《本草纲目·草部》第十五卷中说："以五月五日连茎刈取，爆干收叶。其茎干之，染麻油引火点灸柱，滋润灸疮，至愈不疼。"又说："叶，苦，微温热，无毒。灸百病。"能够"灸百病"，这就是艾灸疗法备受传统中医和民间重视的原因。早在战国时代的《孟子·离娄上》中就记载说："犹七年之病，求三年之艾也。"清代学者焦循所撰的《孟子正义》中说："艾可以疗疾。主灸百病。"就是说，在2300多年前，古人已经掌握了艾灸的知识。艾叶是一种芳香化浊的中草药，具有较好的驱毒除瘟、防病治病的作用。悬挂艾叶和燃烧艾叶，可以杀菌消毒，预防瘟疫流行。艾叶还可以驱除蚊蝇，而没有任何副作用。

孙思邈《修养法》。唐代"药王"孙思邈在《修养法》中说："是月肝脏气休，心正旺，宜减酸增苦，益肝补肾，固密精气。卧早起早，慎发泄。"意思是说，这个月里心气旺，肝气休，应该益肝补肾，固守精气。早睡早起，不要发泄。

陈抟二十四节气坐功：芒种。清代康熙四十年今福建闽侯人陈梦雷奉敕编辑的最大类书《古今图书集成·明伦汇编·人事典·养生部汇考二》，收录了明代高濂撰写的《遵生八笺·四季摄生全录》，其中保留了珍贵的陈抟二十四节气坐功图。内容包括经脉、运气、功法、治病等。《陈希夷芒种五月节坐功》中记载：

运主少阳三气,时配手少阴心君火。

每日寅、卯时,正立仰身,两手上托,左右力举,各五、七度。定息,叩齿,吐纳,咽液。

治病:腰肾蕴积虚劳,嗌干,心痛。欲饮,目黄,肋痛,消渴。善笑,善惊,善忘。上咳吐,下气泄。身热而股痛,心悲,头顶痛,面赤。

芒种文化

《红楼梦》:芒种节。《红楼梦》第二十七回描写的欢乐场面:"至次日乃是四月二十六日,原来这日未时交芒种节。尚古风俗:凡交芒种节的这日,都要设摆各色礼物,祭饯花神——言芒种一过,便是夏日了,众花皆卸,花神退位,须要饯行。……每一颗树头,每一枝花上,都系了这些物事。满园里绣带飘飖,花枝招展。更兼这些人打扮得桃羞杏让,燕妒莺惭,一时也道不尽。"

芒种节也在"悼玉",应该是黛玉夭亡之日。林黛玉《葬花词》哭道:"未若锦囊收艳骨,一抔净土掩风流。质本洁来还洁去,不教污淖陷渠沟。试看春残花渐落,便是红颜老死时。一朝春尽红颜老,花落人亡两不知!"

白居易《观刈麦》。唐代诗人白居易,在36岁之时,担任今陕西周至县的县尉,主要有捕拿罪犯、征收赋税等工作。白居易对安史之乱平定以后,黎民百姓的生活艰辛,历历在目。他在《观刈麦》中写道:"田家少闲月,五月人倍忙。夜来南风起,小麦覆陇黄。妇姑荷箪食,童稚携壶浆,相随饷田去,丁壮在南冈。足蒸暑土气,背灼炎天光,力尽不知热,但惜夏日长。"

诗中说,农家少有空闲的月份,五月份人们加倍繁忙。夜里刮起了南风,覆盖田垄的小麦已经变黄。妇女们挑着竹篮的饭食,儿童提着满壶的水浆,相互跟随着到田间送饭,青壮男子都在南冈收割庄稼。双脚受到土地的热气熏蒸,脊背上烤着炽热的太阳。力气用尽还不觉天气炎热,只是珍惜夏日的天长。

　　在这十二句诗中，白居易对贫苦农民真实生活，繁重劳动的艰辛，给予深切的同情；对农民身上的沉重苛税，进行揭露和谴责；想到自己没有什么功德，一年却领取三百石米，家里还有余粮，感到惭愧和自责。

　　陆游《时雨》。南宋诗人陆游的《时雨》，前面四句是："时雨及芒种，四野皆插秧。家家麦饭美，处处菱歌长。"

　　这首诗记载的是芒种期间，农民的劳动、生活场景：芒种时节下起了及时雨，田野里农民都忙着插秧。家家户户用新麦做成美食，时时处处传来悠长的菱歌。这就是江南水乡人民顺应自然、和谐相处、勤劳耕作的真实生活。

13. 阳气最盛时，斗柄正南指：夏至

夏至，二十四节气纪年法中的第十三个节气。

∗ 科学依据 ∗

夏至，《吕氏春秋·仲夏纪》："是月也，日长至。"高诱注："夏至之日，昼漏水上刻六十五，夜漏水上刻三十五，故曰'长至'。"《礼记·月令》也叫"日长至"。这时，太阳处在正南方，去极最近，白昼最长，日影最短，阳气最盛，《淮南子·天文训》便定名为"夏至"，科学而准确。

夏至，古六历（黄帝、颛顼、夏、殷、周和鲁历）之一的夏历，规定在五月中。太阳历即公历每年6月21日或22日，太阳到达黄经90°时开始。

《淮南子·天文训》中记载："加十五日指午，则阳气极，故曰有四十六日而夏至，音比黄钟。"这里说，芒种增加十五日，北斗斗柄指向正南方十二地支"午"的位置，那么阳气达到极点，因此说春分以后四十六天就是夏至，它与十二律中的黄钟相对应。

《汉书·律历志下》中记载："中井三十一度，夏至。于夏为五月，商为六月，周为七月。"

《后汉书·律历下》中说："天正五月，夏至。夏至，日所在，井二十五度，二十分退三。晷景，尺五寸。昼漏刻，六十五。夜漏刻，三十五。"

这里记载说，指出"夏至"所处二十八宿中"井"宿的位置和度数。

127

《汉书》中的小字指出,"夏至"归于夏历"五月",殷历,周历则分别在六、七月。

《周髀算经·二十四节气》中记载"夏至"日影长度:"夏至,一尺五寸。"夏至日影最短,只有0.15丈。

《旧唐书·历志二》:"中气,夏至。律名,蕤宾。日中影,一尺四寸九分。"

《周礼·春官·冯相氏》郑玄注:"冬至,日在牵牛,景丈三尺。夏至,日在东井,景尺五寸。此长短之极。"可以知道,郑玄把冬至、夏至时节太阳在二十八宿中的位置、日晷测量日影的长度,以及二者的长、短进行比较,作了科学的解释。

《周礼·地官·大司徒》东汉学者郑司农注中说:"土圭之表,尺有五寸。以夏至之日,立八尺之表,其景适与土圭等。"这也用"八尺"圭表测量夏至日影,与《淮南子·天文训》相同。

《周礼注疏》中说:"五月中,芒种节,夏至中。"这里说,芒种、夏至两个节气,规定在夏历五月。

对于"夏至"的解释,元代吴澄撰《月令七十二候集解》中说:"五月中。夏,假也,至也,极也。万物于此皆假大而至极也。"

清代李光地等撰写的《御定月令辑要》中说:"《三礼义宗》:夏至为五月中者,'至'有三义:一以明阳气之至极。二以明阴气之始至。三以明日行之北至,故谓之'至'。"

吴澄、李光地采用古代训诂学中通假的方法,对"夏"和"至",进行详细的解释,非常科学而生动。

《清史稿》第四十八卷《时宪志四》:"求节气时刻。六宫,未,鹑首,初度为夏至。"清代康熙初年,夏至在十二次"鹑首"之内。

"夏至"时节,北半球白天时间最长,夜里时间最短。而南半球则与之相反。天文学上规定,夏至是北半球夏季的开始。《淮南子·时则训》记载:"日长至,阴阳争,死生分。"夏至这一天,阴气开始生长,阳气来压制它，所以叫"争"。有些草木开始生长，而荠菜、麦子、葶苈（lì）等植物死去。

夏至三候

夏至第一候（1—5日）。《淮南子·时则训》："鹿角解。"高诱注："夏至鹿角解坠也。"这里说，夏至雄鹿开始脱落。

《吕氏春秋·仲夏纪》《礼记·月令》也作"鹿角解"。明代黄道周撰写的《月令明义》作"麈（zhǔ）角解"。

《说文》："鹿，兽也。象头、角、四足之形。""鹿"是象形字，上面像头和角，下面像四条腿。李时珍撰写的《本草纲目·兽部》第五十一卷："牡者有角，夏至则解。"

又，"麈"，《说文》："麋属。"《字林》中说："麈，似鹿而大，一角也。"《玉篇》："麈，兽，似鹿。"李时珍撰写的《本草纲目·兽部》第五十一卷："鹿之大者曰麈，群鹿随之，视其尾为准。""麈"，属于麋鹿一类的野兽，也叫驼鹿、"四不像"，头像鹿，脚像牛，尾像驴，颈像骆驼，现在是国家一级保护动物。也是夏至脱角。

夏至第二候（6—10日）。《淮南子·时则训》："蝉始鸣。"高诱注："蝉鼓翼始鸣也。"这里说，蝉这时开始鸣叫。

《吕氏春秋·仲夏纪》《礼记·月令》也作"蝉始鸣"。《逸周书·时训解》《月令明义》《月令七十二候集解》作"蜩始鸣"。

蝉，《说文》"以旁鸣者"。就是用胁旁发声的一种昆虫。雄蝉腹部有发声器，能连续发出声音。蝉，俗名知了。

蜩（tiáo），《说文》："蝉也。《诗》曰：'五月鸣蜩。'"郝懿行的《尔雅义疏·释虫》："是蜩为诸蝉之总名。"《月令七十二候集解》："蜩，蝉之大而黑色者。雄者能鸣，雌者无声。"古人对"蜩"很有兴趣。《庄子·逍遥游》记载"蜩"笑话大鹏鸟："蜩与学鸠笑之。"陆德明的《经典释文》中，把"蜩"解释成"蝉"。可以知道，在2300多年前，古人就知道"蜩"的物候特点了。

夏至第三候（11—15日）。《淮南子·时则训》："半夏生。"高诱注："半夏，草药也。"这里说，半夏开始生长。

半夏，药草的名称，夏至前后生长。此时夏天过半，所以叫作半夏。这种草的块茎，可以作为药用。宋代孔平仲《常父寄半夏》诗中说："齐州多半夏，采自鹊山阳。"当时山东济南的"半夏"，久享盛名。李时珍所写的《本草纲目·草部》第十七卷"半夏"归入"毒草类"，主治"伤寒寒热""头眩""咽喉肿痛""堕胎"等。可以知道古人重视的"半夏"，确实能够治疗重大疾病。

花信风。七十二候代表花卉。《七十二番花信风》："一候：绣球。二候：百合。三候：合欢。"

百合，花姿雅致，洁白清香。李时珍撰写的《本草纲目·菜部》第二十七卷："时珍曰：'百合一茎直上，四向生叶，叶似短竹叶，不似柳叶。五六月，茎端开大白花，长五寸，六出，红蕊四垂向下，色亦不红。红者叶似柳，乃山丹也。百合结实，略似马兜铃，它内子亦似之。其瓣种之，如种蒜法。'"

∗夏至农事∗

夏至农谚。有关夏至的农谚有："夏至前后雹子多。"这里说，夏至时节常有冰雹袭来。"麦收夏至。夏至无青麦，寒露无青豆"。就是说，夏至麦收已经全部结束。"夏至水满塘，秋季稻满仓。夏至栽老秧，不如种豆强"。夏至时节高温多雨，是插秧的最好季节。"要想萝卜大，夏至把种下"。"夏至种芝麻，头顶一棚花"。"夏至里，种玉米"。夏至是种植萝卜、芝麻、玉米的好季节。"夏至不起蒜，就要散了瓣"。夏至到了，大蒜要及时收获。"夏天不锄地，冬天饿肚皮"。夏至天气炎热，却是耕田、锄草的好时机。"夏至棉开花，四十八天准摘花"。夏至时棉花开花，再有48天，就可以摘棉花了。

海南农谚："夏至吹南风，大旱六十天。"这个时节吹南风，往往造成大旱。新疆农谚："夏至糜，出土皮。"糜子，又称黍、稷。吉林农谚："夏至雨点值千金。"夏至下雨，庄稼会有好收成。

夏至农事。对于生态资源的保护和利用，《淮南子·时则训》中说：其一，禁止老百姓采割蓝草来染制衣服。其二，不要砍伐树木烧灰肥田。其三，不能暴晒葛麻织成的布匹。其四，不要关闭城门、巷道，不去关塞、市场征收关税。其五，要把怀孕的母马从马群中分开，将雄健的小马套上马笼头，并且告诉管理马匹的官员。

由此可知，保护蓝草，这是为了更好地染制衣服；不能砍伐树木，因为正处于生长期；不能烧灰肥田，要保护植物；葛布不能暴晒，才能保证布匹质量；所有道路通畅，保证物资贸易交流；不去征收关税，可以增加百姓收入；对孕马加以特殊保护，为了繁育马匹；对雄健小马套上笼头进行训练，以后可以作为交通、生产工具和用来保卫疆土。这些措施，涉及农牧业各个方面，细致而且周到。

＊夏至民俗＊

夏至：祭"地"。古代天子、皇帝要祭祀土地神，祈望地神护佑，五谷丰登。《礼记·祭法》中说："燔（fán）柴于泰坛，祭天也。瘗（yì）埋于泰折，祭地也。"泰坛，在都城的南郊，祭天之处；泰折，在都城的北郊，祭地之所。祭地要"瘗埋"什么？要"瘗缯埋牲"。缯，指丝织品；牲，这里指用于祭祀的红色全牛。祭地的地坛呈方形，取"天圆地方"之意。隋、唐时代的地坛，又叫"方丘"，设在都城长安宫城以北14里。明、清都城的北京地坛，始建于明代嘉靖九年（1530年），清代重新加以修葺，成为两朝皇帝祭地之所。《清会要·工部》中记载："紫禁城之南，左太庙，右社稷。设坛于四郊：都城之巳为天坛，丑为地坛，卯为日坛，酉为月坛，未为先农坛，三坛附焉。"

称人。夏至时节，为什么要"称人"呢？夏至称人，希望在高温酷暑的三伏天，不生病，求平安，这是民间适应天时、保养身体而采取的有趣的举措。小孩子称了，希望一年中体重增加，个头长高。

"称人"，要用一杆百公斤的大秤、一只大箩筐、一根长麻绳。大箩筐用麻绳兜住，人坐进筐里，由两人抬起，老人、长辈打砣看秤。一个个排队过秤，井然有序，称好一人，报个斤两，非常热闹。当然，也有立夏节称体重的，目的都是一样。清代道光年间苏州顾禄所撰《清嘉录》中说："家户以大秤权人轻重，至立秋日又秤之，以验夏中之肥瘠。"

夏至养生

《黄帝内经·四气调神篇》。夏至节阳气很盛，顺应阳气，保护身体，养好肠胃，避免过分消耗体力，防止暑气伤人，注意心志平和，不要愤懑。《黄帝内经·素问·四气调神篇》中说："夏三月，天地气交，万物华实。夜卧早起，无厌于日，使志勿怒，使气得泄。"意思是说，夏季三月，天地之间的阴阳二气相互交流，所有的植物开花结果。应该晚点睡，早点起，不要厌恶白天时间太长，要让心中没有怒气，使得夏气能够疏泄掉。

《遵生八笺》。明代高濂的《遵生八笺》中也说："仲夏之月，万物以成，天地化生，勿以极热，勿大汗，勿曝露星宿，皆成恶疾。忌冒西北之风，邪气犯人。勿杀生命。是月肝脏已病，神气不行，火气渐旺，水力衰弱，宜补肾助肺，调理胃气，以顺其时。"这里说，仲夏五月，世间万物都已经长成。注意不曝热，不大汗，不露宿，容易造成严重疾病。不迎西北风，防止风邪。肝气衰，神气弱，火气旺，应该补肾养肺，调和胃气。

夏至美食：凉面。夏至天气炎热，南北盛行吃凉面，流行的范围广。俗语说："冬至馄饨夏至面。"老北京的习俗，夏至节气，人们喜欢吃生菜、凉面。面对酷热天气，吃些生冷食物，可以降火开胃，又不至于因寒凉而损害健康。北京人夏至最爱吃炸酱面。山西刀削面、河南烩面、四川担担面、武汉热干面，以及全国各地有特色的面食，夏至时节都有展示。

陈抟二十四节气坐功：夏至。清代康熙四十年今福建闽侯人陈梦雷奉敕编辑的最大类书《古今图书集成·明伦汇编·人事典·养生部汇考二》，收录了明代高濂撰写的《遵生八笺·四季摄生全录》，其中保留了珍贵的陈抟二十四节气坐功图。内容包括经脉、运气、功法、治病等。《陈希夷夏至五月中坐功》中记载：

运主少阳三气，时配少阴心君火。

每日寅、卯时，跪坐，伸手叉指，屈指，脚换踏，左右各五、次。叩齿，吐纳，咽液。

治病：风湿积滞，腕膝痛，臑肩痛，后廉痛厥，掌中热痛。两肾内痛，腰背痛，身体重。

＊夏至文化＊

《红楼梦》：夏至。《红楼梦》第一卷："一日，炎夏永昼，士隐于书房闲坐，至手倦抛书，伏几少憩，不觉朦胧睡去。"甄士隐梦醒，"只见烈日炎炎，芭蕉冉冉，所梦之事，便忘了大半"。《红楼梦》开篇，从甄士隐"炎夏永昼"入梦时刻开始，演出了一出"绛珠"仙草和"通灵宝玉"的"悲金悼玉的《红楼梦》"。

权德舆《夏至日作》。唐代诗人权德舆的《夏至日作》诗中写道："璇枢无停运，四序相错行。寄言赫曦景，今日一阴生。"

这首诗中所说的"璇枢"，指的是北斗七星斗柄的第一星天枢、第二星天璇，周而复始地围绕北天极在旋转。《淮南子·天文训》中记载北斗斗柄运行一周天是 $365\frac{1}{4}$ 度，从而确定二十四节气纪年法的度数（也即天数)。春、夏、秋、冬四季相连接替运行，与时推移。我想给炽热的天气捎个话，今天阴气已经开始生长啦！对于"一阴生"，明代科学家徐光启的《农政全书》卷二中说："冬至一阳生，主生主长；夏至一阴生，主杀主成。"可以知道，节气、历法、天象中的夏至、北斗、阴阳、四季等，都已经成了文人入诗的素材。

韦应物《夏至避暑北池》。唐代诗人韦应物《夏至避暑北池》诗前面八句写道："昼晷已云极，宵漏自此长。未及施政教，所忧变炎凉。公门日多暇，是月农稍忙。高居念田里，苦热安可当？"

"晷（guǐ）"，就是"日晷"，它是根据日影的方向，测定太阳运行时刻的天文仪器。冬至晷影最长，夏至晷影最短。

"漏"指漏壶、刻漏，古代利用漏水计量时间的仪器。我国周代就使用了漏壶，《周礼·夏官·司马》有"挈（qiè）壶氏"。东汉学者郑司农注中说"悬壶以为漏"。汉代出土了单漏壶，元代发现了三级漏壶。

这八句诗中说，夏至时白天的晷影已经短到极限，夜里漏壶标示的时刻从此要加长。我还没来得及实施政治教化，所担忧的气候由热变凉。官府门内每天多有空闲，这个月的农事多有繁忙。居住高堂思念田地，农民的酷热怎么能抵挡？这位关心民生、为官清廉的诗人韦应物，在炎热的夏至时节，他还思念在田野里辛勤耕作的农民们。

14. 小暑热风起，伏日避高温：小暑

小暑，属于二十四节气纪年法中的第十四个节气。

∗ 科学依据 ∗

小暑，古六历（黄帝、颛顼、夏、殷、周和鲁历）之一的夏历，规定在六月节。太阳历即公历每年7月7日或8日，太阳到达黄经105°时开始。

《淮南子·天文训》记载："加十五日指丁，则小暑，音比大吕。"就是说，夏至增加十五日，北斗斗柄指向丁位，那么便是小暑，它与十二律中的大吕相对应。

《汉书·律历下》中说："鹑火，初柳九度，小暑。"

《后汉书·律历下》中记载："小暑，柳三度，二十七分。"

这里指出，"小暑"处在十二次"鹑火"、二十八宿"柳"宿的位置和度数。

元朝吴澄撰写的《月令七十二候集解》中说："小暑，六月节。《说文》曰：'暑，热也。'就热之中分为大、小，月初为小，月中为大，今则热气犹小也。"这里解释《淮南子》小暑、大暑取名的来历。小暑处于初伏前后。

《周髀算经·二十四节气》中记载太阳日影的长度是："小暑，二尺五寸九分，小分一。"

《旧唐书·历志二》："中气，小暑。日中影，一尺六寸四分。"

《周礼注疏》中说:"六月,小暑节,大暑中。"就是说,小暑、大暑两个节气,规定在夏历六月。

《清史稿》第四十八卷《时宪志四》:"求节气时刻。六宫,未,鹑首,十五度为小暑。"清代康熙初年,小暑在十二次"鹑首"之内。

小暑三候

小暑第一候(1—5日)。《淮南子·时则训》:"季夏之月,凉风始至。"这里说,季夏六月,凉风开始来临。

暑,《说文》:"热也。"暑,指炎热,或炎热的季节。朱骏声《说文通训定声》:"暑近湿如蒸,热近燥如烘。"

对于这一"候",有两种不同的记载。

其一,解作"温风",也作"炎风""景风""薰风"等。温风,即暖风、热风。《礼记·月令》作"温风始至"。《隋书·律历志中》也作"温风至"。《后汉书·张衡传》李贤注:"温风,炎风也。"《逸周书·时训解》曰:"小暑之日,温风至。"潘振云:"温厚之风,景风也,象教之宽。"陈逢衡云:"温风,薰风也。"《月令七十二候集解》作"温热之风"。

其二,解作"凉风"。《吕氏春秋·季夏纪》同《淮南子·时则训》,也作"凉风始至"。《季夏纪》高诱注:"夏至后四十六日立秋节,故曰'凉风始至'。"

两种说法虽然不同,但是没有矛盾。小暑时节,占主导地位的气候,仍然是酷热天气,就是温风(炎风);但是从夏至以后,凉风已经逐渐兴起了。

小暑第二候(6—10日)。《淮南子·时则训》:"蟋蟀居奥。"高诱注:"蟋蟀,蜻蛚(liè),趣(cù)织也。《诗》云:'七月在野。'此曰'居奥',不与经合。奥,或作'壁'也。"这句说,蟋蟀羽翼稍微长成,要躲避热气，便依附在室内墙壁上。

《吕氏春秋·季夏纪》作"蟋蟀居宇"。高诱注："蟋蟀，蜻蛚，《尔雅》谓之蛩，阴气应，故居'宇'，鸣以促织。"

《礼记·月令》《逸周书·时训解》作"蟋蟀居壁"。潘振云："壁，墙也。季夏羽翼稍成，未能远飞，宜居壁之穴，不急迫也。"《礼记正义·月令》孔颖达疏："蟋蟀居壁者，此物生于土中，至季夏羽翼稍成，未能远飞，但居其壁。至七月则能远飞在野。"《御定月令辑要》中也说："蟋蟀之虫，六月居壁中。至七月则在田野之中。""至十月入我床下。"

《说文》："奥，宛也，室之西南隅。"奥，指室的西南角，古代为尊长居坐，或者祭祀摆设神主之处，其为宛曲隐奥之所。《说文》："宇，屋边也。《易》曰：'上栋下宇。'"宇，即屋边、屋檐。

由此可知，古代学者对于昆虫"蟋蟀"的生活习性，观察细致，得出了可信的结论，所以成了物候的代表昆虫之一。

小暑第三候（11—15日）。《淮南子·时则训》："鹰乃学习。"高诱注："秋节将至，鹰自习击也。"这句说，幼鹰便开始效法老鹰，练习飞行。

《吕氏春秋·季夏纪》高诱注："秋节将至，故鹰顺杀气自习肄（yì），为将搏鸷也。"

《说文》："斆，觉悟也。从教，冂尚朦也，臼声。學，篆文斆省。"學，今简化为"学"，即教导，使之觉悟义。又，《论语·学而》朱熹集注："学，效也。"即效法、模仿义。《说文》："习，数飞也。"即频频试飞义。这里说，幼鹰模仿着练习飞行，为以后的搏杀做好准备。

《大戴礼记·夏小正》中说："六月，鹰始挚（zhì）。"这里说，六月鹰开始学习搏挚。

花信风。七十二候代表花卉。《七十二番花信风》："一候：凌霄。二候：石竹。三候：茉莉。"

石竹，瞿麦的别名。多年生草本植物。李时珍撰写的《本草纲目》第十六卷:"瞿麦,《释名》:'蘧麦、巨句麦、大菊、大兰、石竹、南天竺草。'时珍曰:'石竹叶似地肤叶而尖小,又似初生小竹叶而细窄,其茎纤细有节,高尺余,梢间开花。田野生者,花大如钱,红紫色。人家栽者,花稍小而妩媚,有细白、粉红、紫赤,斑烂得色,俗呼为洛阳花。结实如燕麦,内有小黑子。其嫩苗煤(zhá)熟水淘过,可食。'"

＊ 小暑民俗 ＊

伏日。小暑时节,民间最重视的"伏日"。夏至后的第三个庚日是初伏(庚子,阳历7月16日);第四个庚日是中伏(庚戌,阳历7月26日);立秋后第一个庚日是末伏(庚午,阳历8月15日)。伏日有30天或40天的差别。"热在三伏。""三伏"是全年气温最高、潮湿、闷热的日子。"伏",有阴气隐伏的意思。《广雅·释诂四》:"伏,藏也。"唐代张守节在《史记正义·秦本纪》中说:"伏者,隐伏避盛暑也。"《汉书·郊祀志上》中也记载:"伏者,为阴气将起,迫于残阳而未得升,故为藏伏,因名曰'伏日'也。"《汉书·韦贤传》西晋学者晋灼注:"六月、七月,三伏。"可以知道,避开三伏天的高温暴晒,是人类顺应自然、保护身体的重要举措。

古代重视伏日、腊日,按照常规,都要举行祭祀活动。西汉杨恽的《报孙会宗书》中写道:"田家作苦,岁时伏腊,烹羊炮羔,斗酒自劳。"伏日祭祀的是五谷之神。《淮南子·时则训》中说:"是月也,农始升谷,天子尝新,先荐寝庙。"农作物开始收割了,要把收下来的新鲜粮食,在天子品尝之前,首先敬献给祖先的寝庙,感戴祖先的恩德。

古代对于"三伏"天的描写,也出现在文学作品中。魏代夏侯湛的《大暑赋》中写道:"三伏相仍,徂(cú)暑彤彤。上无纤云,下无微风。"暑天开始了,大地就像大火在燃烧,没有一丝儿云彩,没有一点儿微风。晋代程晓的《伏日作》诗中写道:"平生三伏时,道路无行车。闭门避暑卧，出入不相过。"描述百姓家门紧闭、躲避暑热的情景。

小暑农事

小暑农谚。小暑的农谚有："小暑吃芒果。"小暑时节，热带水果芒果开始上市。"小暑温暾（tūn），大暑热"。这里说，小暑气候温和，大暑就会酷热。"小暑过，一日热三分"。过了小暑，一天比一天炎热。"小暑南风，大暑旱"。如果小暑刮南风，大暑的旱情会加重。"小暑打雷，大暑破圩"。这里说，如果小暑时节雷声隆隆，大暑时节就会暴雨倾盆，导致圩田溃决。"小暑热得透，大暑凉飕飕"。小暑时节热浪难滚滚，大暑就会凉风习习。"暑伏不种薯，种薯不结薯"。"过了小暑，不种玉蜀黍"。"小暑种芝麻，当头一枝花"。这里说，暑伏时节是种植玉米和芝麻、扦插薯类的好时机，错过了这个节气，种下的作物，可能就没有收成。"头伏萝卜二伏菜，三伏种荞麦"。三伏天，虽然挥汗如雨，却是种植萝卜、菜蔬、荞麦的关键时节。

海南农谚："雷打小暑头，七月水横流。"小暑开头雷声隆，七月大水成汪洋。甘肃农谚："小暑开黄花，白露摘棉花。"棉花，小暑开花，白露收获。黑龙江农谚："小暑蛾子，立秋蚕。"小暑成蛾，立秋成蚕。

小暑农事。《淮南子·时则训》中记载：其一，在这个月里，命令掌管渔业的官员，猎取蛟龙、鳄鱼，捕取鼋来食用。命令掌管池泽的官员，可以收获芦苇等柴草。其二，在这个月里，施行宽缓的政令，悼念死者，慰问病者，探视长老，施舍饭食，礼葬死者，以便送万物的回归。

小暑养生

小暑美食：汤饼。小暑的养生饮食中，以热汤面为上。晋代孙盛撰写的《魏氏春秋》中说："何晏以伏日食汤饼，取巾拭汗，面色皎然。"何晏是魏代的风云人物。酷热天、吃热面的反常举动，引起了示范效应。伏天吃热汤面，可以增进食欲，使身体出汗，避免中暑，促进血液循环，散热加快，真是养生的好方法。

这里的"汤饼"，就是热汤面，也叫面片汤，其实就是宽面条。食用"汤饼"，可以添加醋、芝麻、酱、姜、葱、肉桂等各种调料，制作方法有揉、切、押、揪、煮等，多种多样。南北朝梁代宗懔编写的《荆楚岁时记》中记载："六月伏日食汤饼，名为辟恶饼。"民间认为可以避除邪恶，实际上就是在暑天增加营养，预防疾病的产生。所以至今全国各地都有名目繁多的面条类食品，成了国人钟爱的家常食材之一。

调料：姜。"冬吃萝卜夏吃姜"。姜，中国种姜和食姜，具有悠久的历史。"姜"有"干姜"和"生姜"之分。《神农本草经》中把"干姜"列为草部之上品："干姜，味辛温。主胸满咳逆上气，温中止血，出汗，逐风，湿痹，肠澼（pì），下痢。生者尤良，久服去臭气，通神明。"《说文》中说："薑，御湿之菜也。"盛夏之时，气温、湿度很高，各种病菌、病毒滋生。生姜能起到一定的防治作用。同时，生姜还有消夏解暑的功效。

孙思邈《修养法》。唐代"药王"孙思邈《修养法》中说："是月肝气微弱，脾旺，宜节约饮食，远声色。此时阴气内伏，暑毒外蒸，纵意当风，任性食冷，故人多暴泄之患。切须饮食温软，不令太饱，时饮粟米温汤、豆蔻熟水为好。"意思是说，这个月肝气微弱，脾脏旺盛，要节制饮食，远离声色。阴气潜伏，热毒蒸烤，任食生冷，容易急性腹泻。

陈抟二十四节气坐功：小暑。清代康熙四十年今福建闽侯人陈梦雷奉敕编辑的最大类书《古今图书集成·明伦汇编·人事典·养生部汇考二》，收录了明代高濂撰写的《遵生八笺·四季摄生全录》，其中保留了珍贵的陈抟二十四节气坐功图。内容包括经脉、运气、功法、治病等。《陈希夷小暑六月节坐功》中记载：

运主少阳三气，时配手太阴脾湿土。

每日丑、寅时，两手踞地，屈压一足，直伸一足，用力掣三、五度。

叩齿，吐纳，咽液。

治病：腿膝腰脾风湿，肺胀满，溢干，喘咳，缺盆中痛，善嚏，脐右小腹胀引腹痛。手挛急，身体重，半身不遂，偏风健忘，哮喘，脱肛，腕无力，喜怒不常。

小暑文化

《水浒传》：白胜。元末明初文学家施耐庵所创作的《水浒传》第十六回："七星聚义"中的白日鼠白胜，挑着酒担子，在黄泥冈上，唱着山歌："赤日炎炎似火烧，野田禾稻半枯焦。农夫心内如汤煮，公子王孙把扇摇。"

小暑时节，天上骄阳似火，地上庄稼枯死烤焦。农民心如刀绞，王公贵族却快乐逍遥。

陆游《苦热》。南宋的诗人陆游，在《苦热》中写道："万瓦鳞鳞若火龙，日车不动汗珠融。无因羽翮氛埃外，坐觉蒸炊釜甑中。石涧寒泉空有梦，冰壶团扇欲无功。余威向晚犹堪畏，浴罢斜阳满野红。"

诗中描写的"热"，真是达到了极致：屋顶上的万张瓦片，就像火龙身上的鳞片；拉着太阳的车子，一动不动，汗水如注。没有法子长出翅膀飞向天外，感觉就像坐在蒸笼里。山间的清泉流水多爽啊，这简直就是一场梦。冰壶呀、团扇呀，都没有功劳啦！晚上太阳的余威还让人害怕，沐浴完毕，看着斜阳，洒满了整个田野。

陆游诗作中的比喻、用典，有"火龙""日车""蒸炊釜甑"，十分贴切；丰富的想象有"羽翮""石涧寒泉"；描写现实生活的有"冰壶""团扇"；对小暑时节晚霞的描述有"斜阳满野红"。可以知道，陆游《苦热》的诗作，把生活场景和浪漫情怀，有机地融为一体。

释契嵩《夏日无雨》。北宋的释契嵩在《夏日无雨》诗中写道："山中苦无雨，日日望云霓。小暑复大暑，深溪成浅溪。泉枯连井底，地热亢蔬畦。无以问天意，空思水鸟啼。"

诗中说，"山中"苦于没有下雨，天天向天空眺望。小暑接着大暑，"深溪"变浅了，泉眼干涸了，井底水干了，土地发热了，地里菜枯了，问问老天，这是怎么了？白白地在盼望着，水鸟能够发出叫声，雨水快点到来吧！

这首诗写到了酷热的暑天，山中长期干旱无雨，给百姓生活带来很大的困难，久旱盼甘霖。虽然明白如话，却充满着浓郁的生活气息。

15. 酷暑暴雨疾，清热重莲子：大暑

大暑，属于二十四节气纪年法中的第十五个节气。

科学依据

大暑，古六历（黄帝、颛顼、夏、殷、周和鲁历）之一的夏历，规定在六月中。太阳历即公历每年7月22日或23日，太阳到达黄经120°时开始。正值"中伏"前后。

《淮南子·天文训》中记载："加十五日指未，则大暑，音比太蔟。"这里说，小暑增加十五天，北斗斗柄指向未位，那么便是大暑，它与十二律中的太蔟相对应。

《汉书·律历志下》："中张三度，大暑。于夏为六月，商为七月，周为八月。"

《后汉书·律历下》中记载："六月，大暑。大暑，星四度，二分进一。"

这里的引文，指出"大暑"在二十八宿中的位置和度数。《汉书》中的小字指出，夏、商、周的历法，"大暑"有归于夏历六、七、八月的不同。

《周髀算经·二十四节气》中记载太阳日影的长度是："大暑，二尺五寸八分，小分二。"

《旧唐书·历志二》："中气，大暑。律名，林钟。日中影，一尺九寸

八分。"

《周礼注疏》中说:"六月,小暑节,大暑中。"就是说,小暑、大暑,安排在夏历六月。

《管子·度地》中记载:"大暑至,万物花荣,利以疾薅(háo)杀草秽(huì)。"

《通纬·孝经援神契》中说:"小暑后十五日,斗指未为大暑。六月中。小、大者,就极热之中,分为大、小,初后为小,望后为大也。"这里对大暑节气的北斗斗柄指向、干支、夏历月份、小大暑的区别等,做了准确的介绍。

《清史稿》第四十八卷《时宪志四》:"求节气时刻。七宫,午,鹑火,初度为大暑。"清代康熙初年,大暑在十二次"鹑火"之内。

大暑三候

大暑第一候(1—5日)。《淮南子·时则训》:"季夏之月,腐草化为蚈(qiān)。"高诱注:"蚈,马蚿(xián)也。幽、冀谓之秦渠。蚈,读'奚径'之'径'也。"高诱为生僻字"蚈"释义、定音,并记录方言义,治学严谨。

这个记载有两说。

其一,"化萤"说。《礼记·月令》:"腐草为萤。"郑玄注:"萤,飞虫,萤火也。"《逸周书·时则训》也说:"大暑之日,腐草化为萤。"《月令明义》:"腐草化为萤。"

《集韵》"庚"韵:"萤,火虫名。"萤火虫是卵生的昆虫,往往在腐败的枯草上产卵,大暑时节,卵化而出,古人认为它是腐草变"化"而来的,这是一种误解。当代科学家竺可桢所著的《竺可桢文集·中国古代的物候知识》中说:"古代劳动人民以限于博物知识,而错认的物候,如'鹰化为鸠''腐草化为萤''雀入大水为蛤'等谬误,也一概如旧。"

萤火虫惹人喜爱。唐代诗人杜甫在《见萤火》诗中写道:"巫山秋夜萤火飞,疏帘巧入坐人衣。"车胤"囊萤"苦读的故事,家喻户晓。《晋书·车胤传》中说:"家贫不常得油,夏月则练囊盛数十萤火以照书,以夜继日焉。"这里说,车胤用白色的袋子,里面装上几十只萤火虫,利用发光来读书。萤火虫发光的原理是:在萤火虫的腹部末端下部,有发光器。在呼吸时,就能使萤光素发出光亮。

其二,"马蚿"说。《吕氏春秋·季夏纪》:"腐草化为蚈。"高诱注:"蚈,马蚿也。蚈,读'蹊径'之'蹊'。幽州谓之秦渠。一曰萤火也。"这里是两说并存。

蚈(qiān),也叫百足虫,节足动物,有细长的脚15对,能捕食小虫,有益农作物。《白氏长庆集》注中说:"蚿,百足虫,似蜈蚣而小,能毒人。"

大暑第二候(6—10日)。《淮南子·时则训》:"土润溽暑。"高诱注:"是月大暑,土闰溽,暑湿重也。"这里说,盛夏酷热,土壤潮湿高温。

溽(rù),《说文》:"湿暑也。"即盛夏湿热、闷热义。《广韵》"烛"韵:"溽,溽暑,湿热。"《吕氏春秋·季夏纪》高诱注:"夏至后三十日大暑,火王(wàng)也。润溽而漯(tà)重,又有时雨。烧薙(tì),行水灌之,如以热汤,可以成粪田畴,美土疆。"意思是说,在大暑时节,火气最盛,可以把杂草除掉,晒干,烧成灰,用热水灌到田里,成为增加土地肥力的最好举措。

大暑第三候(11—15日)。《淮南子·时则训》:"大雨时行。"高诱注:"又有时雨,可以杀草为粪,美土疆。""大雨",指暴雨、雷阵雨等,这时也是台风多发的季节。本句意思是,狂风暴雨等时常来临。

《月令七十二候集解》:"大雨时行,前候湿暑之气蒸郁,今候则大雨时行以退暑也。"

花信风。七十二候代表花卉。《七十二番花信风》:"一候:荷花。二候:槐花。三候:玉簪。"

145

玉簪，别名白鹤仙，青白色，有清香。李时珍撰写的《本草纲目·草部》第十七卷："时珍曰：'玉簪处处人家栽为花草。二月生苗成丛，高尺许，柔茎如白菘。其叶大如掌，团而有尖，叶上纹如车前叶，青白色，颇娇莹。六、七月抽茎，茎上有细叶。中出花朵十数枚，长二三寸，本小末大。未开时，正如白玉搔头簪形，又如羊肚蘑菇之状，开时微绽四出，中吐黄蕊，颇香，不结子。'"

＊大暑民俗＊

大暑节气，盛夏六月，荷花盛开，正是民间赏荷花的好时机，留下了无数的名言佳句。

《诗经》：咏荷。我国对荷花的记载，非常详细。《淮南子·说山训》高诱注："荷，水菜夫渠也。其茎曰茄，其本曰密，其根曰藕，其花曰夫容，其秀曰菡（hàn）萏（dàn），其实曰莲。莲之茂者花，花之中心曰薏。幽州人总谓之光荷。"《诗·郑风·山有扶苏》中写道："山有扶苏，隰（xí）有荷华。"意思是，山上生长着桑树，湿地开满了荷花。《诗·陈风·泽陂》中也有："彼泽之陂，有蒲与荷。""彼泽之陂，有蒲菡萏。"在那湖泽的堤坝内，长满了蒲草和荷花。就是说，早在2500多年前的春秋时期，荷花已经成了诗人们歌咏的对象。

《楚辞》：赞荷。东汉王逸在《楚辞章句叙》中说："《离骚》之文，依《诗》取兴，引类譬喻，故善鸟香草，以配忠贞。"其中有集缀莲花作为衣裳。《离骚》："制芰荷以为衣兮，集芙蓉以为裳。"南宋洪兴祖补注："芙蓉，莲华也。上曰衣，下曰裳。"用荷花制作衣裳，用蕙草作为束带。《少司命》："荷衣兮蕙带。"拟人的创作手法，想请荷花作为媒人。《思美人》："因芙蓉而为媒兮。"池中荷花开始含苞，菱花相间已经开放。《招魂》："芙蓉始发，杂芰荷些。"

周敦颐《爱莲说》。北宋理学家周敦颐的《爱莲说》，留下了千古名句:"予独爱莲之出淤泥而不染,濯清涟而不妖,中通外直,不蔓不枝,香远益清,亭亭净植,可远观而不可亵(xiè)玩焉。"莲的高洁、莲的气度、莲的秀美、莲的志趣,跃然纸上。

赏荷。当今赏荷的胜地,有北京的什刹海。清代沈太侔撰写的《春明采风志》中说:"什刹海,地安门迤西,荷花最盛。六月间仕女云集,皆在前海之北岸。同治间忽设茶棚,添各种玩意。"北京颐和园,也是京城著名的观赏荷花的地方。大暑时节,泛舟昆明湖,这里到处是荷花的世界:翠盖红花,香风阵阵;碧波荡漾,万绿流翠。

杭州西湖荷花,天下闻名。南宋词人柳永在《望海潮》中写道:"重湖叠𪩘(yǎn)清嘉,有三秋桂子,十里荷花。羌管弄晴,菱歌泛夜,嬉嬉钓叟莲娃。"这里说,里湖、外湖和重叠的山岭,清秀美丽。三秋时候,桂花飘香;暑夏季节,十里荷花。晴朗天气,吹起悠扬的羌笛;夜色朦胧,唱起美妙的菱歌;钓鱼的老翁、采莲的姑娘,人人喜笑颜开。

杨万里《晓出净慈寺送林资方》。宋代诗人杨万里在《晓出净慈寺送林资方》中写道:"毕竟西湖六月中,风光不与四时同。接天莲叶无穷碧,映日荷花别样红。"

诗中说,无穷无尽碧绿的莲叶,同蓝天相连接;在阳光的映照下,朵朵鲜红的荷花,那样的娇艳美丽。这里展现的是西湖荷花最美丽的画卷。

* 大暑农事 *

大暑农谚。大暑农谚有:"大暑热不透,大热在秋后。"这里说,大暑天热度不够,立秋以后就会大热。这就是常说的"秋老虎"。"大暑不暑,五谷不起。大暑无酷热,五谷多不结"。暑天就要炎热,否则五谷就不能成熟。"大暑连天阴,遍地出黄金"。就是说,暑天结束,连续阴天,就会大丰收。"小暑不见日头,大暑晒开石头"。这里讲的是小暑、大"暑"的天气对应关系。小暑是阴天,大暑会暴热。"小暑大暑不热,小寒大寒不冷"。这里说，小暑、大暑和小寒、大寒四个节气之间，有一定的联系。"小暑吃黍，大暑吃谷"。黍子在小暑时节收获，谷子在大暑时候收获。

海南农谚："大暑不热，冬天不冷。"大暑和冬季，气候有对应关系。吉林农谚："大暑无雨米缸空。"大暑不下雨，稻谷严重歉收。宁夏农谚："大暑雨淋头，糜谷甩折头。"大暑下大雨，糜子、谷子丰收。

大暑农事。《淮南子·时则训》中说：其一，在这个月里，树木生长旺盛，不准砍伐。其二，土地潮湿，气温升高，常有雷阵暴雨，有利于砍草沤制肥料，将粪施到田间，来增加土地的肥力。其三，在这个月里，不能够会盟诸侯，不兴办土木工程，不劳动大众，不兴起兵戈。其四，命令女官染织衣服，白黑、青赤等各种纹饰，两两搭配；青黄白黑，色彩鲜明，没有不是质地优良的。

* 大暑养生 *

大暑美食：莲藕。大暑时节，天气酷热，饮食习惯中，莲藕类食品，应该是最佳的选择。夏天食用莲子汤，能清热解毒，补中强志，养神益脾。宋代药学家唐慎微撰写的《重修政和经史证类备用本草》中，引用南朝梁代医学家陶弘景的《太清诸草木方》记载："七月七日采莲花七分，八月八日采莲根八分，九月九日采莲实九分，阴干捣筛服，方寸匕（bǐ），令人不老。"就是说，莲花、莲藕、莲子，按照各取七、八、九分的比例，阴干捣碎成粉，用筛子筛过，用一寸见方的勺子，每次一勺服用，可以延防衰老。

清代潘荣陛撰写的《帝京岁时纪胜》中说："六月盛暑，食饮最喜清新。京师莲食者二：内河者嫩而鲜，宜承露，食之益寿；外河坚而实，宜干用。"记载了莲子的不同品质。徐珂撰写的《清稗类钞》中说："京师夏日，鲜莲子之类，杂置小冰块于中。"用来招待宾客。

《遵生八笺》中记载："季夏之月，发生重浊，主养四时，万物生荣，增咸减甘，以滋肾脏。是月肾脏气微，脾脏独旺，宜减肥浓之物，益固筋骨。"意思是说，季夏六月，天气发生，气息浓重；主养四季，万物繁荣；饮食应该增加咸味，减少甜味，用来滋补肾脏。这个月肾脏气弱，脾脏旺盛，需要减少肥腻、浓重的食物，有益于筋骨的巩固。

陈抟二十四节气坐功：大暑。清代康熙四十年今福建闽侯人陈梦雷奉敕编辑的最大类书《古今图书集成·明伦汇编·人事典·养生部汇考二》，收录了明代高濂撰写的《遵生八笺·四季摄生全录》，其中保留了珍贵的陈抟二十四节气坐功图。内容包括经脉、运气、功法、治病等。《陈希夷大暑六月中坐功》中记载：

运主太阴四气，时配手太阴脾湿土。

每日丑、寅时，双拳踞地，返首向肩引，作虎视，左右各三五度。叩齿，吐纳，咽液。

治病：头项、胸背风毒，咳嗽，（止）[上]气，喘渴，烦心，胸膈满，臑臂痛，掌中热。脐上或肩背痛，风寒汗出，中风，小便数欠、淹泄。皮肤痛，及健忘，愁欲哭，洒淅寒热。

大暑文化

曹植《大暑赋》。魏朝建安文学家王粲、曹植、刘桢等人，都写有《大暑赋》，其中"才高八斗"的曹植，写得最为著名。前面几句说："炎帝掌节，祝融司方；羲和案辔，南雀舞衡。映扶桑之高炽，燎九日之重光。大暑赫其遂蒸，元服革而尚黄。"

炎帝，就是神农氏。祝融，为南方火神。羲和，掌管天象历法。南雀，即南方朱雀，主管南方七星。扶桑，太阳升起的地方。这里是说，炎帝主掌节令，祝融管理四方。羲和拉着太阳的车子，南方朱雀舞蹈在衡宇。辉映着扶桑树高高的炽热，燎烤着九个太阳的重重光芒。大暑天赫然地蒸腾着，黑色的服饰热得不行，而变成了时尚的黄色。可以知道，曹植的《大暑赋》，大气磅礴，内涵丰富，用韵铿锵，句式严整，确实是才子之笔。

李白《夏日山中》。唐代诗人李白《夏日山中》中写道："懒摇白羽扇，裸袒青林中。脱巾挂石壁，露顶洒松风。"

这首五言绝句，写出了山中的酷热难当：太热啦，只好"裸袒"（清《御选唐诗》作"裸体"）、"脱巾"、"露顶"。作者自然、洒脱的风貌，跃然纸上。

杜甫《毒热寄简崔评事十六弟》。唐代诗人杜甫，55岁时写给表弟崔评事的诗，名称是《毒热寄简崔评事十六弟》。题目叫"毒热"，可知暑热已经达到了极点。前面四句写道："大暑运金气，荆扬不知秋。林下有塌翼，水中无行舟。"

这首"毒热"，构思巧妙：在金、木、水、火、土五行中，要表示四季，那么夏天的"大暑"，属于"火"；其后的"立秋"，属于"金"。虽然节气已经运转到了秋天，但是杜甫所在的"荆扬"，就是夔州，仍然是酷热异常。树林子下面，只有一个"塌翼"即垂下翅膀的诗人，而水中连行船的人都躲了起来。

大诗人的手笔确实不寻常，凝练的几句诗，就把当时的时间、气象、地域、境遇等，以及年老、多病、漂泊之苦，传达给了远方的亲戚，表达了自己的深切思念之情。

16. 立秋凉风至，天高任鸟飞：立秋

立秋，属于二十四节气纪年法中的第十六个节气。

科学依据

立秋，古六历（黄帝、颛顼、夏、殷、周和鲁历）之一的夏历，规定在七月节。在太阳历即公历每年8月7日或8日，太阳到达黄经135°时开始。立秋是秋季6个节气的起点。

骨文、春秋墨书、战国文字、小篆"秋"字

《淮南子·天文训》记载："加十五日指背阳之维，则夏分尽，故曰有四十六日而立秋，凉风至，音比夹钟。"这里说，大暑后增加十五日，指向背阳之维，那么夏天的节气终结，所以夏至后有四十六天而立秋。凉风吹来，它与十二律中的夹钟相对应。

《汉书·律历志下》中记载："鹑尾，初张十八度，立秋。"

《后汉书·律历下》中说："立秋，张十二度，九分进一。"

这里指出了"立秋"在十二次和二十八宿中"张"宿的位置和度数。

《周髀算经·二十四节气》记载日影的长度："立秋，四尺五寸七分，

小分三。"

《旧唐书·历志二》:"中气,立秋。日中影,二尺四寸九分。"

清代李光地等撰《御定月令辑要》中说:"《孝经纬》:大暑后十五日,斗指坤为立秋。秋者,揫(jiū)也。物于此而揫敛也。"揫,就是聚集的意思。这是古代用音同、音近的字,来解释万物的名称来源,这叫"声训"。"秋"解释作"揫",便是这样。《说文》中说:"秋,禾谷孰也。"也就是庄稼成熟的意思。

《周礼注疏》中说:"七月立秋节,处暑中。"就是说,立秋、处暑两个节气,规定在夏历七月。

《清史稿》第四十八卷《时宪志四》:"求节气时刻。七宫,午,鹑火,十五度为立秋。"清代康熙初年,立秋在十二次"鹑火"之内。

立秋三候

立秋第一候(1—5日)。《淮南子·时则训》:"孟秋之月,凉风至。"这里说,孟秋七月,西南方向的凉风逐渐到来。

《吕氏春秋·孟秋纪》高诱注:"凉风,坤卦之风,为(损)[埙]。"古代以八卦乾、坤、坎、离、震、巽、艮、兑,和八种乐器笙、管、柷(zhù)、弦、埙、钟、磬、鼓,分别代表八风。"坤""埙"代表西南风。《月令七十二候集解》:"西方凄清之风曰'凉风',温暖而凉,气始肃也。"

《淮南子·天文训》记载:"景风至四十五日,凉风至。"高诱注:"坤卦之风也,为埙也。"《史记·律书》中说:"凉风居西南维。"这里说,来自西南方的是凉风。这时处于冬、夏季风交替的时节,往往出现秋高气爽的天气。唐代天文学家李淳风《观象玩占》中有"八节风",其中说:"西南坤风,主立秋四十五日。"

立秋第二候(6—10日)。《淮南子·时则训》:"白露降。"意思是,白色的露水开始降落。

这里的"白露降",是主谓结构。"白露",是偏正结构。

《月令七十二候集解》:"白露降,大雨之后,清凉风来,而天气下降,茫茫而白者,尚未凝珠,故曰'白露降',示秋金之色也。"

立秋之时,昼夜温差较大,水蒸气夜里凝结,形成露珠,开始降落。唐代诗人李白在《玉阶怨》中写道:"玉阶生白露,夜久侵罗袜。却下水晶帘,玲珑望秋月。"这里是说,玉砌的台阶上滋生了白露,露水浸湿了罗袜。

立秋第三候(11—15日)。《淮南子·时则训》:"寒蝉鸣。"这里说,寒蝉开始鸣叫。

《吕氏春秋·孟秋纪》高诱注:"寒蝉得寒气,鼓翼而鸣,时候应也。"《大戴礼记·夏小正》:"七月:寒蝉鸣。"

寒蝉,蝉类的一种,又称寒螀(jiāng)、寒蜩(tiáo)。《尔雅·释虫》郭璞注:"寒螀也,似蝉而小,青赤。"它比一般的蝉要小,青红色,有黄绿斑点、翅膀透明。寒蝉感觉到了寒气,鼓翼而鸣叫。宋代词人柳永《雨霖铃》中写道:"寒蝉凄切,对长亭晚,骤雨初歇。"第一句的意思是说,秋寒中的蝉儿,叫声凄厉而急迫。

花信风。七十二候代表花卉。《七十二番花信风》:"一候:木槿。二候:凤仙。三候:牵牛。"

木槿,淡红艳丽,朝开暮落。李时珍撰写的《本草纲目·木部》第三十六卷:"木槿,宗奭曰:'木槿花如小葵,淡红色,五叶成一花,朝开暮敛。湖南北人家多种植为篱障。花与枝两用。'时珍曰:'此花朝开暮落。''花小而艳,或白或粉红,故《逸书·月令》云,仲夏之月,木槿荣。是也。结实轻虚,嫩叶可茹,作饮代茶。'"

* 立秋民俗 *

祭礼:迎秋。古代立秋的官方大型活动主要是"迎秋"。《淮南子·时则训》:"立秋之日,天子亲率三公、九卿、大夫,以迎秋于西郊。"高诱注:"西郊,九里之外郊也。"古代天子率领百官,在西郊举行盛大祭祀活动,并且颁布秋天的一系列政令。

秋社。古代庆祝秋季丰收,感谢土地赐予的恩德,民间祭祀土地神的习俗,规定在立秋后的第五个戊日(戊子日,夏历二〇二四年八月十九日,阳历2024年9月21日),举行"秋社"活动。宋代孟元老编写的《东京梦华录》卷八"秋社"中记载:"八月秋社,各以社糕、社酒相赍(jī)送。贵戚、宫院以猪羊肉、腰子、妳(nǎi)房、肚肺、鸭饼、瓜姜之属,切作棋子、片样,滋味调和,铺于板上,谓之'社饭',请客供养。"百姓喜迎丰收,要互相赠送"社糕""社酒",要烹饪非常丰盛的"社饭",招待客人。宋代吴自牧所写的《梦粱录》卷四"八月"中说:"秋社日,朝廷及州县差官祭社稷于坛,盖春祈而秋报也。"在"秋社"之时,官方的朝廷和各级官府,也要举行祭祀活动,报答大地的无私赐予。

✽ 立秋农事 ✽

立秋农谚。立秋的农谚有:"六月底,七月头,十有八载节立秋。"这是说立秋节气每年发生的时间。"早晨立秋凉飕飕,晚上立秋热死牛"。"立了秋,枣核天,热在中午,凉在早晚"。立秋节气很特殊:早晚凉,中午热,就像个枣核。"一场秋雨一场寒,十场秋雨穿上棉"。立秋之后,下起雨来,天气逐渐转冷。"立秋三场雨,秕(bǐ)稻变成米"。这是说双季稻的颗粒开始饱满。"秋不凉,粒不黄"。秋凉能够促使农作物加快成熟。"麦到芒种,稻到立秋"。这里说,麦类到芒种开始成熟;双季稻立秋前必须种植,否则就会颗粒无收。"立秋种荞麦,秋分麦入土"。荞麦的种植在立秋,麦类的种植在秋分。

海南农谚:"插秧过立秋,颗粒无收。"双季稻,必须赶在立秋之前插秧,否则就没有收成。新疆农谚:"立秋后三场雨,夏布衣裳高搁起。"秋后转凉，要收起夏衣。吉林农谚："立秋忙种麦，处暑沤麻杆。"立秋种冬小麦，处暑要沤麻。

立秋农事。《淮南子·时则训》中说：其一，在这个月里，命令百官，开始收敛赋税。其二，修筑堤坝，谨防障碍阻塞，防备水患的到来。其三，修筑城郭，整治宫室。其中的筑堤防水，乃是保护生态、防止水患的重要举措。

* 立秋养生 *

贴秋膘。在立秋时节，民间传统饮食流行"贴秋膘"，增加营养，提高身体免疫力。夏历八月八日，时为立秋。经过"苦夏"，天气酷热，人们体质下降，各地都有"贴秋膘"习俗。北方多以肉食为主，常见的是吃一些白切肉、红焖肉和肉馅饺子、炖鸡、炖鸭、红烧鱼等。其中老北京的吃炖肉，用料考究，一般要配上20多味中草药，香气四溢。

立秋时节，南方还不适宜"贴秋膘"。这时温度相对比较高，还要延续一段时间，饮食还要以清淡为主。

孙思邈《修养法》。唐代"药王"孙思邈《修养法》中说："肝心少气，肺脏独旺，宜安静性情，增咸减辛，助气补筋，以养脾胃。毋冒极热，勿恣凉冷，毋发大汗，保全元气。"这里说，孟秋七月，肝气、心气减少，肺气旺盛，适宜安静性情，增加咸味、减少辛辣，助长气息，调补筋骨，养护脾胃。

陈抟二十四节气坐功：立秋。清代康熙四十年今福建闽侯人陈梦雷奉敕编辑的最大类书《古今图书集成·明伦汇编·人事典·养生部汇考二》，收录了明代高濂撰写的《遵生八笺·四季摄生全录》，其中保留了珍贵的陈抟二十四节气坐功图。内容包括经脉、运气、功法、治病等。《陈希夷立秋七月节坐功》中记载：

运主太阴四气，时配足少阳胆经相火。

每日丑、寅时，正坐，两手托地，缩体开息，怂身上踊，凡七、八度。叩齿，吐纳，咽液。

治病：补虚益损，去腰肾积气，口苦，善太息，心肋痛不能反侧。面虚，体无泽，足外热头痛，颔痛，目锐眥痛，缺盆肿痛，腋下肿，汗出振寒。

立秋文化

一叶知秋。《淮南子·说山训》中说："见一叶落，而知岁之将暮；睹瓶中之冰，而知天下之寒。以近论远。"这就是成语"一叶知秋""叶落知秋"的来历。宋代唐庚撰写的《文录》中记载："唐人有诗云：'山僧不知数甲子，一叶落知天下秋。'"

咏秋。"悲秋"，往往成为古代诗人创作绕不开的话题。战国楚国宋玉在《九辩》中写道："悲哉，秋之为气也！萧瑟兮，草木摇落而变衰。"他看到秋风吹拂，草木枯萎，政局混乱，屈原放逐，而自然心中产生悲怆的情绪。唐代诗人杜甫《登高》中也有："万里悲秋常作客，百年多病独登台。"诗人万里漂泊，悲对秋景，长年为客；一身多病，独自登临高台。

刘禹锡《秋词二首》。在唐代文学家刘禹锡看来，"秋"并不可"悲"，"秋日"远远胜过"春朝"。他在《秋词二首》"其一"中写道："自古逢秋悲寂寥，我言秋日胜春朝。晴空一鹤排云上，便引诗情到碧霄。"

你看，秋高气爽，晴空万里，矫健的鸿鹤，展翅高飞，排开云雾，直上九霄。作者便把自己的创作激情，引展到碧空云霄。而创作这首诗，却是在作者被贬谪到朗州时的作品。这种气魄、这种胆识、这种意境，只有一个坚定的改革家，才能够具备，才能够做到。

范成大《立秋后二日泛舟越来溪三绝》。宋朝诗人范成大在《立秋后二日泛舟越来溪三绝》"其一"中写道："西风初入小溪帆，旋织波纹绉浅蓝。行人闹荷无水面，红莲沉醉白莲酣。"

　　这首诗描绘的是立秋时节"越来溪"美丽的景色。"越来溪"，在苏州市西南，现在称为越来溪公园。船儿在水中划行，碧波荡漾，荷花密布，红莲醉了，白莲正在酣睡。这是立秋时节，江南水乡苏州越来溪令人陶醉的美景。

17. 暑气将终止，七夕鹊桥会：处暑

处暑，二十四节气纪年法中归于第十七个节气。

科学依据

处暑，古六历（黄帝、颛顼、夏、殷、周和鲁历）之一的夏历，规定在七月中。太阳历即公历每年 8 月 23 日或 24 日，太阳到达黄经 150°时开始。

《淮南子·天文训》中记载："加十五日指申，则处暑，音比姑洗。"这里说，立秋增加十五天，北斗斗柄指向申位，那么便是处暑，它与十二律中的姑洗相对应。

《汉书·律历志下》中说："中翼十五度，处暑。于夏为七月，商为八月，周为九月。"

《后汉书·律历下》中记载："七月，处暑。处暑，翼九度，十六分进二。"

这里记载了处暑在二十八宿"翼"宿的位置和度数。《汉书》的小字标明，夏历、殷历、周历"处暑"所在的月份，有夏历七月、八月、九月的不同。

《周礼注疏》中记载："七月，立秋节，处暑中。"就是说，立秋、处暑，安排在夏历七月。

《周髀算经·二十四节气》中记载太阳日影的长度是："处暑，五尺五

寸六分，小分四。"

《旧唐书·历志二》："中气，处暑。律名，夷则。日中影，三尺三分。"

《国语·楚语上》："处暑之既至。"韦昭注："处暑，在七月节。处（chǔ），止也。"这是先秦文献中罕见出现的节气名称，它与《淮南子·天文训》的内涵完全一致。

元朝吴澄撰写的《月令七十二候集解》中记载："七月中。处，去也。暑气至此而止也。"

清朝李光地等撰写的《御定月令辑要》中说："《孝经纬》：立秋后十五日，斗指申为处暑。言渎（dú）暑将退伏而潜处也。"

韦昭、吴澄、李光地解释了处暑的命名依据。用词虽然有"止""去""潜处"的不同，但是释义是正确的。

又，《说文》："处，止也。"《广韵》"语"韵："处，居也，止也，制也，息也，留也，定也。"即暂时停止义。

《清史稿》第四十八卷《时宪志四》："求节气时刻。八宫，巳，鹑尾，初度为处暑。"清代康熙初年，处暑在十二次"鹑尾"之内。

处暑三候

处暑第一候（1—5日）。《淮南子·时则训》："鹰乃祭鸟。"高诱注："是月鹰搏鸷（zhì），杀鸟于大泽之中，四面陈之，世谓之祭鸟。"这里说，老鹰开始捕猎鸟类，摆在四周，好像祭祀一样。

秋天，属于猛禽雄鹰的季节。展翅太空，自由翱翔。乌鸦、鸽子、野鸡、兔子、松鼠等动物，身体肥美，准备越冬，但是成了苍鹰口中的美食。所谓"祭鸟"，只是儒生们强加于雄鹰而已。

处暑第二候（6—10日）。《淮南子·时则训》："天地始肃。"高诱注："肃，杀也。杀气始行也。"这句说，天地间开始呈现肃杀之气。

又，《礼记·月令》郑玄注："肃，严急之言也。"《逸周书·时训解》朱右曾曰："肃，严急也。"

《吕氏春秋·孟春纪》高诱注："肃，杀也。"肃，就是肃杀的意思。杀气始行，草木凋零；万物争艳，欣欣向荣的景象，一扫而空。

处暑第三候（11—15日）。《淮南子·时则训》："农始升谷。"意思是，谷物成熟，农官开始进献新谷。

《礼记·月令》《吕氏春秋·孟秋纪》相同。高诱注："升，进也。"《吕氏春秋·孟夏纪》高诱注："升，献。"即进献义。

又，作"登"，通"升"。（清）朱骏声的《说文通训定声》："升，叚借为'登'。"《月令七十二候集解》："禾乃登。禾者，谷连藁秸之总称。又稻秫苽粱之属皆禾也。成熟曰'登'。"《逸周书·时训解》："禾乃登。"陈逢衡曰："禾乃登者，登，升也。"这里说，谷物已经成熟。

禾，《说文》："嘉谷也。二月始生，八月而孰，得时之中，故谓之禾。禾，木也。木王而生，金王而死。"指谷子，又叫粟、小米，古人主食之一。禾，象形，象禾株之形。登，《淮南子·天文训》高诱注："成也。"就是成熟义。处暑节气，各种谷物陆续收割、晾晒、贮藏。"禾乃登"，五谷丰登，天下才能安定。

花信风。七十二候代表花卉。《七十二番花信风》："一候：紫薇。二候：金灯。三候：桔梗。"

桔（jié）梗，碧紫小花，一枝耿直。李时珍撰写的《本草纲目·草部》第十二卷："时珍曰：'此草之根结实而梗直，故名。'颂曰：'根如小指大，黄白色。春生苗，茎高尺余。叶似杏叶而长椭，四叶相对而生，嫩时亦可煮食。夏开小花紫碧色，颇似牵牛花，秋后结子。'"

＊处暑民俗＊

中国：开渔节。处暑时节，民间的重要活动，就是开渔节。中国开渔节创办于 1998 年，在处暑期间举办。中国开渔节是以感恩海洋、保护海洋为主题，以渔文化为主线的海洋民俗文化活动。它以浓厚的渔文化为底蕴，在承袭传统习俗的基础上，通过节庆活动，推进当地社会经济发展，引导广大渔民热爱海洋，感恩海洋，合理开发利用海洋资源。中国象山、宁波、舟山、江川、南海（茂名、博贺）、阳江、青岛、北海等地，每年都要举行盛大的开渔节活动。

七夕：鹊桥会。处暑期间，民间的节庆有"七夕"节。一般在夏历七月七日夜举行。"七夕"节与民间流传的牛郎与织女的故事有关。它的故事原型，起源很早。《诗·小雅·大东》中说："跂（qǐ）彼织女，终日七襄。虽则七襄，不成报章。睆（huǎn）彼牵牛，不以服箱。"意思是说，织女星两脚叉开，每天七次变化。虽然能变化七次，不能织成锦绣。明亮的牵牛星，不能够用来拉车子。明代罗颀撰写的《物源》中说："楚怀王初置七夕。"这里说，战国晚期楚怀王开始设置"七夕"。七夕，最初是祭祀牵牛星、织女星。到了汉代，牛郎、织女的故事，逐渐成形。东汉应劭撰写的《风俗通》中记载："织女七夕当渡河，使鹊为桥。"这就是中国古代的鹊桥会。晋代葛洪编辑的《西京杂记》记载："汉彩女常以七月七日穿七孔针于开襟楼，俱以习之。"进而演变为牛郎、织女离别相思的爱情故事。《古诗十九首·迢迢牵牛星》中写道："迢迢牵牛星，皎皎河汉女。纤纤擢素手，札札弄机杼。终日不成章，泣涕零如雨。河汉清且浅，相去复几许。盈盈一水间，脉脉不得语。"民间又称为七巧节、乞巧节、女儿节等。

※ 处暑农事 ※

处暑农谚。处暑时节的农谚有："处暑天不暑，炎热在中午。"这里说，处暑时候，中午热，早晚凉。"处暑雨，粒粒皆是米"。处暑下雨，对水稻丰收有重要作用。"处暑谷渐黄，大风要提防。处暑高粱遍地红。处暑收黍，白露收谷。处暑好晴天，家家摘新棉。处暑长薯。处暑栽白菜，有利没有害。处暑见红枣，秋分打净了。七月枣，八月梨，九月柿子红了皮"。这些农谚，说明处暑节气对高粱、谷子、棉花等的收获，以及枣、梨、柿子等的成熟和采摘，帮助极大。

海南农谚："处暑不下雨，干到白露底。"处暑时节不下雨，要旱一个月。宁夏农谚："处暑白露节，日热夜不热。"处暑、白露，昼夜温差大。吉林农谚："处暑萝卜白露菜，秋分种麦人不怪。"处暑是种萝卜的好时节。

处暑农事。《淮南子·时则训》中说：命令百官，开始收敛赋税；修筑堤坝，谨防障碍阻塞，防备水患到来；修葺城郭，整治宫室。

处暑时节最重要的农事，是要修整堤防、清除障塞、筑牢堤坝，防止秋季的洪水到来。可以知道，古代对于防止水患、兴修水利特别重视，这是以农为本的农耕社会，顺应天道、兴利除弊的重要举措。

* 处暑养生 *

时令菜蔬：萝卜。处暑时节，萝卜是时令蔬菜中的佳品。李时珍编写的《本草纲目·菜部》第二十六卷中说："莱菔，今天下通有之。圃人种莱菔，六月下种，秋采苗，冬掘根。其根有红、白二色，其状有长、圆二类。大抵生沙壤者脆而干，生瘠地者坚而辣。根、叶皆可生可熟，可菹可酱，可豉可醋，可糖可腊，可饭，乃蔬中之最有利益者。""莱菔，散服及炮煮，下大气。消谷和中，去痰癖，肥健人；利五脏，轻身，令人白净肌细。"由此可知，萝卜具有很好的防病、养生功效。

特别是入秋的萝卜，肉质肥厚丰润，清甜爽口，对于咳嗽痰多，咽喉炎，声音嘶哑，都有帮助。

《遵生八笺》。对于秋季养生，高濂《遵生八笺》中说："秋七月，审天地之气，以急正气。早起早卧，与鸡俱起，缓逸其形，收敛神气，使志安宁。"意思是说，孟秋七月，应当审度天地的气息，用来激发体内的正气。早起早睡，鸡打鸣的时候就起来，舒缓身体，收敛神气，让心志安宁下来。

陈抟二十四节气坐功：处暑。清代康熙四十年今福建闽侯人陈梦雷奉敕编辑的最大类书《古今图书集成·明伦汇编·人事典·养生部汇考二》，收录了明代高濂撰写的《遵生八笺·四季摄生全录》，其中保留了珍贵的陈抟二十四节气坐功图。内容包括经脉、运气、功法、治病等。《陈希夷处暑七月中坐功》中记载：

运主太阴四气，时配足少阳胆相火。

每日丑、寅时，正坐，转头左右举引，就反两手捶背，各五、七度。叩齿，吐纳，咽液。

治病：风湿留滞，肩背痛，胸痛，脊膂痛，胁肋脾膝经络外至胫绝骨外踝前及诸节皆痛。少气，咳嗽，喘渴，上气，胸背脊膂积滞之疾。

处暑文化

《红楼梦》：金陵十二钗与"秋"。《红楼梦》第五回："［枉凝眉］（林黛玉）想眼中能有多少泪珠儿，怎经得秋流到冬尽，春流到夏！［虚花悟］（贾惜春）说什么，天上夭桃盛，云中杏蕊多。到头来，谁把秋捱过？这的是，昨贫今富人劳碌，春荣秋谢花折磨。"

仇远《处暑后风雨》。宋末文学家仇远的五绝《处暑后风雨》中写道："疾风驱急雨，残暑扫除空。因识炎凉态，都来顷刻中。纸窗嫌有隙，纨扇笑无功。儿读《秋声赋》，令人忆醉翁。"

这首诗作，描写处暑时节，天气急速变化，传神而幽默。诗中说，疾风驱赶着急雨，残留的暑气扫除干净。因为知晓炎凉的变化，顷刻之间一起来临。窗纸的空隙，让人讨嫌；嗤笑团扇，没啥功用。儿童读着《秋风赋》，使人回忆起了"醉翁"。

仇远诗作告诉我们，虽然已过"处暑"节气，仍然会酷热难当。一场"疾风""急雨"，把暑热一扫而空。儿童们高兴地读起了宋代文学家欧阳修的《秋声赋》，等待着金秋收获时节的到来。

乾隆《处暑》。清代乾隆皇帝的《御制诗集》卷三十四，收有一首《处暑》诗，其中写道："昨晚热留尾，晓峰云照头。湔炎真处暑，送爽正宜秋。快霁碧霄净，凝眸满意酬。荞田及菜圃，又可望丰收。"自注："处暑，七月十一日。湔（jiān）炎，自亥至寅微雨。"

诗中说，昨天夜里暑天还留有余热，早晨山峰上盘旋着云头。夜里到早上下了小雨，洗去了炎热，真的离开了暑天；送来的清爽，正是适宜的秋天。雨后很快放晴，蓝天格外清净；凝眸想来，都得到满意的报答。荞麦地和菜园子，又能够得到丰收。

这首诗告诉我们，顺应自然，天人合一，风调雨顺，丰衣足食，这是每一个人所追求和希望达到的目标。

18. 蒹葭萋萋黄，鸿雁向南方：白露

白露，归于二十四节气纪年法中的第十八个节气。

科学依据

白露，古六历（黄帝、颛顼、夏、殷、周和鲁历）之一的夏历，规定在八月节。太阳历即公历每年9月7日或8日，太阳到达黄经165°时开始。

《淮南子·天文训》中记载："加十五日指庚，则白露降，音比仲吕。"这里说，处暑增加十五日，北斗斗柄指向庚位，那么白露便要降落，它与十二律中的仲吕相对应。

"白露降"，是主谓结构。"白露"，是偏正结构。可以知道，"白露"作为二十四节气纪年法的专有名词，是由主谓结构和偏正结构转化而来。这就说明，淮南王刘安及其研究团队，具有高超的语言驾驭能力。

《汉书·律历志下》中说："寿星，初轸十二度，白露。"

《后汉书·律历下》中记载："白露，轸六度，二十三分进一。"

这里的引文，指明了"白露"节气在十二次和二十八宿中"轸"宿的位置和度数。

《周髀算经·二十四节气》中记载太阳日影的长度是："白露，六尺五寸五分，小分五。"

《旧唐书·历志二》："中气，白露。日中影，四尺三寸四分。"

《周礼注疏》中说："八月，白露节，秋分中。"这就是说，白露、秋

分，归于夏历八月。

《礼记注疏》中记载："白露者，阴气渐重，露浓色白谓之。"

《月令七十二候集解》中说："八月节。阴气渐重，露凝而白也。"《逸周书·时训解》陈逢衡曰："白露之日，八月节气也。谓之白露者，前此立秋始降，今则露凝而白也。"

孔颖达、吴澄、陈逢衡尝试解释"白露"命名的依据。

《清史稿》第四十八卷《时宪志四》："求节气时刻。八宫，巳，鹑尾，十五度为白露。"清代康熙初年，白露在十二次"鹑尾"之内。

∗ 白露三候 ∗

白露第一候（1—5日）。《淮南子·时则训》："仲秋之月，候雁来。"高诱注："时候之雁从北漠中来，过周、雒，南至彭蠡也。"这里说，仲秋八月，应候的大雁从北漠飞来。

《礼记·月令》仲秋、季秋皆作"鸿雁来"。《月令七十二候集解》《逸周书·时训解》相同。而《吕氏春秋》仲秋、季秋却作"候雁来"，与《淮南子》相同。就是说，八月、九月同时都有"候雁来"。

对于两"秋"的内容重复，《吕氏春秋·仲秋纪》高诱注："是月候时之雁，从北漠中来，南过周、洛，之彭蠡。"《季秋纪》高诱注："是月候时之雁，从北方来，南之彭蠡。盖以为八月来者，其父母也。其子羽翼稚弱，未能及之，故于是月来过周、洛也。"高诱的解释说，八月来的是"父母"，九月来的是"其子"。宋代张虙撰写的《月令解》中解释得很清楚："孟春之来，自南来也；仲秋之来，自北来也。"

对于高诱的说法，当代学者陈奇猷的《吕氏春秋校释》的"仲秋纪"写作"候鸟来"。就是说，把"雁"字改成了"鸟"字，这样就避免了内容的重复，但是没有说明改动的版本依据。"候鸟"，分为冬候鸟、夏候鸟。冬候鸟有野鸭、鸿雁、天鹅等，从北方飞往南方越冬，第二年春天又飞回北方。

白露第二候（6—10日）。《淮南子·时则训》："玄鸟归。"高诱注："玄鸟归，秋分后归蛰所也。"本句是说，燕子归往亚热带、热带地区。

《吕氏春秋·仲秋纪》高诱注："玄鸟，燕也。春分而来，秋分而去，归蛰所也。"《逸周书·时训解》中说："又五日，玄鸟归。"

玄鸟，就是燕子。燕子、杜鹃、黄鹂、鸳鸯等，都是夏候鸟。

白露第三候（11—15日）。《淮南子·时则训》："群鸟翔。"高诱注："群鸟翔，寒气至，群鸟肥盛，试其羽翼而高翔。'翔'者，六翮不动也。或作'养'，养育其羽毛也。"本句意思是，群鸟练习羽翼而飞翔。

《吕氏春秋·仲秋纪》作"群鸟养羞"。《礼记·月令》《逸周书·时训解》《月令七十二候集解》等相同。

对于"羞"字，说法不同。

其一，"羞"指食物。《礼记·月令》郑玄注："羞者，谓所食也。"指鸟类把干果等食物储存起来，准备过冬。

其二，"羞"指羽毛。《吕氏春秋·仲秋纪》高诱注："寒气降至，群鸟养进其毛羽御寒也，故曰'群鸟养羞'。"指群鸟养好羽毛，抵御寒冷。

可知同为东汉学者，解说有别。

《说文》："羞，进献也。"本义即奉献、进献义。"羞"字同"馐"。《集韵》"尤"韵中说："羞，或从食。""馐"字的义项有：①进献食品。《类篇·食部》记载："馐，进献也。一曰致滋味。"②精美的食品。《篇海类编·食货部·食部》中说："馐，膳也。"由此可知，郑玄的解释比较准确，高诱的解说缺少文献依据。

花信风。七十二候代表花卉。《七十二番花信风》："一候：桂花。二候：剪秋罗。三候：秋海棠。"

"八月桂花遍地开"，李时珍撰写的《本草纲目·木部》第三十四卷："桂，《别录》上品。嵇含《南方草木状》云：'桂生合浦、交趾，生必高山之巅，冬夏常青。其类自为林，更无杂树。有三种：皮赤者为丹桂，叶

167

似柿叶者为菌桂，叶似枇杷叶者为牡桂．'"

桂花具有独特的香味，它的构成主要有芳樟醇、苯乙醇、ß－石竹烯等化合物质，赋予了桂花多种多样的芳香。

* 白露民俗 *

古代官酒：程酒。白露时节，历史上湖南部分地区，有酿制"程酒"的习俗。程酒，古代指桂阳郡郴（chēn）县程乡溪一带出产的美酒，在今湖南省资兴市三都、蓼市、七里、香花境内。

白露一到，家家酿制"白露米酒"。其中的精品，也叫"程酒"。酿造工艺独特：选用上好米酒，兑上土制烧酒，然后密封起来，埋在地下，数十年后，开坛品尝，酒味甘甜，十里飘香。

程酒历史悠久，弥足珍贵。北魏郦道元《水经注》中记载："郴县有渌（lù）水，出县东侠公山，西北流而南曲，注于耒，谓之程乡溪，郡置酒官酝于山下，名曰'程酒'．"这里说，"程酒"属于官方管理和酿造，历代皆为贡酒之一。宋徽宗宣和年间安徽舒城人阮阅曾经担任郴州知州。他所写的《郴州百咏》诗作中，收有一首《醽（líng）醁泉》诗："玉为曲蘖石为垆，万榼（kē）千壶汲未枯。山下家家有醇酒，酿时皆用此泉无．"这是宋代酿造"程酒"的实情记录。明代徐弘祖所写的《徐霞客游记》中说："刘杳云：程乡有千日酒，饮之至家而醉。昔尝置官酝于山下，名曰'程酒'，同醽醁酒献焉．""程"酒，属于绿酒的一种，色碧味醇，久而愈香。

* 白露农事 *

白露农谚。白露时节，农事繁忙。有收谷子，拔花生，掰玉米，摘棉花，刨地瓜等。白露农谚有："白露秋分夜，一夜凉一夜．"就是说，过了这两个节气，天气一天天变凉。"喝了白露水，蚊子闭了嘴"。过了白露，蚊子就不会再叮人了。"白露种高山，秋分种河湾"。就是说，高寒山地，先种麦子。河湾平川，秋分种麦子。"白露割谷子，霜降摘柿子。白露谷，寒露豆，花生收在秋分后"。谷类作物白露收割完毕。"白露种葱，寒露种蒜。白露秋分头，棉花才好收。白露枣儿两头红。白露打核桃，霜降摘柿子。白露到，摘花椒"。种葱、摘枣、打核桃、摘花椒等，也要赶在这个时节。

海南农事："白露晴，寒露阴。"白露、寒露的晴、阴，有对应关系。新疆农谚："白露没下种，来年无收成。"冬小麦必须在白露前下种。黑龙江农谚："白露后，寒露前，羊交配，鸡换羽。"在白露、寒露一个月内，是羊交配、鸡换毛的时节。

白露农事。《淮南子·时则训》中说：其一，在这个月里，可以修筑城郭，建造都邑。其二，修凿地窖，建设仓库，贮藏食物。其三，命令主管部门，督促百姓收集采摘，多多积累。其四，劝勉百姓种植越冬小麦，假如有人耽误时机，实行处罚，不容置疑。

在这个月里，雷声开始平息，蛰伏冬眠动物躲进户内，肃杀之气逐渐旺盛，阳气日渐衰退，水流开始干涸。

可以知道，这个时节的重要任务，就是不失时机地种植越冬小麦。如果耽误时机，就要受到严重的处罚。黄淮流域的冬小麦，一般在阳历9月下旬到10月上旬播种，第二年5月底至6月初开始收割。冬小麦种植在我国有非常悠久的历史，至今仍是最主要的粮食作物之一。

﹡白露养生﹡

茶类上品：白茶。白露时节，人们爱饮白茶。白茶是茶叶家族中的珍品之一。

唐朝陆羽的《茶经》卷下中记载："《永嘉图经》：永嘉县（东）[南]三百里有白茶山。"可知唐代已经有了白茶品种。早期的白茶，是出现在今浙江省永嘉县白茶山上的白茶。宋代"白茶",成为茶品中的"第一"。宋徽宗《茶论》中说:"白茶与常茶不同,偶然生出,非人力所可致,于是白茶遂为第一。"宋代刘异所作的《北苑拾遗》中引用北宋宋子安的《东溪试茶录》说:"白茶民间大重,出于近岁。芽叶如纸,建人以为茶瑞,则知白茶可贵。自庆历始,至大观而贵也。"这里记载的是福建建安出产的白茶,非常珍贵。白茶满披白毫,汤色清淡,味道鲜醇,散发毫香。现今有云南白茶,福建福鼎、政和、松溪、建阳白茶,都是当今国内名茶。

2018年秋季,浙江湖州安吉溪龙乡黄杜村捐赠的白茶苗"白叶一号",落户四川广元青川沙州青坪村"白叶一号"茶叶产业基地。6年多来,经过京、浙、川科技人员和茶农的精心培育,茶苗青翠葱茏,充满生机。一个新的白茶产地,在四川诞生。在"白叶一号"的引领下,一批白茶基地,应运而生。

孙思邈《摄养论》。唐代"药王"孙思邈的《摄养论》中说:"是月心脏气微,肺金用事,宜减苦增辛,助筋补血,以养心肝脾胃。勿犯邪风,令人生疮,以作疟痢。"这里说,这个月里,心气衰弱,肺气主事,应该减少苦味,增加辣味,有助于筋骨和补血,以便养护心、肝、脾、胃。切记不要受到风邪侵袭,否则会长疮,发展成痢疾。

陈抟二十四节气坐功:白露。清代康熙四十年今福建闽侯人陈梦雷奉敕编辑的最大类书《古今图书集成·明伦汇编·人事典·养生部汇考二》,收录了明代高濂撰写的《遵生八笺·四季摄生全录》,其中保留了珍贵的陈抟二十四节气坐功图。内容包括经脉、运气、功法、治病等。《陈希夷白露八月节坐功》中记载:

运主太阴四气,时配足阳明胃燥金。

每日丑、寅时,正坐,两手搂膝,转头推引,各三、五度。叩齿,吐纳,咽液。

治病：风气留滞，腰背经略，洒洒振寒，苦伸数欠。或恶人与火，闻木声则惊，狂疟，汗出。鼽衄，口喎（wāi），唇胗（zhěn），颈肿，喉痹，不能言。颜黑，呕，呵欠，狂歌上登，欲弃衣裸之。

白露文化

《红楼梦》：冷香丸。 《红楼梦》第七回秃头和尚给胎里带来的"热毒"的薛宝钗，介绍了"海上方"，并制成"异香异气"的"冷香丸"："春天开的白牡丹花蕊十二两，夏天开的白荷花蕊十二两，秋天开的白芙蓉蕊十二两，冬天开的白梅花蕊十二两。……雨水这日的雨水十二钱，白露这日的露水十二钱，霜降这日的霜十二钱，小雪这日的雪十二钱，再加十二钱蜂蜜，十二钱白糖，丸了龙眼大的丸子……若发了病时，用十二分黄柏煎汤送下。"

汪士慎《兰》。 清代安徽休宁画家、诗人汪士慎的五言绝句《兰》中写道："幽谷出幽兰，秋来花畹畹。与我共幽期，空山欲归远。"

诗中说，"秋来"的"幽兰"，虽然生于"幽谷"，但是花姿婀娜，清香四溢。女子约我相见，却欲语还休。"空谷佳人"，纯真素雅，一尘不染。

《诗经·蒹葭》。 春秋时期西方秦国人创作的《诗·国风·秦风·蒹葭》，这首爱情诗，它的起兴，就是从"蒹葭""白露"开始的：

蒹葭苍苍，白露为霜。
所谓伊人，在水一方。
溯洄从之，道阻且长。
溯游从之，宛在水中央。

蒹葭萋萋，白露未晞。

二十四节气 纪年法

所谓伊人，在水之湄。

溯洄从之，道阻且跻。

溯游从之，宛在水中坻。

蒹葭采采，白露未已。

所谓伊人，在水之涘。

溯洄从之，道阻且右。

溯游从之，宛在水中沚。

诗中说，芦荻野茫茫，白露结成霜。所思意中人，相望在河旁。逆流去找她，道路险阻漫长。顺流去寻她，犹在水中央。

芦荻冷凄凄，白露还没干。所念意中人，在河那一边。逆流去找她，道路险阻艰难。顺流去寻她，好似在沙滩。

芦荻密稠稠，白露水未收。所想意中人，就在河尽头。逆流去找她，道路险阻难求。顺流去寻她，好像在绿洲。

《蒹葭》诗中的主人公，好像在寻找心上的"伊人"。这位"伊人"，是俊男、是美女、是贤人还是理想，并没有指明。作者反复地"溯洄""溯游"寻找，终因"道阻"艰难，若隐若现，可望而不可即，思念之苦，凄凉而悲怆。

这首诗用韵整齐，朗朗上口，适合情感的表达。苍、霜、方、长、央，属于上古音阳部。凄、晞、湄、跻、坻，属于上古音脂、微合韵。采、已、涘、右、沚，属于上古音之部。

由此可知，在2500多年前的春秋时期，诗歌创作的内容、修辞、字数、句数、段数、押韵、意境等，都已经达到了很高的水平，实现了内容与形式的完美统一，对于我国的诗歌和文学创作，产生了极其深远的影响。

19. 阳阴气二分，中秋月圆时：秋分

秋分，属于二十四节气纪年法中的第十九个节气。

科学依据

秋分，古六历（黄帝、颛顼、夏、殷、周和鲁历）之一的夏历，规定在八月中。发生在太阳历即公历每年的 9 月 23 日或 24 日，太阳达到黄经 180°时开始。

春分、秋分两个节气，太阳光直射赤道，地球上各地昼夜时间，近乎相等。

《淮南子·天文训》记载："加十五日指酉，中绳，故曰秋分。雷戒，蛰虫北乡，音比蕤宾。"这里说，白露后增加十五日，北斗斗柄指向酉位，正当"绳"处，所以叫"秋分"。戒，当作"臧"，即古代"藏"字。雷声便躲藏起来，蛰伏的动物开始冬眠，头朝向北方，它和十二律中的蕤宾相对应。

《汉书·律历志下》："中角十度，秋分。于夏为八月，商为九月，周为十月。"

《后汉书·律历下》："天正八月，秋分。日所在，秋角四度，三十分。晷景，五尺五寸。昼漏刻，五十五二分。夜漏刻，四十四八分。"

这里的资料，指明了"秋分"在二十八宿中"角"宿的位置和度数。并且指出了"秋分"在夏历、殷历、周历分别处在夏历八、九、十月。

《春秋繁露·阴阳出入上下》："秋分者，阴阳相半也，故昼夜均而寒暑平。"这里解释了"秋分"的命名依据。

《周髀算经·二十四节气》记载日影的长度："秋分，七尺五寸五分。"和"春分"完全相同。

《旧唐书·历志二》："中气，秋分。律名，南吕。日中影，五尺三寸三分。"日影长度同"春分"。

《吕氏春秋·仲秋纪》高诱注："分。等也。昼漏五十刻，夜漏五十刻。故曰'日夜分'也。""秋分"昼夜时间相同，都是50"刻"。

《周礼注疏》中说："八月白露节，秋分中。"就是说，白露、秋分两个节气，规定在夏历八月。

《清史稿》第四十八卷《时宪志四》："求节气时刻。九宫，辰，寿星，初度为秋分。"清代康熙初年，秋分在十二次"寿星"之内。

《尚书·尧典》中说："分命和仲，宅西，曰昧谷。宵中，星虚，以殷仲秋。"昧谷，传说日落之处。宵中，指昼夜时间平分。宵，夜。星虚，北方玄武七宿之一，即虚星。殷，孔安国传："正也。"即确定、确立义。"仲秋"，秋之中，即秋分。这里说，尧命令和仲，住在西方的昧谷，辨别、测定太阳西落的时刻。昼夜时间长短相等，北方玄武七宿的虚星，黄昏时出现在正南方，依据这些确定仲秋的时刻。

＊ 秋分三候 ＊

秋分第一候（1—5日）。《淮南子·时则训》："雷乃始收。"意思是，雷声开始停息。

《吕氏春秋·仲秋纪》："雷乃始收声。"高诱注："雷乃始收藏，其声不震也。"《月令七十二候集解》作"雷始收声。鲍氏曰：'雷二月阳中发声，八月阴中收声。'"《逸周书·时训解》："秋分之日，雷始收声。"

秋分第二候（6—10日）。《淮南子·时则训》："蛰虫陪户。"

《礼记·月令》作"坏（péi）"。《吕氏春秋·仲秋纪》作"俯"。高诱注："将蛰之虫，俯近其所蛰之户。"《埤雅》作"坏"。《隋书·律历志下》作"附"。《逸周书·时训解》作"培"。

附，依附。《广雅·释诂四》："附，依也。"《玉篇》："附，今作'培'。"附，通作"培"。俯，上古音并纽、侯部。培，上古音并纽、之部。二字声纽相同，韵部相近，可以通假。尽管这6个字的写法、读音不同，但是它们的上古读音，都可以通假作"附"。

仲秋八月，蛰伏冬眠的动物，已经全部躲进门户、洞穴、泥土之中，不吃不喝，舒舒服服地睡上几个月，第二年惊蛰才苏醒过来。《淮南子·天文训》中说："百虫蛰伏。介鳞者，蛰伏之类也，故属于阴。"在热闹的动物大家庭中，需要蛰伏的动物，种类繁多，有蛇类、蜥蜴类、龟类、蛙类、鱼类、蜗牛类、贝类等，合起来就是"百虫"。这是动物类适应阴气的变化，保护自己，生存发展的重要举措。

秋分第三候（11—15日）。《淮南子·时则训》："水始涸。"高诱注："涸，凝固。涸，或作'盛'。盛，言阴盛也。"

《逸周书·时训解》陈逢衡云："水自八月中气以后，潮势就衰，雨泽渐少，沟浍无复盈满之象，故'始涸'。"

这里说，自然降水量减少，沼泽、湖泊、池塘的水流开始干涸。

花信风。七十二候代表花卉。《七十二番花信风》："一候：蓼花。二候：金钱。三候：碧蝉。"

碧蝉，即鸭跖草。碧蝉满枝，红花映日。李时珍撰写的《本草纲目·草部》第十六卷："藏器曰：'鸭跖生江东、淮南平地。叶如竹，高一二尺，花深碧，好为色，有角如鸟嘴。'"时珍曰：'竹叶菜处处平地有之。三、四月出苗，紫茎竹叶，嫩时可食。四、五月开花，如蛾形，两叶如翅，碧色可爱。结角尖曲如鸟喙，实在角中，大如小豆。豆中有细子，灰黑而皱，状如蚕屎。巧匠采其花，取汁作画色及彩羊皮灯，青碧如黛也。'"

秋分民俗

秋分：祭月。秋分时节，官民祭祀"月神"，起源很早，出于对月亮的崇拜。月亮绕地球公转，东升西落，有朔（初一）有望（十五），月亮一个月的圆缺变化周期约为29.5306天，12个朔望月约为354.3672天，这就是阴历。古代有官方"春祭月，秋祭月"之说。《礼记·祭法》中说："王宫，祭日也；夜明，祭月也。"东汉郑玄注："夜明，月坛也。"就是说，祭日，在王宫举行；祭月，在月坛举行。西汉司马迁《史记·孝武本纪》中记载："祭日以牛，祭月以羊彘（zhì）特。"祭祀月神，要献上雄健的羊、猪，时间规定在晚上。现在的中秋节，就是由传统的"祭月"节而来。祭祀的场所称为"月坛"。北京的月坛，建于明朝嘉靖九年（1530年），这里就是明、清两朝皇帝"祭月"的地方。民间也祭拜月神。明代陆启浤（hóng）撰写的《北京岁华记》中说："中秋夜人家各置月宫符像，男女肃拜烧香，旦而焚之。"

我国境内许多少数民族，也有祭月的习俗，而且分布相当广泛，有东北的鄂伦春族、云南的傣族、广西的壮族等，非常隆重和喜庆。

中秋节。夏历八月十五日，是中国传统的中秋节。唐朝初年，中秋节成为固定的节日。《唐书·太宗纪》："八月十五中秋节。"中秋节盛行于宋。南宋吴自牧《梦粱录·中秋》中记载："八月十五日中秋节，此夜月色倍明于常时，又谓之月夕。此际金风荐爽，玉露生凉，丹桂香飘，银蟾光满。王孙公子、富家巨室，莫不登危楼，临轩玩月，或登广榭，玳筵罗列，琴瑟铿锵，酌酒高歌，恣以竟夕之欢。"南宋孟元老撰写的《东京梦华录·中秋》中写道："中秋夜，贵家结饰台榭，民间争占酒楼玩月，丝篁（huáng）鼎沸。近内庭居民，夜深遥闻笙歌之声，宛若云外。闾里儿童，连宵嬉戏。夜市骈阗（tián），至于通晓。"

现在，中秋节同春节、清明节、端午节一起，被称为中国四大传统节日。

秋分养生

中秋美食：月饼。中秋节吃月饼，是中国传统饮食习惯。北宋文学家苏轼在《留别廉守》中写道："小饼如嚼月，中有酥和饴。"说的就是月饼。南宋吴自牧撰写的《梦粱录·荤素从食店》中已经有了"月饼"这个词。明代田汝成撰写的《西湖游览志馀》中记载："民间以月饼相遗，取团圆之义。"清代乾隆年间袁枚编写的《随园食单》中记载："酥皮月饼，以松仁、核桃仁、瓜子仁和冰糖、猪油作馅，食之不觉甜，而香松柔腻，迥异寻常。"如今，全国各地广式、晋式、京式、苏式、潮式、滇式等月饼，各具特色，精巧雅致，香甜可口，被海内外的人们所喜爱。

《遵生八笺》。明代高濂编写的《遵生八笺》中说："仲秋之月，大利平肃，安宁志性，收敛神气，增酸养肝。勿令极饱，勿令拥塞。"意思是说，仲秋八月，特别有利于平定肃静心境，安宁心志性情，收敛精神气志，应该增减酸味，养护肝脏。不要吃得很饱，不要导致拥塞。

陈抟二十四节气坐功：秋分。清代康熙四十年今福建闽侯人陈梦雷奉敕编辑的最大类书《古今图书集成·明伦汇编·人事典·养生部汇考二》，收录了明代高濂撰写的《遵生八笺·四季摄生全录》，其中保留了珍贵的陈抟二十四节气坐功图。内容包括经脉、运气、功法、治病等。《陈希夷秋分八月中坐功》中记载：

运主阳明五气，时配足阳明胃燥金。

每日丑、寅时，盘足而坐，两手掩耳，左右反侧，各三、五度。叩齿，吐纳，咽液。

治病：风湿积滞胁肋腰股，腹大水肿，膝膑肿痛，膺乳气冲。股伏兔䯒（héng）外廉、足跗（fū）诸痛，遗溺失气，奔响腹胀，（脾）[髀]不可转，腘（guó）以结，腨（shuàn）似裂，消谷善饮，胃寒喘满。

秋分农事

秋分农谚。秋分时节的农谚有:"秋分秋分,昼夜平分。"这里说白天、夜里的时间相同。"白露早,寒露迟,秋分种麦正当时"。秋分时节,正是黄淮流域种植越冬小麦的最佳时节。"秋分见麦苗,寒露麦针倒。秋分到寒露,种麦不延误。白露秋分菜,秋分寒露麦"。白露、秋分、寒露,种植越冬蔬菜、小麦,有时寒露就可以见到麦苗了。"秋分收花生,晚了落果叶落空"。"秋分棉花白茫茫"。秋分时节,必须抓紧时间收花生和棉花。"秋分种,立冬盖,来年清明吃菠菜"。营养丰富的越冬菠菜,也是在秋分时节播种的。

海南农谚:"秋分对春分,夏至对冬至。"两"分"、两"至",气候有对应关系。甘肃农谚:"秋分收黍,寒露割谷。"秋分收黄米(黍)。黑龙江农谚:"秋分不割,霜打风撸。"秋分时节,赶紧收割。

秋分农事。对于农事、政事和生态保护,《淮南子·时则训》中说:其一,在这个月里,可以修筑城郭,建造都邑,凿成地窖,储藏食物,修建仓库。其二,命令主管部门,督促百姓收集采摘,多多积聚,劝勉百姓种植越冬小麦。假如有人耽误时机,实行处罚,不容置疑。其三,开通关卡和市场,使商旅自由往来,互通货物,以方便人民的需要。四方之人云集,远方之人纷纷来到,财物便不会缺乏,各种事情才能办成功。

秋分文化

咏月。中秋月圆,远方游子,倍加思念亲人。许多诗篇留下千古绝句,寄托自己的情思。《诗经·陈风·月出》中写道:"月出皎兮,佼人僚兮。舒窈纠兮,劳心悄兮。"意思是说,月光出现多皎洁,月下美人更俊俏;体态苗条又娴静,深情思念我心焦。盛唐诗人李白《静夜思》中咏道:"举头望明月,低头思故乡。"故乡的美丽山水,萦绕在诗人心中。盛唐诗人张九龄《望月怀远》中写道："海上生明月，天涯共此时。"寄托着对远方亲人的无尽思念。宋代苏轼的词作《水调歌头》饱含深情地写道："丙辰中秋，欢饮达旦，大醉，作此篇，兼怀子由。"其中的"明月几时有，把酒问青天。人有悲欢离合，月有阴晴圆缺，此事古难全。"情真意切，成为千古绝唱。

《红楼梦》香菱吟月。《红楼梦》第四十八回、第四十九回：黛玉教香菱写诗，香菱写道："月挂中天夜色寒，清光皎皎影团团。"黛玉评价"措辞不雅"。香菱又写道："非银非水映窗寒，试看晴空护玉盘。"评价是"句句倒是月色"。香菱"苦志学诗"，梦中得了八句："博得嫦娥应借问，缘何不使永团圆。"评价是"新巧有意趣"。

杜甫《八月十五夜月》。唐代诗人杜甫，颠沛流离，避乱蜀中。唐代宗大历二年（767 年）八月十五日夜，56 岁的贫病交加的诗人，在夔州瀼（ráng）西，写下了《八月十五夜月》，诗中写道："满月飞明镜，归心折大刀。转蓬行地远，攀桂仰天高。水路疑霜雪，林栖见羽毛。此时瞻白兔，直欲数秋毫。"

诗中说，满满的月亮，反射到明镜中。归乡心切，吴刚竟然折断了大刀。就像飞转的蓬草，来到偏远的夔州。攀折月宫桂花，仰望天空如此高远。水路好像洒满霜雪，林中栖息的鸟儿能看到羽毛。这时看着月宫的白兔，在皎洁的月光下，真想数着秋生的毫毛。

这首诗围绕八月十五夜的"满月"和"思乡"而展开：月宫中有传说中的吴刚、桂树、白兔；月光的明亮，能够"飞明镜""疑霜雪""见羽毛""数秋毫"；反衬"归心"，好似"折大刀""转蓬""天高"。秋色之美，漂泊之苦，思乡之切，跃然纸上。

20. 采菊东篱下，重阳倍思亲：寒露

寒露，属于二十四节气纪年法中的第二十个节气。

科学依据

寒露，古六历（黄帝、颛顼、夏、殷、周和鲁历）之一的夏历，规定在九月节。太阳历即公历每年 10 月 8 日或 9 日，太阳到达黄经 195°时开始。

《淮南子·天文训》中记载："加十五日指辛，则寒露，音比林钟。"这里说，秋分增加十五日，北斗斗柄指向辛位，那么便是寒露，它与十二律中的林钟相对应。

《汉书·律历志下》中说："大火，初氐五度，寒露。"

《后汉书·律历下》中记载："寒露，亢八度，五分退一。"

这里的记载，指明了"寒露"在十二次和二十八宿中的位置和度数。

《周礼注疏》中说："九月，寒露节，霜降中。"就是说，寒露、霜降两个节气，规定在夏历九月。

《周髀算经·二十四节气》中记载太阳日影的长度是："寒露，八尺五寸四分，小分一。"

《旧唐书·历志二》："中气，寒露。日中影，六尺五寸四分。"

元代吴澄撰写的《月令七十二候集解》中记载："寒露，九月节。露气寒冷，将凝结也。"

清代李光地等撰写的《御定月令辑要》中说："《三礼义宗》：寒露者，九月之时，露气转寒，故谓之寒露。"

吴澄、李光地对《淮南子》中"寒露"名称的来源作了解释。

《清史稿》第四十八卷《时宪志四》："求节气时刻。九宫，辰，寿星，十五度为寒露。"清代康熙初年，寒露在十二次"寿星"之内。

∗ 寒露三候 ∗

寒露第一候（1—5 日）。《淮南子·时则训》："候雁来。"高诱注："是月时候之雁从北漠中来，南之彭蠡。盖以为八月［来］者，其父母也。是月来者，盖其子也。羽翼稚弱，故在后耳。"这句说，应候的鸿雁从北方飞来。

对于"候雁来"及下文，有两种断句方法：

其一，作"鸿雁来宾"。《礼记·月令》《隋书·律历志下》《月令七十二候集解》《逸周书·时训解》作"鸿雁来宾"。这里说，鸿雁从西北、北方来到南方过冬。一年一度往还如此，就像宾客一样。

其二，作"候雁来"。《吕氏春秋·季秋纪》《淮南子·时则训》作"候雁来"，"宾"字归下句。

《说文》中说："鸿，鸿鹄也。"大的叫"鸿"，小叫"雁"。作为冬候鸟，秋季飞往南方越冬，春季飞往北方产卵育雏。

寒露第二候（6—10 日）。《淮南子·时则训》："宾雀入大水为蛤（gé）。"高诱注："宾雀者，老雀也。栖宿人家堂宇之间，如宾客者也。故谓之'宾'。大水，海水也。《传》曰：'雀入海为蛤'也。"

对于这一句的写法和断句，也有不同：

其一，作"雀""爵"。《礼记·月令》作"爵入大水为蛤"。《隋书·律历志下》作"雀入大水为蛤"。

其二，作"宾雀"。《吕氏春秋·季秋纪》也作"宾雀入大水为蛤"。

这里需要解释三个问题：

①"爵""雀"通假。这两个字的上古音，同归于精纽、药部，属于同音通假。"爵"为借字，"雀"为本字。

②"来宾""宾雀"的断句和解说不同。

东汉郑玄注："来宾，言其客止未去也。"这里说，大雁就像做客一样，停留下来还没有离开。

东汉高诱的解释有两种：其一，作"宾"。《淮南子·时则训》高诱注："雁以仲秋先至者为主，后至者为宾。"同郑玄的说法相同。其二，作"宾雀"。《吕氏春秋·季秋纪》高诱注："宾爵者，老爵也。栖宿于人堂宇之间，有似宾客，故谓之宾爵。"由此可知，高诱并没有搞清楚"宾"字归上、归下的问题，遂造成千古疑案。

③"雀""蛤"互变问题。雀，就是麻雀。《说文》中说："雀，依人小鸟也。读与'爵'同。"蛤，《广韵》"合"韵："蚌蛤。"即水中的蚌类，也叫蛤蜊。小的叫"蛤"，大的叫"蜃（shèn）"。

飞鸟麻"雀"，进入"大水（或'海''淮'）"变化为"蛤"，这是古人的误解。这个错误的说法，较早见于《大戴礼记·夏小正》："九月，雀入于海为蜃。"而后的《礼记·月令》中说："爵入大水为蛤。"除此之外，还有《列子·天瑞》《国语·晋语九》《逸周书·时训解》《月令七十二候集解》等，这个错误的说法，历代沿袭，没有得到纠正。

寒露第三候（11—15日）。《淮南子·时则训》："菊有黄华。"这里说，菊花开出黄花。

元代吴澄撰《月令七十二候集解》："草木皆华于阳，独菊华于阴。"这就是菊花的奇特之处。

《礼记·月令》作："鞠有黄华。"（宋）张虙的《月令解》相同。《旧唐书·历志二》作"菊有黄花"。《别雅》卷五相同。

按：鞠（jū）。《资治通鉴·后梁纪二》胡三省注："酒母也。"《广韵》"屋"韵："鞠，鞠蘖。"即酒曲。鞠，上古音见纽、觉部。

菊，《礼记·月令》孔颖达疏："菊者，草名，花色黄。"《文选·陶潜〈杂诗〉》吕向注："菊，香草，黄华，可以泛酒。"菊，上古音见纽、觉部。鞠、菊，为上古音同音通假。"鞠"是借字，"菊"是本字。

华（huā）。《说文》："荣也。"《诗·小雅·皇皇者华》朱熹集注："华，草木之华也。"指花朵；开花。

花，《广雅·释草》："华也。"《说文》段玉裁注："华，俗作'花'，其字起源于北朝。"《广韵》"麻"韵："花，华俗，今通用。"花，是"华"的俗字，北朝时开始出现。

明代李时珍所撰《本草纲目·草部》第十五卷中说："菊花。[主治]：诸风头眩肿痛，目欲脱，泪出，皮肤死肌，恶风湿痹，久服利血气，轻身耐老延年。"《神农本草经》把"菊花"列为草部之上品："菊花，味苦，平。"可以知道，菊花具有很好的养生功效。

花信风。七十二候代表花卉。《七十二番花信风》："一候：夹竹桃。二候：扶桑。三候：鸡冠。"

扶桑，花冠漏斗，色彩鲜艳。李时珍撰写的《本草纲目·木部》第三十六卷："时珍曰：'东海日出处有扶桑树。此花光艳照日，其叶似桑，因以比之。扶桑产南方，乃木槿别种。其枝柯柔弱，叶深绿，微涩如桑。其花有红、黄、白三色，红者尤贵，呼为朱槿。'"

＊寒露民俗＊

咏菊。金秋时分，菊花盛开，争奇斗艳。战国屈原《离骚》中写道："朝饮木兰之坠露兮，夕餐秋菊之落英。"东汉王逸章句："英，华也。"益显屈子之高洁。晋代诗人陶渊明以爱菊、赏菊闻名。《饮酒》其五诗中写道："采菊东篱下，悠然见南山。"《九月闲居》："秋菊盈园。"《饮酒》其七："秋菊有佳色。"《归去来兮辞》："三径就荒，松菊犹存。"唐代诗人杜甫《云安九月》中写道："寒花开已尽，菊蕊独盈枝。"唐代诗人白居易

《咏菊》中说:"耐寒唯有东篱菊,金粟初开晓更清。"菊花被赋予吉祥、长寿的含义。重阳节赏菊的习俗流传至今。

插茱萸。古代寒露时节的习俗之一,就是插茱萸。茱萸生于山谷,气味香烈。古代把茱萸作为祭祀、配饰、药用、辟邪之物,形成插茱萸的风俗。晋代葛洪所辑的《西京杂记》卷三中记载:汉高祖刘邦的宠姬戚夫人,九月九日头插茱萸,饮菊花酒,食蓬饵,使人长寿。唐朝诗人王维《九月九日忆山东兄弟》诗中写道:"独在异乡为异客,每逢佳节倍思亲。遥知兄弟登高处,遍插茱萸少一人。"可以知道,重阳节期间插茱萸,是汉、唐时期的老百姓喜爱的习俗。

九月初九:重阳节。寒露的主要节庆,就是重阳节。夏历九月初九日,二九相重,称为"重九"。"九"为《周易》阳数,因此称为"重阳"。

重阳节的起源,其中的一种说法,出自南北朝梁代学者吴均撰写的《续齐谐记》:"汝南桓景,随费长房游学累年。长房谓曰:'九月九日汝家当有灾,宜急去。令家人各作绛囊,盛茱萸,以系臂,登高饮菊花酒,此祸可除。'景如言,齐家登山。夕还,见鸡犬牛羊,一时暴死。长房闻之曰:'此可代也。'今世人九日登高饮酒,妇人带茱萸囊,盖始于此。"可以知道,东汉时期,汝南一带发生了大的瘟疫。费长房告诉桓景,让百姓登上高山,离开疫区,饮菊花酒、佩戴茱萸囊,这些措施,就是为了避免人民受到瘟疫感染。

＊寒露农事＊

寒露农谚。寒露时节的农谚有:"大雁不过九月九,小燕不过三月三。"大雁、燕子,这是主要的物候标志。"九月九",大雁开始从北往南,度过冬天。"三月三",燕子从南方到达北方,度过夏天。"秋分早,霜降迟,寒露种麦正当时。秋分种蒜,寒露种麦"。寒露是种植冬小麦的好时机。"白露谷，寒露豆。寒露到，割晚稻；霜降到，割糯稻。寒露不摘烟，霜打甭怨天。寒露收山楂，霜降刨地瓜。寒露柿子红了皮。寒露天，捕成鱼，采藕芡"。寒露是秋收的大忙时节。豆类、晚稻、糯稻、烟叶、山楂、地瓜、柿子、鱼类、莲藕、芡实等，都要及时收获。

海南农谚："十月寒露与霜降，各种作物齐登场。"寒露霜降，是收获的时节。新疆农谚："寒露霜降，老汉睡热炕。"寒露开始，寒气侵袭，老人要睡炕了。吉林农谚："寒露不起葱，越长越发空。""葱"要在寒露前收获。

寒露农事。《淮南子·时则训》中说：其一，在这个月里，命令主持政务的冢宰，在农事全部完毕之时，把五谷的收成全部记载在账簿中，并把天子畿内田赋藏入神仓。其二，在这个月的上旬丁日，开始进入学宫学习礼仪和音乐。其三，在这个月里，隆重祭祀五帝，用牺牲祭祀诸神。其四，会盟诸侯；规定百县，准备明年诸事，以及诸侯向百姓取税，轻重多少之别，职贡大小之数，按照距离远近、土地质量收成情况作为标准。

由此可知，古代对于全年收成的状况、税收的多少等，都有明确的记载和规定，这是确保民生和资源合理使用的重要环节。古代特别重视一年一度的学习，内容有礼仪和音乐。古代的祭祀，是为了感谢五帝、诸神和天地的无私赐予，祈求国泰民安，丰衣足食。

寒露养生

寒露美酒：菊花酒。菊花美酒，民间传统工艺，是用菊花加糯米、酒曲酿制而成，古称"长寿酒"，它的味道清凉甜美，有养肝、明目、健脑、延缓衰老等功效。我国酿制菊花酒，历史悠久。晋代葛洪所辑录的《西京杂记》卷三中说："菊花舒时，并采茎叶，杂黍米酿之，至来年九月九日始熟，就饮焉，故谓之菊花酒。"这里的记载，说明菊花酒酿造，需要一年的时间。元朝学者陶宗仪撰写的《说郛》卷六十九下中说："九月九日，采菊花与茯苓、松脂，久服之，令人不老。"菊花还可以和茯苓、松脂一起饮用。北宋学者苏颂等编撰的《图经本草》中就有关于"菊花酒"的具体记述："菊花秋八月合花收，暴干，切取三四斤，以生绢囊盛贮三大斗酒中，经七日服之，日三次，常令酒气相续为佳。"这里介绍了宋代菊花酒的制作和饮用方法。可以知道，菊花酒具有较好的养生功效。当今流行的有枸杞菊花酒、白菊花酒、鲜菊花酒等。

《黄帝内经·四气调神大论》。对于人类适应自然天气变化，协调天人关系，加强身体锻炼，保养肺部，防止受到伤害，《黄帝内经·素问·四气调神大论》中说："秋三月，早卧早起，与鸡俱兴；使志安宁，以缓秋刑；收敛神气，使秋气平；无外其志，使肺气清，此秋之应，养收之道也。逆之则伤肺。"

在这个季节里，应该早卧早起，和鸡一起兴起；使意志保持安定，用来舒缓秋天的形体；收敛起形神气志，使秋季肃杀之气得以平和；不让意志向外散发，让肺气清平；这是适应秋天的养收的方法。背离这个方法，肺部就会受到伤害。

孙思邈《修养法》。唐代"药王"孙思邈《修养法》中说："是月阳气已衰，阴气大盛，暴风时起，切忌贼邪之风，以伤孔隙。勿冒风邪，无恣醉饱。宜减苦增甘，补肝益肾，助脾胃，养元和。"意思是说，这个月阳气衰，阴气盛，暴风不时兴起，不让风邪侵袭空隙。不冒风邪，不要醉酒饱食。减少苦味，增加甘味，补肝益肾。

陈抟二十四节气坐功：寒露。清代康熙四十年今福建闽侯人陈梦雷奉敕编辑的最大类书《古今图书集成·明伦汇编·人事典·养生部汇考二》，收录了明代高濂撰写的《遵生八笺·四季摄生全录》，其中保留了珍贵的陈抟二十四节气坐功图。内容包括经脉、运气、功法、治病等。《陈希夷寒露九月节坐功》中记载：

运主阳明五气，时配足太阳膀胱寒水。

每日丑、寅时，正坐，举两臂，踊身上托，左右各三、五度。叩齿，吐纳，咽液。

治病：诸风寒湿邪，挟胁腋经略动冲，头痛，目似脱，项如拔，脊痛，腰折，痔，虐，狂，颠痛，头两边痛，头顖（xìn）顶痛，目黄泪出，衄衂，霍乱诸疾。

* 寒露文化 *

《红楼梦》：黛玉酒令。《红楼梦》六十二回："宝玉真个喝了酒，听黛玉说道：'落霞与孤鹜齐飞，风急江天过雁哀，却是一只折足雁，叫得人九回肠，这是鸿雁来宾。'"

"落霞"句，出自唐代诗人王勃《滕王阁序》："落霞与孤鹜齐飞，秋水共长天一色。""风急"句，出自宋代诗人陆游《寒夕》："风急江天无过雁。""过雁哀"三字，可能误记。"折足雁"，骨牌名。"九回肠"，曲牌名，出自司马迁《报任少卿书》："肠一日而九回。""鸿雁来宾"，出自《礼记·月令》："季秋之月，鸿雁来宾。"

戴察《月夜梧桐叶上见寒露》。中唐时代苏州贫困诗人戴察在《全唐诗》中唯一的五绝《月夜梧桐叶上见寒露》，前面六句是："萧疏桐叶上，月白露初团。滴沥清光满，荧煌素彩寒。风摇愁玉坠，枝动惜珠干。"

这首诗中说：洁白的月亮，刚好露出团圆的模样，照在稀疏的梧桐叶上；滴落的露水，散发着清光，洒满了树叶；素朴的彩饰，闪烁着寒意；美玉样的露珠，担心风的摇动而坠落；枝条的摆动，可惜露珠就要干涸。

诗中展现了这样一个清冷而美妙的意境：圆月、桐叶、清光、素彩、风摇、枝动、寒意、露珠，独处的作者，是在思念，在体察，在沉吟，还是在感悟人生？

白居易《池上》。唐代诗人白居易在《池上》中，描绘了秋天池塘的景色："袅袅凉风动，凄凄寒露零。兰衰花始白，荷破叶犹青。独立栖沙

187

鹤，双飞照水萤。若为寥落境，仍值酒初醒。"

　　诗中说，微微的凉风吹动着池水，凄冷的寒露凝结起来。兰草衰落花朵开始变白，荷叶破了茎还青着。沙鹤独自栖息水边，两只水萤齐飞，映照在水面上。

　　从一个小"池"，看到了寒露时节的秋色："凉风"吹着，"寒露"降落；"兰"花凋零，"荷"叶破败；"沙鹤"独栖，"水萤""双飞"，秋景未免冷清。但是，阴盛阳生，阴阳交替；周而复始，天道自然；天人和谐，顺应变化，又有什么孤寂"寥落"呢！

21. 草木黄落时，霜叶二月花：霜降

霜降，归于二十四节气纪年法中的第二十一个节气。

科学依据

霜降，古六历（黄帝、颛顼、夏、殷、周和鲁历）之一的夏历，规定在九月节。在太阳历即公历每年10月23日或24日，太阳到达黄经210°时开始。

《淮南子·天文训》中记载："加十五日指戌，则霜降，音比夷则。"这里说，寒露增加十五日，北斗斗柄指向戌位，那么便是霜降，它与十二律中的夷则相对应。

《汉书·律历志下》中说："中房五度，霜降。于夏为九月，商为十月，周为十一月。"

《后汉书·律历下》中记载："九月，霜降。霜降，氐十四度，十二分退二。"

这里的文献指出"霜降"节气在二十八宿中的位置和度数。《汉书》小字表明，"霜降"在夏历、殷历、周历的月份分别是九、十、十一月。

《周礼注疏》中说："九月，寒露节，霜降中。"就是说，寒露、霜降归于夏历九月。

《周髀算经·二十四节气》中记载太阳日影的长度是："霜降，九尺五寸三分，小分二。"

《旧唐书·历志二》："中气，霜降。律名，无射。日中影，八尺七分。"

元代吴澄撰写的《月令七十二候集解》中说："九月中。气肃而凝，露结为霜矣。"

清代李光地等撰的《御定月令辑要》中说："《三礼义宗》：九月霜降为中露，变为霜，故以为霜降节。"

吴澄、李光地对"霜降"的名称，作了分析。就是说，空气中的水汽，遇到冷空气，而凝结为霜。

《清史稿》第四十八卷《时宪志四》："求节气时刻。十宫，卯，大火，初度为霜降。"清代康熙初年，霜降在十二次"大火"之内。

* 霜降三候 *

霜降第一候（1—5日）。《淮南子·时则训》："豺乃祭兽戮禽。"高诱注："豺似狗而长尾，气色黄。是月时，豺杀兽，四面陈之，世谓之祭兽。"这里说，豺开始捕杀禽兽，四面排列，好像祭祀一样。

《吕氏春秋·季秋纪》《礼记·月令》同《淮南子》。《月令七十二候集解》作："豺祭兽。"《逸周书·时训解》："豺乃祭兽。"

豺，《说文》："狼属，狗声。"形体似狼，叫声像狗，尾巴长，黄棕色。豺性凶残。豺狼虎豹，"豺"居然摆在首位。

较早记载见于《大戴礼记·夏小正》："十月，豺祭兽。善其祭而后食之也。"霜降时节，豺捕食肥美的野兽，吃不掉的就扔在一边。古人把这种行为，附会成"豺"也有"仁""礼"这样的儒家道德观念。

霜降第二候（6—10日）。《淮南子·时则训》："草木黄落。"这里说，草木枯萎败落。

《月令七十二候集解》："草木黄落，色黄而摇落也。"《逸周书·时训解》陈逢衡云："草木黄落者，九月金盛克木，故先黄而后落。"

霜降第三候（11—15日）。《淮南子·时则训》："蛰虫咸俛（fǔ）。"高诱注："俛，伏也。青州谓'伏'为'俛'也。"这句说，冬眠动物全部躲藏起来。

《吕氏春秋·季秋纪》："蛰虫咸俯在穴。"高诱注："咸，皆。俯，伏。藏于穴，墐塞其户也。"《月令七十二候集解》作"蛰虫咸俯"。《逸周书·时训解》作"蛰虫咸附"。

世界上动物有哺乳、爬行、昆虫、鸟类等种类，比如青蛙、蟾蜍、蛇、蚯蚓、熊、鳄鱼、刺猬、乌龟、松鼠、蝙蝠、蚂蚁、黄蜂、蜥蜴、蜗牛等，都开始冬眠。

花信风。七十二候代表花卉。《七十二番花信风》："一候：菊花。二候：紫茉莉。三候：曼陀罗。"

曼陀罗，李时珍撰写的《本草纲目·草部》第十七卷中说："时珍曰：'《法华经》言：佛说法时，天雨曼陀罗花。又道家北斗有陀罗星使者，手执此花。故后人因以名花。曼陀罗，梵言杂色也。曼陀罗生北土，人家亦栽之。春生夏长，独茎直上，高四五尺，生不旁引，绿茎碧叶，叶如茄叶。八月开白花，凡六瓣，状如牵牛花而大。八月采花，九月采实。气味：辛，温，有毒。'"

* 霜降民俗 *

赏红叶。霜降前后，正是枫树、槭（qì）树、乌桕、黄栌、柿树等树叶变红的季节。观赏红叶，成了民众神往的景观。清代顾禄编写的《清嘉录·天平山看枫叶》中写道："郡西天平山，为诸山枫林最胜处。冒霜叶赤，颜色鲜明；夕阳在山，纵目一望，仿佛珊瑚灼海。"这就是苏州天平山的"枫林胜景"。全国观赏红叶的著名景观，还有北京香山、湖南岳麓山、南京栖霞山等。

杜牧《山行》。晚唐诗人杜牧的《山行》中写道："远上寒山石径斜，白云生处有人家。停车坐爱枫林晚,霜叶红于二月花。"

诗中说,秋天的霜叶,红得像燃烧的火焰,漫山遍野,霜之后打,越发妖娆。游人穿行其间,红叶的芳菲,林间清新之气,欣喜之情油然而生。

值得提出的是,有些教材、朗读者读成"斜(xiá)",这是不准确的。具体地说,①从唐音的声母、韵部、四等、声调四个方面的演变,以及从晚唐的拟音来看,都不读成"斜(xiá)"。②按照古今语音的演变规律,今音应该读成"斜(xié)"。③晚唐"斜、家、花",押《广韵》下平声"麻"韵;但是过了1100多年,语音已经发生了很大的变化,刻意求得押韵,或者读成唐音,一般读者是做不到的,也是没有必要的。

白朴《天净沙·秋》。元代元曲、元杂剧作家白朴的《天净沙·秋》,描绘了山村"落日"的景色,其中的"红叶"令人神往:

孤村落日残霞,

轻烟老树寒鸦,

一点飞鸿影下。

青山绿水,白草红叶黄花。

散曲中写道,一个萧瑟的小山村,笼罩在"落日、残霞"之下,家家飘着"轻烟","寒鸦"停留在"老树"上,天上一只"飞鸿",这样的景观,显示了秋天的冷清而寂寞。但是,白朴笔锋一转,作了鲜明的对比:青青的山、碧绿的水、白色的草、红色的树叶、黄色的菊花,使这个偏远孤独的山村,被五色装点得绚丽多姿。

* 霜降农事 *

霜降农谚。霜降时节的农谚有:"霜后暖,雪后寒。"就是说,"霜"融化要放热,"雪"融化要吸热。"霜降前,薯刨完"。收获红薯要赶在霜降以前。"时间到霜降，种麦就慌张"。这里说，种植冬小麦的最好时节在寒露，过了寒露再种麦，心里就慌了，因为要影响冬小麦生长和收成。"芒种黄豆夏至秧，想种好麦迎霜降"。这里确定了种植黄豆、插秧、种麦的最佳节气时段。"寒露种菜，霜降种麦"。寒露是种植越冬蔬菜的好时候。"霜降拔葱，不拔就空。霜降摘柿子，立冬打软枣"。霜降之前，要拔掉大葱、收获柿子。"霜降配羊清明羔，天气暖和有青草"。霜降是给"羊"配种的好时机，赶到下一年清明前生下羊羔，正是莺飞草长的时候。

海南农谚："霜降晴，冬不冷。"霜降晴天，冬天暖和。甘肃农谚："霜降萝卜，立冬白菜，小雪蔬菜收回来。"霜降时节要收萝卜。黑龙江农谚："霜降配羊清明奶。"霜降羊配种，清明可分娩，羊羔就能吃奶了。

霜降农事。《淮南子·时则训》中说：在这个月里，寒霜开始下降，各种工匠可以休息。命令主管官员说："寒冷之气就要到来，百姓忍受不了寒气侵袭，他们应该进入室内。"在这个月里，草木枯黄败落，可以伐薪烧炭，冬眠动物已经全部躲藏。命令主管法律部门，申述严明法令，文武百官和不分贵贱之人，没有不是忙着秋收的，来集中天地所出产的财物，不能有所散失。

霜降时节的农事活动，第一，秋收。要全部收获农作物，不能散失。第二，休息。工匠开始休息，保护好人力资源。第三，避寒。人群要全部进入室内，准备躲避寒冷的侵袭。第四，烧炭。伐薪烧炭，迎接寒冬的到来。爱护资源，保护资源，这就是政事和农事活动的核心。

霜降养生

时令美食：柿子。霜降的时令水果有柿子。柿子在我国3000多年的栽培历史，品种有上千个，华北的大盘柿，河北、山东的莲花柿、镜面柿，陕西泾阳、三原的鸡心黄柿，陕西富平的尖柿，浙江杭州古荡的方柿，是我国著名的六大名柿。

柿子含有丰富的糖类和维生素，包括胡萝卜素、黄酮类、脂肪酸、酚类、多种氨基酸和微量元素，柿子还具有涩肠、润肺、止血、和胃的功能，还可以补虚、解酒、止咳、利肠、除热，具有很高的营养、药用和经济价值。

明代李时珍撰写的《本草纲目·果部》第三十卷中说："柿树四月开小花，黄白色。结实青绿色，八九月乃熟。"其中介绍"烘柿"时说："烘柿，非谓火烘也。即青绿之柿，收置器中，自然红熟如烘成，涩味尽去，其甘如蜜。[主治]通风鼻气，治肠澼（pì）不足。解酒毒，压胃间热，止口干，续经脉气。"经过加工制成的不同的柿子品种，具有各自的治疗效果。

霜降节气之后，经过霜打的柿子，更是极佳的美味果品。

《遵生八笺》。明代高濂编撰的《遵生八笺》中说："季秋之月，草木零落，众物蛰伏，气清，风暴为期，无犯朗风，节约生冷，以防疠病。"意思是说，季秋九月，草木凋零，万物蛰伏，天气清冷，风暴多发，不要被风暴侵犯，节制食用生冷食物，以防止疾病产生。

陈抟二十四节气坐功：霜降。清代康熙四十年今福建闽侯人陈梦雷奉敕编辑的最大类书《古今图书集成·明伦汇编·人事典·养生部汇考二》，收录了明代高濂撰写的《遵生八笺·四季摄生全录》，其中保留了珍贵的陈抟二十四节气坐功图。内容包括经脉、运气、功法、治病等。《陈希夷霜降九月中坐功》中记载：

运主阳明五气，时配足太阳膀胱寒水。

每日丑、寅时，平坐，纾两手，攀两足，随用足间力，纵而复收五、七度。叩齿，吐纳，咽液。

治病：风湿痹入腰脚，髀不可曲，腘结痛，腨裂痛，项背、腰尻、阴股、膝髀痛。脐反（虫）[出]，肌肉痿，下肿，便脓血，小腹胀痛，欲小便不得。藏毒，筋寒，脚气，久痔，脱肛。

霜降文化

履霜坚冰。《周易·坤》:"初六,履霜,坚冰至。《象》曰:'履霜坚冰,阴始凝也;驯致其道,至坚冰也。'""初六"的意思是,踩着寒霜,冰天雪地的时节就要到来了。

《淮南子·齐俗训》:"故《易》曰:'履霜,坚冰至。'圣人之见,终始微言。"

这里的名言告诉我们,见微知著,防微杜渐,是极其重要的。抓住苗头,关注细微,把握趋势,因势利导,才能成功。

张衡《定情赋》。东汉科学家张衡,研制成功了浑天仪、地动仪,为中国天文学、机械技术、地震学的理论和技术,作出了重大的贡献。他的天文学著作有《灵宪》《浑仪图注》等,数学专著有《算罔论》,文学作品有《二京赋》《归田赋》等。

他在《定情赋》中写道:"大火流兮草虫鸣,繁霜降兮草木零。秋为期兮时已征,思美人兮愁屏营。"

赋中的"大火",就是二十八宿中的"心宿",又叫"商星""大辰",六、七月份下行。

本赋的意思是说,"大火"西行哦,草虫鸣叫;浓霜降落哦,草木凋零。秋天定为佳期哦,时光已经验证;思念美人哦,忧愁心惊。

这里用"大火流""草虫鸣""繁霜降""草木零"等词组,把霜降节气的天象、动物、气象、植物的情况,完整地描绘了出来。科学严谨而具有文采,显示了作为科学家的高度文学素养。

苏轼《南乡子·重九涵辉楼呈徐君猷》。宋代文学家苏轼47岁之时,受到诬陷,贬谪黄州,担任团练副使,处在人生低谷。他在《南乡子·重九涵辉楼呈徐君猷》中写道:

二十四节气 纪年法

霜降水痕收。

浅碧鳞鳞露远洲。

酒力渐消风力软，飕飕。

破帽多情却恋头。

佳节若为酬。

但把清尊断送秋。

万事到头都是梦，休休。

明日黄花蝶也愁。

词中说，霜降节气，江边留下水退的痕迹。浅绿的江水，微波鳞鳞，露出远处的江心沙洲。酒力渐减消退，软软的凉风，"飕飕"寒意。破旧的帽子，却多情地依恋头部。

佳节饮酒，若是为了酬答，不必有忧，只用清酒送走秋色。世间万事，到头都是梦，"休休"成空。看到明日的菊花，蝴蝶也会发愁。

这一年重阳节期间，在涵辉楼宴席上，苏轼为黄州知州徐君猷写下了这首词。词中描写霜降时节江畔景色的有"水痕收"，指霜降节气，江水变浅；"浅碧鳞鳞"，写江水清澈，微波荡漾，宛如鱼鳞；"露远洲"，写登楼远眺，江洲隐现。描写节令、气象、物候的有"断送秋""黄花""蝶""风力软""飕飕"等。

可以知道，这首词作，紧扣"重九"而展开，内容丰富，用词生动，展现一幅天高气清、明丽雄阔的美丽秋景。

22. 立冬水始冰，万物尽收藏：立冬

立冬，归于二十四节气纪年法中的第二十二个节气。

科学依据

立冬，古六历（黄帝、颛顼、夏、殷、周和鲁历）之一的夏历，规定在十月节。在太阳历即公历每年 11 月 7 日或 8 日，太阳达到黄经 225°时开始。立冬是冬季 6 个节气的起点。

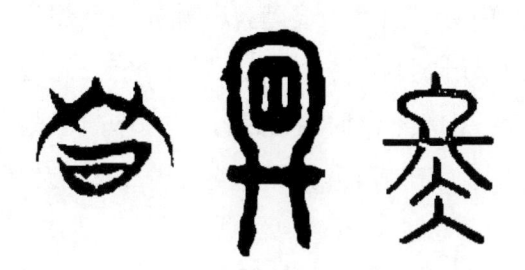

战国文字、小篆"冬"字

《淮南子·天文训》中说："加十五日指蹄通之维，则秋分尽，故曰有四十六日而立冬，草木毕死，音比南吕。"这里说，霜降增加十五日，北斗斗柄指向蹄通之维，那么便是秋节终了，所以说有四十六天而立冬，草木全部枯死，它与十二律中的南吕相对应。

《汉书·律历志下》中记载："析木，初尾十度，立冬。"

《后汉书·律历下》中说："立冬，尾四度，十九分退三。"

这里的记载，指出了"立冬"节气在十二律的位置和二十八宿中

"尾"宿的度数。

《周髀算经·二十四节气》中记载日影的长度："立冬，丈五寸二分，小分三。"

《旧唐书·历志二》："中气，立冬。日中影，九尺六寸二分。"

元代吴澄撰《月令七十二候集解》中说："十月节。冬，终也。万物收藏也。"

清代李光地等撰《御定月令辑要》中说："《孝经纬》：'霜降后斗指西北维为立冬。'《三礼义宗》：'十月立冬为节者，冬，终也。立冬之时，万物终成，因为节名。'"

东汉文字学家许慎《说文解字》中说："冬，四时尽也。"就是春、夏、秋、冬的最后一个季节。

许慎、吴澄、李光地对"立冬"的命名依据，作了解释。"冬，终"，这是用声训的办法，来探索"冬"字取名的缘由。

《周礼注疏》中说："十月立冬节，小雪中。"这里说，立冬、小雪两个节气，规定在夏历十月。

《清史稿》第四十八卷《时宪志四》："求节气时刻。十宫，卯，大火，十五度为立冬。"清代康熙初年，立冬在十二次"大火"之内。

＊立冬三候＊

立冬第一候（1—5日）。《淮南子·时则训》："孟冬之月，水始冰。"这里说，孟冬十月，水流开始结冰。

《吕氏春秋·孟冬纪》高诱注："秋分后三十日霜降，后十五日立冬，水冰地冻也，故曰'始'也。"宋代张虙（fú）撰写的《月令解》中说："此记十月时候也。水，流物也。至是成冰，阴气凝沍（hù）也。"《月令七十二候集解》："水始冰，水而初凝，未至于坚也。"就是说，阴气渐盛，水流结冰。

立冬第二候（6—10日）。《淮南子·时则训》："地始冻。"意思是，大地开始封冻。

张虑《月令解》中说："地，坚物也。至是合冻，亦阴气凝冱也。"《月令七十二候集解》："地始冻，土气凝寒，未至于坼。"这里说，阴气渐盛，大地封冻。

立冬第三候（11—15日）。《淮南子·时则训》："雉入大水为蜃。"高诱注："蜃，蛤也。大水，淮也。《传》曰：'雉入于淮为蜃。'"这里说，野鸡进入淮水变成大蛤蜊。

雉（zhì），指野鸡。许慎《说文》中记载野鸡"有十四种"。《急就篇》唐代颜师古注："雉有十四种，其文采皆异焉。"野鸡雄者有冠，尾巴很长，色彩艳丽。《逸周书·时训解》朱右曾解释"雉"的物候现象："雉，丹雉也。立秋来，立冬去。"

"大水"，文献中也指"淮"水。《吕氏春秋·孟冬纪》高诱注："大水，淮也。"《国语·晋语九》中记载："雀入于海为蛤，雉入淮为蜃。"韦昭注："小曰蛤，大曰蜃。皆介物，蚌类也。"《大戴礼记·夏小正》中也说："十月，玄雉入于淮为蜃。"

淮，淮水，就是位于中国南北气候、地理自然分界线上的淮河。《说文》："淮，水。出南阳平氏桐柏大复山，东南入海。"东汉的南阳郡、平氏县、桐柏大复山，即今河南省桐柏县西北平氏。淮水潜流三十里，东出大复山南，东流经安徽、江苏入海。

蜃（shèn），《说文》："雉入海化为蜃。"《广韵》"軫"韵："蜃，大蛤也。"指的是大蛤蜊。

对于"雉入大水为蜃"的记载，《大戴礼记·夏小正》《礼记·月令》《吕氏春秋·孟冬纪》《逸周书·时则解》《月令明义》等古代全部律历、月令的著作，都沿袭了这种错误的说法。这是因为对于自然界物种之间的变化，缺乏科学的认知，而产生的误解。

花信风。七十二候代表花卉。《七十二番花信风》："一候：木芙蓉。

二候：美人蕉。三候：青葙。"

青葙（xiāng），果实有"明目"之功效。李时珍撰写的《本草纲目·草部》第十五卷中记载："时珍曰：'青葙生田野间，嫩苗似苋可食，长则高三四尺。苗、叶、花、实与鸡冠花一样无别。此则梢间出花穗，尖长四五寸，状如兔尾，水红色，亦有黄白色者。其子明目，与决明子同功，故有草决明之名。其花、叶似鸡冠，嫩苗似苋，故谓之鸡冠苋。'"

立冬民俗

祭礼：迎冬。立冬时节，官方的传统习俗是"迎冬"，天子要举办迎冬的仪式。《淮南子·时则训》中记载："立冬之日，天子亲率三公九卿大夫，以迎岁于北郊。"在立冬的时候，天子在都城北郊六里之地，举行盛大祭祀活动，并发布冬季的有关政令。

暖炉会。立冬之后，天气寒冷，开始设炉烧炭，民间开"暖炉会"，成为古代重要的习俗之一。它的内容有饮酒、烤肉、交流、会友、论学等，具有很好的文化氛围。南朝宗懔编写的《荆楚岁时记》记载："庐山白鹿洞，游士辐辏，每冬寒，醵（jù）金市乌薪，为御寒之备，号黑金社。十月旦日，命酒为暖炉会。"宋代陶谷撰写的《清异录·黑金社》中又叫"毡炉会"，即坐在毡上，围着炉火，高谈阔论。北宋吕原明编写的《岁时杂记》中说：京人十月初一喝酒，就在炉中烤大块的肉，围着火炉，边饮边吃，称之为"暖炉"。宋代孟元老撰写的《东京梦华录》卷九中记载："十月一日，有司进暖炉炭，民间皆置酒作暖炉会也。"元代陶宗仪编写的《说郛》卷六十九中说："京人十月朔沃酒，及炙脔肉于炉中，围坐饮喝，谓之暖炉。"

立冬农事

立冬农谚。立冬时节的农谚有："秋蝉叫一声，准备好过冬。"告诉辛苦一年的农民，要准备过冬了。"麦子盘好墩，丰收有了根。种麦到立冬，来年收把种"。这里说，种植冬小麦，在立冬之前就要完成。"立冬节到，快把麦浇。麦子过冬壅遍灰，赛过冷天盖棉被"。已经出土的麦苗，要浇水、壅灰。"立冬不砍菜，就要受冻害"。有些蔬菜，要及时砍掉收藏，否则就会被冻坏。"立了冬，把地耕"。立冬时节要深耕翻地。"季节到立冬，快把树来种"。到了立冬，这是种树的好季节。

海南农谚："立冬三日阳，谷子堆满仓。"立冬连续三个晴天，谷物大丰收。新疆农谚："一年之计在于冬，农田水利莫放松。"立冬以后，正是大兴农田水利的好时机。吉林农谚："立冬日子短，抓紧翻大田。"立冬时节，深翻大田，增加肥力。

立冬农事。《淮南子·时则训》中记载，这个月的农事、政事以及生态资源保护等，都非常繁忙。其一，休息越冬。对于辛劳的农民，要让他们得到休息。其二，收纳赋税。命令管理水泽和渔业的官员，收纳河流湖泽的赋税，而不准侵害民众的利益。其三，储备物资。命令百官，贮藏好过冬的食物。其四，积聚人力、财力。命令司徒，巡视积聚人力、财力的情况等。给百姓以宽松的休养生息的时间，以及充分的物质保障。

立冬养生

中国红茶。立冬时节要多喝红茶。红茶含有胡萝卜素、维生素A、钙、磷、镁、钾、咖啡碱、异亮氨酸、亮氨酸、赖氨酸、谷氨酸、丙氨酸、天门冬氨酸等多种营养元素。红茶的制作，采用茶树新芽叶为原料，经过萎凋、揉捻、发酵、干燥等工艺过程，精制而成。茶冲泡后的茶汤和叶底呈红色，而得名红茶。红茶，疑来源于"山茶"。李时珍所作的《本草纲目·木部》第三十六卷记载有"山茶"。时珍说："其叶类茗，又可作饮，故得茶名。山茶产南方，树生，高者丈许，枝干交加，叶颇似茶叶，而厚硬有棱，中阔头尖，面绿背淡，深冬开花，红瓣黄蕊。"

中国红茶，尤其以安徽祁门红茶最为著名。红茶具有暖胃养生、提神益思、消除疲劳、消除水肿、止泻、抗菌、增强免疫等功效。红茶偏温，老少皆宜，尤其适合胃寒的人饮用。

药食两用：山药。山药营养丰富，有补脾养胃、生津益肺、补肾涩精、延缓衰老的作用。山药可以药、食两用。特别适合立冬后食用。《神农本草经》中叫"薯蓣"，列为"草部上品"。认为可以"主伤中，补虚羸，除寒热邪气，补中，益气力，长肌肉，久服耳目聪明，轻身不饥"。《日华子本草》中说："助五脏，强筋骨，长志安神，主泄精、健忘。"明代李时珍的《本草纲目·菜部》第二十七卷中说："薯蓣，益肾气，健脾胃，止泻痢，化痰涎，润毛皮。"唐朝诗人杜甫《发秦州》诗中就有"充肠多薯蓣"的记载。当今河南焦作温县出产的铁棍山药，是山药中的精品。

《遵生八笺》。明代高濂所编写的《遵生八笺》中说："孟冬之月，天地闭藏，水冰地坼。早卧晚起，必候天晓，使至温畅。无泄大汗，勿犯冰冻雪积。温养精神，无令邪气外入。"意思是说，孟冬十月，天地万物封闭潜藏，水流结冰，大地冻裂。这时候应该早睡晚起，必须等待天亮，使体内的温热之气，得以顺畅。不要泄出大汗，不要让冰冻积雪侵犯身体。温和地调养精神，不要让邪气从外部侵入人体。

陈抟二十四节气坐功：立冬。清代康熙四十年今福建闽侯人陈梦雷奉敕编辑的最大类书《古今图书集成·明伦汇编·人事典·养生部汇考二》，收录了明代高濂撰写的《遵生八笺·四季摄生全录》，其中保留了珍贵的陈抟二十四节气坐功图。内容包括经脉、运气、功法、治病等。《陈希夷立冬十月节坐功》中记载：

运主阳明五气，时配足厥阴肝风木。

每日丑、寅时，正坐，一手按膝，一手挽肘，左右顾，两手左右托三、五度。叩齿，吐纳，咽液。

治病：胸肋积滞，虚劳邪毒，腰痛不可俯仰，嗌干，面尘脱色，胸满呕逆，飧泄，头痛，耳无闻，颊肿，肝逆面青，目赤肿痛，两肋下痛引小腹，四肢满闷，眩冒，目瞳痛。

立冬文化

《红楼梦》："秋尽冬来（立冬）"。《红楼梦》第六回"刘姥姥一进荣国府"。"这年秋尽冬来，天气冷将上来。""这刘姥姥乃是个积年的老寡妇，膝下又无子息"，带着"五六岁的板儿"，通过贾府"一老年人""周瑞家的""平儿"引荐，见到了宁府的大管家"凤姐儿"。凤姐送她"二十两银子""一吊钱"。刘姥姥二进荣国府，给荣府第五代千金取名"巧哥儿"。刘姥姥三进荣国府，"凤姐托村妪"，贾家衰败，刘姥姥解救巧姐儿。[留余庆]："留余庆，留余庆，忽遇恩人。幸娘亲，幸娘亲，积得阴功。劝人生，济困扶穷，休似俺那爱银钱、忘骨肉的狠舅奸兄。正是乘除加减，上有苍穹。"

刘基《立冬日作》。元末明初的军事家、政治家、文学家，明朝的开国元勋刘基在《诚意伯文集》卷五中，收有一首《立冬日作》："忽见桃花出小红，因惊十月起温风。岁功不得归颛顼，冬令何堪付祝融。未有星辰能好雨，转添云气漫成虹。虾蟆蛱蝶偏如意，旦夕螽鸣白露丛。"

这首诗作于元朝末年，对当时元朝的弊政、粉饰太平，进行了讽刺，并且预示着元朝的灭亡。

"立冬"之时，"桃花"却开出了淡红色的花朵；"十月"竟然刮起了"温风"。天象反常，时令怪异，让人吃惊，这是不祥之兆。每年的收成，不能够归功于五帝之一的"颛顼"；冬令的变暖，哪能够付与火神"祝融"？没有听说天上星辰，就能够下出好雨；空中的云气，就会转变为彩虹。本应冬眠的"虾蟆""蛱蝶"，偏偏得意起来；早晚在白露丛中鸣叫、飞舞。

这里的"虾蟆""蛱蝶",暗喻元朝的统治者。改朝换代即将到来,仍在执迷不悟,自我陶醉。严冬即将来临,还能疯狂到几时?

苏轼《赠刘景文》。北宋文学家苏轼《赠刘景文》诗中写道:"荷尽已无擎雨盖,菊残犹有傲霜枝。一年好景君须记,正是橙黄橘绿时。"

诗中说,初冬时节,荷叶败了,雨盖不能遮风挡雨;菊花残了,还有傲霜枝条。请君牢牢记住:一年中的美好景致,正是橙黄、橘绿的初冬。勉励友人乐观向上,努力不懈。

钱时《立冬前一日霜对菊有感》。宋代学者钱时所作的《立冬前一日霜对菊有感》,对凌风傲霜的菊花,表达了自己的敬意:"昨夜清霜冷絮裯,纷纷红叶满阶头。园林尽扫西风去,惟有黄花不负秋。"

这里说,昨天夜里清霜满地,盖上棉被都感觉寒冷。树上红叶纷纷掉落,撒满了整个台阶。园林里的树叶,全部被西风吹去。但是只有傲霜的菊花,仍然不辜负秋天。

23. 瑞雪兆丰年，梅花暗香来：小雪

小雪，归于二十四节气纪年法中的第二十三个节气。

科学依据

小雪，古六历（黄帝、颛顼、夏、殷、周和鲁历）之一的夏历，规定在十月中。太阳历即公历每年11月22日或23日，太阳到达黄经240°时开始。

《淮南子·天文训》中说："加十五日指亥，则小雪，音比无射。"就是说，立冬增加十五天，北斗斗柄指向亥位，那么便是小雪，它与十二律中的无射相对应。

《汉书·律历志下》中说："中箕七度，小雪。于夏为十月，商为十一月，周为十二月。"

《后汉书·律历下》中记载："十月，小雪。小雪，箕一度，二十六分退三。"

这里的资料，指出"小雪"处于二十八宿中"箕"宿的位置和度数。《汉书》的小字指出，"小雪"节气，夏历、殷历、周历归于夏历十月、十一月、十二月不同的月份。

元代吴澄所写的《月令七十二候集解》中说："十月中。雨下而为寒气所薄，故凝而为雪。小者未盛之时。"

清代李光地等撰写的《御定月令辑要》中记载："《三礼义宗》：十

月，小雪为中者，气叙转寒，雨变成雪，故以小雪为中。"

吴澄、李光地解释了"小雪"命名的依据。小雪、大雪，是记载气象中降雪量大、小情况的。

《周髀算经·二十四节气》中记载日影的长度："小雪，丈一尺五寸一分，小分四。"

《旧唐书·历志二》："中气，小雪。律名，应钟。日中影，一丈一尺一寸五分。"

《周礼注疏》中说："十月，立冬节，小雪中。"就是说，立冬、小雪，规定在夏历十月。

《清史稿》第四十八卷《时宪志四》："求节气时刻。十一宫，寅，析木，初度为小雪。"清代康熙初年，小雪在十二次"析木"之内。

小雪三候

小雪第一候（1—5日）。《淮南子·时则训》："虹藏不见。"高诱注："虹，阴阳交气也。是月，阴壮，故藏不见。"这里说，阴气强盛，彩虹不能出现。

《说文》："虹，螮（dì）蝀（dōng）也。状似虫。"就是说，虹，古代叫螮蝀，形状就像一条虫。对于美丽的彩虹，古人认为是阴阳二气相交形成的，雄的叫虹，雌的叫霓。

现代气象学认为，飘浮在空气中的水滴，受到阳光的折射、反射、衍射，在天空中的雨幕或者雾幕上，形成五颜六色的圆弧形光圈，这就是虹。常见的有主虹、副虹两种，古代叫作"虹霓"。对于"虹"的观测和记载，在殷商的甲骨文中就有了。

毛泽东1933年夏季所写的词《菩萨蛮·大柏地》中，就把美丽的彩虹写入词中："赤橙黄绿青蓝紫，谁持彩练当空舞？雨后复斜阳，关山阵阵苍。"

这首词的首阕，把虹霓比喻成彩带，在天空飞舞，赋予极其浪漫的色彩。

小雪第二候（6—10日）。《吕氏春秋·孟冬纪》："天气上腾，地气下降。"这里说，阳气开始上升，阴气开始下降。

又，《逸周书·时训解》朱右曾云："六阳尽消，天不尽物，故云'上腾'。纯阴用事，地体凝冻，故云'下降'。"

小雪第三候（11—15日）。《吕氏春秋·孟冬纪》："闭而成冬。"高诱注："天地闭，冰霜凛烈成冬也。"这里说，天地不通，阴阳不交，万物失去生机，而成为寒冷的冬天。

《月令七十二候集解》作："闭塞而成冬。"《大戴礼记·夏小正》："于是月也，万物不通。"《吕氏春秋·音律》："应钟之月，阴阳不通，闭而为冬。"《逸周书·时训解》朱右曾云："闭塞，谓物尽蛰。"

"应钟"与夏历十二月相对应。

花信风。七十二候代表花卉。《七十二番花信风》："一候：茶梅。二候：芭蕉。三候：茗花。"

茗花，即茶花。鲜红艳丽，传统名花。李时珍撰写的《本草纲目·果部》第三十二卷：茗，郭璞云："早采为茶，晚采为茗。一名，蜀人谓之苦荼。""叶，[气味]苦、甘，微寒，无毒。[主治]瘘疮，利小便，去痰热，止渴，令人少睡，有力悦志。"陆羽《茶经》云："茶者，南方嘉木。自一尺、二尺至数十尺，其巴川峡山有两人合抱者，伐而掇之。木如瓜芦，叶如栀子，花如白蔷薇，实如栟，蒂如丁香，根如胡桃。"

＊小雪民俗＊

小雪时节，中国民间的传统习俗，是腌制各种各样的腊制品。

腊肉。《说文》："臘，冬至后三戌，臘祭百神。""臘（là）"字本是祭名，指冬至后的第三个戌日，即臘日，臘祭众神。春秋时的"臘祭"，在夏历的十月，周历十二月，所以这个月就叫"臘月"。又，腊（xī），《玉篇》："干肉也。"本字作"昔"。《说文》："昔，干肉也。籒文从肉。""臘""昔"本是两个字，今简化成"腊（臘）"。

冬天腌制腊肉，记载很多。南宋陈元靓编写的《岁时广记·寒食上·煮腊肉》引《岁时杂记》："去岁腊月，糟豚肉挂灶上，至寒食取以啖之，或蒸或煮，其味甚珍。"清代吴敬梓创作的《儒林外史》第二十八回中写道："诸葛天申吃着，说道：'这就是腊肉！'"当代谢觉哉《不惑集·关于相猪》中记载："冬天腌上十多只猪，做很考究的腊肉，很好吃。"

腊肉以畜禽肉为原料，把肉配上食盐、香料、酱料、糖等，经过原料整理、腌制、清洗造型、晾晒风干等工序，加工成美味可口的腊肉。腊肉的特点是，肉质细嫩，红白分明，咸鲜可口，风味独特，便于携带、贮藏。比如安徽刀板香、四川腊肉、湖南腊肉、南京板鸭、宁波腊鸭、成都元宝鸡、北京清酱肉、杭州酱鸭、云南风鸡等，都是我国各地著名的传统腊肉。

小雪农事

小雪农谚。小雪时节的农谚有："瑞雪兆丰年。"意思是，冬雪是庄稼获得丰收的预兆，预示着来年是丰收之年。"节到小雪天下雪。小雪节到下大雪，大雪节到没了雪"。到了小雪节气，黄淮流域一般都要下雪。"小雪大雪不见雪，小麦大麦粒要瘪"。这里说，如果小雪、大雪节气没有下雪，今年的麦子就要干瘪了。"小雪不把棉柴拔，地冻镰砍就剩茬"。告诉农民小雪前要把棉茬拔了。"小雪不起菜，就要受冻害"。各种蔬菜都要收获，不能留在地里。"到了小雪节，果树快剪截"。小雪节气，是果树修剪枝条的好时机。"时到小雪节，打井修渠莫歇"。就是要抓紧时间兴修水利，打井挖渠。

海南农谚："小雪晴天，雨到年边。"小雪是大晴天，年边就有雨。新疆农谚："冬雪对麦是棉袄，春雪对麦是利刀。"冬天大雪，就像给麦子穿上棉袄。吉林农谚："今冬小雪雪满天，来年定是丰收年。"小雪下大雪，来年庄稼大丰收。

小雪农事。《淮南子·时则训》中记载：其一，在这个月里，要命令百官，贮藏好过冬的各种食物。其二，命令司徒，巡视积聚人力、财力的情况。其三，修筑城郭，警戒城门和闾巷；修理好开关城门的门栓，谨慎地管好钥匙。其四，工匠献出自己的产品，察看式样规格，以坚固精细作为上等。如果工匠制出的产品，粗劣和容易破碎，或者制作过分奇巧，必定追究他们的罪过。

由此可知，小雪节气涉及的农事十分广泛，有贮藏粮食，集聚物力财力，修筑城郭房舍，搞好安全保卫，展示制作的各种农业、生活、日用的物品。特别强调的是，这些物品，不允许粗劣和奇巧。这些规定，牵涉到古代农耕社会中的各个方面，对于百姓生存、发展，具有重要意义。

∗ 小雪养生 ∗

小雪美食：年糕。小雪时节，人们爱吃年糕。清代顾禄编撰的《清嘉录》中说："黍粉和糖为糕，曰年糕。"明代刘侗、于奕正撰写的《帝京景物略·春场》中记载："正月元旦，夙兴盥漱，啖（dàn）黍糕，曰年年糕。"李佳瑞编写的《北平风俗类征》引《民社北平指南》中记载："北平俗尚，谓元旦为大年初一，并食年糕，取年年高升之意。"可知制作"年糕"，至少明代就有准确的记载。

年糕是中华民族新年的传统美食。年糕传统有红、黄、白三色，象征金银，年糕又称"年年糕"，与"年年高"谐音，寓意着人民的生活逐年提高。年糕的食用，可以汤煮、爆炒、油炸、清蒸等，咸甜皆宜。年糕富含蛋白质、脂肪、碳水化合物、烟酸、钙、磷、钾、镁等营养元素。

江浙一带小雪时节，盛行打年糕，充满浓厚的生活情趣。传统打年糕，使用的工具有石磨、石臼、蒸架等。做成年糕，要经过十多道工序：掺米、淘米、磨粉、烧火、上蒸、翻蒸、打糕、点红、切块等，才能够完成。

中国各地都有精美的年糕品种，比如北京年糕、苏式年糕、蒙自年糕、福州年糕、宁波慈城年糕等，风味各不相同。

孙思邈《修养法》。唐代"药王"孙思邈《修养法》中说："十月心肺气弱，肾气强盛，宜减辛苦，以养肾气。毋伤筋骨，勿泄皮肤，勿妄针灸，以其血涩，津液不行。"意思是说，孟冬十月，心、肺气息衰弱，肾气强盛，应该减少辣味、苦味，助养肾气。不要伤及筋骨，不要泄露皮肤，不要随意针灸，以免体内血液滞涩，津液流行不畅。

陈抟二十四节气坐功：小雪。清代康熙四十年今福建闽侯人陈梦雷奉敕编辑的最大类书《古今图书集成·明伦汇编·人事典·养生部汇考二》，收录了明代高濂撰写的《遵生八笺·四季摄生全录》，其中保留了珍贵的陈抟二十四节气坐功图。内容包括经脉、运气、功法、治病等。《陈希夷小雪十月中坐功》中记载：

运主太阳终气，时配足厥阴肝风木。

每日丑、寅时，正坐，一手按膝，一手挽肘，左右争力各三、五度。吐纳，叩齿，咽液。

治病：脱肘，风湿热毒，妇人小腹肿，丈夫㿗（tuí）疝、狐疝，遗溺，闭癃，血睾、肿睾，疝，足逆寒，胻善瘛（chì），节时肿，转筋阴缩，两筋挛，洞泄，血在胁下，喘，善恐，胸中喘，五淋。

小雪文化

《红楼梦》：白雪红梅。《红楼梦》第四十九回"琉璃世界白雪红梅"，五十回"芦雪庵争联即景诗"："一夜北风紧，开门雪尚飘。入泥怜洁白，匝地惜琼瑶。……""咏红梅花，得'红'字。邢岫烟，桃未芳菲杏未红，冲寒先已笑东风。魂飞庾岭春难辨，霞隔罗浮梦未通。……"

王安石《梅花》。北宋政治家、文学家王安石创作的五绝《梅花》，把"梅"的香气和"雪"的洁白，天衣无缝地结合在一起："墙角数枝梅，凌寒独自开。遥知不是雪，为有暗香来。"

你看，墙角几枝梅花，冒着严寒，独自开放。远看知道梅花不是雪花，因为有幽香传来。

1076年，55岁的改革家王安石第二次罢相，退居钟山。"墙角"是生长的环境；"梅"花为自喻；"凌寒"，指境遇之残酷；"独"，心境孤独，没有知音；"暗香"，喻品德高贵。

这首短短20字的小诗，充分表达了诗人不惧严寒、凌霜傲雪的坚强意志。列宁称王安石为"中国11世纪伟大的改革家"，名副其实。

黄庭坚《次韵张秘校喜雪三首》。宋代诗人黄庭坚《次韵张秘校喜雪三首》"之三"的前四句，这样写道："满城楼观玉阑干，小雪晴时不共寒。润到竹根肥腊笋，暖开蔬甲助春盘。"

"小雪"一到，雪花飞舞，满城的楼台亭阁，变成白玉阑干；雪后放晴，蓝天白云。雪花滋润了竹根，腊月的笋子长得肥满；暖春即将到来，成为"春盘"中的美味佳肴。

"苏门四学士"之一的黄庭坚，爱自然，爱生活，爱冰雪，爱美食，这个文学大家，也着实让人喜爱。

24. 冰封锁万里，猛虎始交配：大雪

大雪，归于二十四节气纪年法中的第二十四个节气。

* 科学依据 *

大雪，古六历（黄帝、颛顼、夏、殷、周和鲁历）之一的夏历，规定在十一月节。太阳历即公历每年12月7日或8日，太阳到达黄经255°时开始。

《淮南子·天文训》记载："加十五日指壬，则大雪，音比应钟。"这里说，立冬增加十五日，北斗斗柄指向壬位，那么便是大雪，它与十二律中的应钟相对应。

《汉书·律历志下》中说："星纪，初斗十二度，大雪。"

《后汉书·律历下》中记载："大雪，斗六度，一分退二。"

这里的记载，指明"大雪"节气所处十二次、二十八宿"斗"宿的度数。

元代吴澄编写的《月令七十二候集解》中记载："大雪，十一月节。大者，盛也。至此而雪盛也。"

清代李光地等撰写的《御定月令辑要》中说："《三礼义宗》：十一月，大雪为节者，形于小雪为大雪，时雪转甚，故以大雪为节。"

吴澄、李光地对《淮南子》中"大雪"的命名依据作了解释。

《周髀算经·二十四节气》记载日影的长度："丈二尺五寸。小分五。"

《旧唐书·历志二》:"中气,大雪。日中影,一丈二寸八分。"

《周礼注疏》中说:"十一月,大雪节,冬至中。"这里说,大雪、冬至两个节气,规定在夏历十一月。

《清史稿》第四十八卷《时宪志四》:"求节气时刻。十一宫,寅,析木,十五度为大雪。"清代康熙初年,大雪在十二次"析木"之内。

大雪三候

大雪第一候(1—5 日)。《淮南子·时则训》:"鹖鴠不鸣。"高诱注:"鹖(hàn)鴠(dàn),山鸟,阳物也。是月阴盛,故'不鸣'也。"这里说,寒号鸟不再鸣叫。

《礼记·月令》作"鹖旦";《逸周书·时训解》:"大雪之日,鹖鸟不鸣。""鹖"字疑误,当作"鹖"。

鹖(hè)旦是什么鸟呢?鹖,又写作"鹖""鹖"。《集韵》"翰"韵:"鹖,鹖鴠,鸟名。或从'旱'。"又名"倒悬"。《玉篇》:"鹖鴠,似鸡,冬无毛,昼夜长鸣,名倒悬。"其有四个方言名称。《方言》卷八:"鹖旦,自关而东谓之城旦,或谓之倒悬,或谓之鹖旦。"又叫"寒号"。夏天很美,冬天奇丑。《逸周书·时训解》朱右曾云:"鹖旦,一名寒号,夏月毛采五色,至冬尽落,夜则忍寒而号以求旦。"

鹖,上古音为匣纽、元部。鹖,上古音属匣纽、月部。二字声纽相同,韵部阴、入对转,属于音近通假。同时,各地方言名称很多,分布非常广泛。

鹖鴠,民间称作寒号鸟,为"候时之鸟"。明代李时珍在《本草纲目·禽部》第四十八卷记作"寒号虫",其中说:"夏月毛盛,冬月裸体,昼夜鸣叫,故曰'寒号'。"又说:"曷旦乃候时之鸟也,五台诸山甚多。其状如小鸡,四足有肉翅。夏月毛采五色,自鸣若曰:'凤凰不如我。'至冬毛落如鸟雏,忍寒而号曰:'得过且过。'"这就是成语"得过且过"的来历。

大雪第二候（6—10日）。《淮南子·时则训》："虎始交。"高诱注："虎，阳中之阴也。阴气盛，以类发也。"这里说，老虎开始交配。

又，《文选·刘峻〈广绝交论〉》李善注引《淮南子》许慎注："虎，阴中阳兽，与风同类也。"

东汉两位《淮南子》研究专家许慎、高诱解释"大雪""虎交"这种奇特的现象，认为老虎在极阴的大雪时节交配，而这时阳气已经开始产生，所以"虎"具有"阴""阳"两种属性。

明代李时珍所撰《本草纲目·兽部》第五十一卷记载："《易通卦验》：立秋虎始啸，仲冬虎始交。或云：月晕时乃交。又云：虎不再交，孕七月而生。"又说："虎，山兽之君也。夜视，一目放光，一目看物。"可知老虎的生性极为诡奇。又，《淮南子·精神训》中说："若夫吹呴呼吸，吐故内新，熊经鸟伸，凫浴猿躩（jué），鸱视虎顾，是养形之人也。"这里把"虎顾"作为"六禽"导引健身功法之一。《后汉书·华佗传》中也说："吾有一术，名五禽之戏。一曰虎，二曰鹿，三曰熊，四曰猿，五曰鸟。"可知东汉医学家华佗的健身功法"五禽戏"，就是从《淮南子》中化生而来，但是理论体系不同，各具特色。

大雪第三候（11—15日）。《淮南子·时则训》："荔挺出。"高诱注："荔，马荔草也。"这里说，马荔草开始生长。

又，《吕氏春秋·仲冬纪》高诱注："荔，马荔。挺，生出也。"按：挺，《后汉书·杨赐传》李贤注："挺，生也。"即生出义。

荔（lì），高注叫马荔、马荔草，又名马蔺（lìn）子，有的叫蠡（lí）实。《说文》中说："荔，草也。似蒲而小，根可做刷。"明代李时珍在《本草纲目·草部》第十五卷记载："蠡草生荒野中，就地丛生，一本二三十茎，苗高三四尺，叶中抽茎，开花结实。[主治]皮肤寒热，胃中热气，风寒湿痹，坚筋骨，久服轻身。"

又，一说"荔挺"，为香草名。《礼记·月令》郑玄注："荔挺，马薤

(xiè）也。"《逸周书·时训解》朱右曾云："荔挺，香草，一名马薤，又名马蔺（lìn），似蒲而小。"《后汉书·陈宠传》李贤注："荔，马薤（xiè）。"《玉篇》："薤，俗作'薤'。"

对于"荔挺"，南北朝北齐学者颜之推的《颜氏家训·书证第十七》中，作了详细考证，其中说："蔡邕《月令章句》云：'荔似挺。'高诱注《吕氏春秋》云：'荔草挺出也。'然则《月令注》'荔挺为草名'，误矣。"北宋李昉等编撰的《太平御览》卷第一千《百卉部七》收有"荔挺"，引用蔡邕《月令章句》说："荔以挺出。"根据这两条记载，可以知道郑玄《礼记·月令》"荔挺"注，是根据误本，而做出了错误的解释，而高诱注则是正确的。

花信风。七十二候代表花卉。《七十二番花信风》："一候：枇杷。二候：仙人掌。三候：海芋。"

海芋，又称滴水观音、羞天草等。生于南方，大寒开花。李时珍撰写的《本草纲目·草部》第十七卷下："时珍曰：海芋生蜀中，今亦处处有之。春生苗，高四五尺。大叶如芋叶而有干。夏、秋间，抽茎开花，如一瓣莲花，碧色。花中有蕊，长作穗，如观音像在圆光之状，故俗呼为观音莲。"《庚辛玉册》云："羞天草，阴草也。生江广深谷涧边。其叶极大，可以御雨，叶背紫色。花如莲花。根叶皆有大毒。"

* 大雪民俗 *

大雪快事：赏雪。大雪纷飞，中国北方、南方进入赏雪的最佳季节。我国赏雪历史悠久。宋代周密撰写的《武林旧事》中记载："禁中赏雪，多御明远楼。后苑进大小雪狮儿，并以金铃彩缕为饰，且做雪花、雪灯、雪山之类，及滴酥为花及诸事件，并以金盆盛进，以供赏玩。"这里记载的是在南宋都城临安（今浙江杭州），皇帝和后宫美貌的嫔妃们赏雪、玩雪狮子的热闹场面。北宋理学家邵雍《赏雪吟》诗中写道："一片两片雪纷纷,三杯五杯酒醺醺。此时情状不可论,直疑天在才纲纭。""大雪"飘飘,饮酒驱寒。天地茫茫,皆为自然造化。

我国地域辽阔,赏雪圣地,各具特色。主要有新疆喀纳斯,黑龙江省哈尔滨雪乡,四川省川西九寨沟、西岭雪山,湖南省张家界,云南省德钦县梅里雪山,吉林省长白山,云南元阳和广西龙脊等地的梯田赏雪,以及陕西省太白山、湖北省神农架、西藏的雪山等。冰雪奇观,令人神往。冰雪文化,传承久远。

＊大雪农事＊

大雪农谚。大雪时节的农谚有:"大雪兆丰年,无雪要遭殃。大雪不冻,惊蛰不开。""冬雪一层面,春雨满囤粮"。"麦盖三层被,头枕馍馍睡"。"雪有三分肥"。"大雪三白,有益菜麦"。"冬无雪,麦不结"。这些农谚告诉我们,大雪节气,必须下雪、封冻,冬小麦、油菜等农作物,才能吸收充足的水分,减少病虫害,有个好收成。如果无雪、无冻,对于农作物的生长、发育,就会产生不利的影响。

海南农谚:"大雪东风是好年,立春肯定是晴天。"大雪时节刮东风,立春将是大晴天。新疆农谚:"大雪小雪,冻死老爷。"这时正是新疆天寒地冻、滴水成冰的时节。黑龙江农谚:"大雪封了江,冬至不行船。"大雪时节,江河封冻。

大雪农事。《淮南子·时则训》中,对生态保护、农事、政事、酿酒、健康等,都有丰富的记载。

其一,采集。在这个月里,官员督促采集果实。农民如果有不去收藏采集的,有让牛马等家畜乱跑的,取来不加责难。

其二,捕猎。山林湖泽,有能够采摘果实、捕猎禽兽的,主管山林之官可以教导他们。

其三,加强管理。农民中有互相侵夺的,处罚他们不加赦免。

其四，整洁身心。要抛开音乐、美色，禁止贪欲奢求，安定自己的心性。

其五，制箭。水泉开始流动，那么就可以砍伐树木，制取竹箭。

其六，建筑宫室。修饰宫廷、庭院、城门、巷道等。

其七，酿酒。命令主管酿酒的官员，酿酒的原料秫稻必须齐备，酒母必须掌握好时间，浸渍蒸煮用具必须清洁，水质必须清冽，陶器必须精良，火候必须适当，不能有一点差错和变更。这就是流传数千年的古代经典酿酒工艺。

大雪养生

大雪美食：羊肉。大雪时节的美食，就是羊肉。我国人民食用羊肉历史悠久。我国古老的诗歌总集《诗·国风·豳风·七月》中记载："朋酒斯飨，曰杀羔羊，跻彼公堂，称彼兕觥（gōng），万寿无疆。"这里说，两杯美酒来聚飨，宰杀美味有羔羊。一起登上大公堂，高举兕角觥，祝福万寿无疆。可以知道，"羊"在古代的饮食结构中，具有重要的地位。明代李时珍撰写的《本草纲目·兽部》第五十卷中说：羊肉能够"虚劳寒冷，补中益气，安心止惊，五劳七伤，开胃健力"。就是说，羊肉能够抵御风寒，滋补身体，对风寒咳嗽、慢性气管炎、虚寒哮喘、腹部冷痛、体虚怕冷等症状，有一定的治疗或补益效果。

羊肉最适宜在冬季食用，成为冬季最佳的补品之一，深受国人欢迎。我国优良的肉用山羊有：四川省南江县的南江山羊，四川省川西平原的成都麻羊，陕西、河南境内的马头山羊，广西隆林县的隆林山羊，广东湛江徐闻县宵州山羊等。

《遵生八笺》。明代高濂撰写的《遵生八笺》中说："仲冬之月，寒气方盛，勿伤冰冻，勿以炎火炙腹背，勿发蛰藏，顺天之道。君子当静养以顺阳生。"这里说，仲冬十一月，寒冷气息强盛，不要被冰冻伤害，不要

217

用热火烤腹部、背部，不要发掘蛰伏冬眠的动物，顺应天道规律。君子应当静养，来顺应阳气的发生。

陈抟二十四节气坐功：大雪。清代康熙四十年今福建闽侯人陈梦雷奉敕编辑的最大类书《古今图书集成·明伦汇编·人事典·养生部汇考二》，收录了明代高濂撰写的《遵生八笺·四季摄生全录》，其中保留了珍贵的陈抟二十四节气坐功图。内容包括经脉、运气、功法、治病等。《陈希夷大雪十一月节坐功》中记载：

运主太阳终气，时配足少阴肾君火。

每日子、丑时，起身仰膝，两手左右托，两足左右踏，各五、七次。叩齿，咽液，吐纳。

治病：脚膝风湿毒气，口热舌干，咽肿，上气，嗌干及肿，烦心，心痛，黄疸，肠癖，阴下湿，饥不欲食，面如漆，咳唾有血，渴喘，目无见，心悬如饥，多恐，尝若人捕等证。

大雪文化

映雪读书。晋代孙康，家贫好学，常常冬夜利用白雪的反光，来刻苦读书。在唐代徐坚编撰的《初学记》卷二中，引用了《宋齐语》中的记载："孙康家贫，常映雪读书，清淡交游不杂。""映雪"励志，成了古代学子勤学苦读的典范，影响极为深远。当代剧作家欧阳予倩创作的《馒头庵》第四场中，也采用了这个典故："儿须要体父心攻书上进，讲学问须得要映雪囊萤。"又作"雪案"。元朝王实甫《西厢记》第一本第一折："萤窗雪案，刮垢磨光。"

欧阳修《永阳大雪》。北宋政治家、文学家欧阳修在永阳（今安徽滁州市）为官三年，政通人和。位于滁州市西郊12.5公里的清流关，乃是古代重要关隘，南望长江、北控江淮，地势险要，是北方进出南京的必由之路。他在《永阳大雪》中写道:"清流关前一尺雪,鸟飞不度人行绝。冰连溪谷麋鹿死,风劲野田桑柘折。江淮卑湿殊北地,岁不苦寒常疫疠。老农自言身七十,曾见此雪才三四。新阳渐动爱日辉,微和习习东风吹。一尺雪,几尺泥,泥深麦苗春始肥。老农尔岂知帝力,听我歌此丰年诗。"

这首古体诗中说,清流关的雪好大呀,足有一尺多深。这条通往南京的交通要道,飞鸟绝迹,不见人影。小溪山谷冰雪封冻,连麋鹿都冻死了。北风劲吹,桑树、柘树连腰折断。江淮之间低洼潮湿,跟北方不同;如果不是特别寒冷,常常会发生大的瘟疫。70岁的老农说,这样的大雪只见过三四回呢。雪后升起的太阳,光辉惹人喜爱;东风习习吹来,给人微微暖意。这场大雪好啊!雪深泥厚,麦苗养分充足,这又是一个大丰年呀!作为知州,我要大声歌唱!

柳宗元《江雪》。 唐代文学家柳宗元被贬官到永州,写下了《江雪》,描写渔翁寒江独钓,抒发了自己失意的心情:"千山鸟飞绝,万径人踪灭。孤舟蓑笠翁,独钓寒江雪。"

这首五绝展现的意境是:千座山、万条路,无飞鸟、无人迹。只有孤舟、只有头戴蓑笠的老翁,在冰雪封冻的江上独自垂钓。孤独、郁闷,这就是柳宗元倍受打击后的精神状态的写照。

附录

1. 二十四节气的排序问题

陈广忠

[摘要] 冬至第一、立春第四等二十四节气的名称、顺序、依据的科学规定，从《淮南子》开始，被历代文献如《史记》、《汉书》、《后汉书》、《隋书》、新旧《唐书》、《宋史》、《清史稿》、《周髀算经》等所继承。当今媒体、网络、纸本、世俗所说"立春"是第一节气的说法，是不科学的。西汉刘歆编制《三统历》，把"惊蛰"排在正月中，错误改序。东汉班固等加以改正，恢复了《淮南子》的正确排序。

[关键词] 冬至；立春；惊蛰；二十四节气；刘歆

二十四节气的完整、科学的记载，出自西汉前期淮南王刘安的《淮南子·天文训》。二十四节气是根据北斗斗柄、太阳、月亮、二十八宿标示的度数、十二月令、十二音律等和地球的运行规律，而制定出来的永恒的历法，至今已经2159年。

有的媒体、纸本、网络中说，二十四节气的第一节气是"立春"；有的说有两种二十四节气的排序，古代是以"立冬"为首，当代是"立春"为首。这两种说法都是不科学的。

一、二十四节气的第一节气是"冬至"

"冬至"是二十四节气的起点。公历在 12 月 21 日或 22 日,太阳到达黄经 270°冬至点开始。

从《淮南子·天文训》到《清史稿·时宪志》,历代正史、哲学、宗教、天文、历法、数学、农学、养生、星占、《易》学等著作,都沿袭着科学的规定,把"冬至"作为二十四节气的第一节气。

那么,为什么会这样规定呢?

第一节气的核心,是太阳和月亮的"朔且冬至"。就是说,在这个时刻,太阳和月亮的黄经正好相等。比如,《史记·太史公自序》中记载说:"太初元年十一月甲子朔旦冬至,天历始改建于明堂,诸神受纪。"①意思是说,汉武帝太初元年十一月甲子(前 104 年),太阳和月亮合朔,节令就是冬至,汉朝改创历法,实行太初历,在明堂里宣布,并且遍告诸神,尊用夏正(农历以一月为正月)。而其他的二十三个节气,都不具备"朔旦"即合朔的条件,所以第一的位子,没有争议地让"冬至"来承担。

《汉书·律历志》中记载得更加详细:"元封七年,中冬十一月甲子朔旦冬至,日月在建星,太岁在子,已得太初本星度新正。"②汉武帝元封七年(前 104 年)的国家大事,就是改历,把年号改为"太初"。改历主要符合八个条件:仲冬、十一月、甲子、冬至、日月合朔、建星、太岁、子位。可以知道,这就是确立"冬至"为第一节气根本原因。

历代文献对"冬至"为第一节气的论述,记载很多。

《淮南子·天文训》中说:"斗指子,则冬至,音比黄钟。"③意思是说,北斗斗柄指向十二地支的开始、正北方的"子"位,也就是夜里的 12 点,是冬至的起点,相对应的是十二音律中的黄钟。黄钟是古代十二律的第一律,声调宏大响亮,主管十一月。

比《淮南子》要晚的西汉司马迁的《史记·律书》中说:"太初元年,夜半朔旦冬至。"④意思是说,汉武帝太初元年(前 104

年），夜半太阳、月亮合朔时为冬至。

东汉班固的《汉书·律历志下》中，记载的"朔旦"，与《淮南子》《史记》相同："十一月甲子朔旦冬至，日月在建星。○宋祁曰：建星在斗后十三度，在牵牛前十一度，当云在斗、牛之间。""中牵牛初，冬至。于夏为十一月，商为十二月，周为正月。"⑤

《周髀算经·二十四节气》中按照第一节气"冬至"往下排序，其中"冬至"日影的长度是："冬至晷（guǐ）长丈三尺五寸。"⑥"冬至"日影最长，竟有 1.35 丈。

南朝宋代范晔编撰的《后汉书·律历下》中，记载的"二十四节气"，从"冬至"开始，按照农历月份、二十八宿度数排列："天正十一月，冬至。""冬至，日所在，斗二十一度，八分退二。"⑦

《周礼注疏》中说："十一月，大雪节，冬至中。""冬至昼则日见之漏四十刻，夜则六十刻。"⑧也就是说，农历把大雪、冬至安排在十一月。

可以知道，二十四节气顺序的科学确定，是从"冬至"开始的。它是按照北斗斗柄的运行、十二音律的规定、太阳和月亮运行"朔旦"在"冬至"交会、二十八宿的位置和度数、圭表的测量等，全部的"推步"即天文、历法的数据计算，"冬至"都是起点。当然，也只能从"冬至"开始。

"冬至"，《吕氏春秋·音律》又叫"日短至"。高诱注中说："冬至日，日极短，故曰日短至。"⑨《淮南子·天文训》中第一次命名为"冬至"。《史记·律书》中说："气始于冬至，周而复始。"⑩冬至的时候，太阳几乎直射南回归线，北半球白昼最短，黑夜最长。之后阳光直射位置逐渐北移，白昼时间逐渐变长。宋代张君房编写的《云笈七签》卷一百中说："十一月律为黄钟，谓冬至一阳生，万物之始也。"⑪也就是把冬至看作节气的起点。冬至虽然阴气最盛，但是阳气就已经产生了。

对于"至""冬至"的词义解释，元代吴澄撰写的《月令七十二候集解》中说："十一月中，终藏之气，至此而极也。"⑫

明代高濂撰《遵生八笺》卷六引《孝经纬》中也说："大雪后十五

日，斗指子，为冬至。阴极而阳始至。"[13]

清代李光地等编撰的《御定月令辑要》中记载："《孝经说》：斗指子为冬至。'至'有三义：一者阴极之至。二者阳气始至。三是日行南至。"[14]

元、明、清三家文献，对"至"和"冬至"的解释，科学而全面。

天文学上规定"冬至"为北半球冬季开始。中国大部分地区受到冷高压空气控制，北方寒潮南下，秦岭—淮河一线的北方地区，平均气温在零度以下。冬至是数"九"的第一天。

二、二十四节气第四个节气"立春"

立春，农历归正月节，公历每年2月4日或5日，太阳到达黄经315°时开始。

立春，是春季6个节气的起点。《宋本广韵》"谆"韵中说得明白："春，四时之首。"[15]就是春、夏、秋、冬四季的开头。有人说"立春"是"二十四节气之首"，这是错误的。

主要原因是，"立春"缺少太阳、月亮合朔即"朔旦"的先决条件，所以也就不能成为二十四节气计时的起点。就是说，要想担任"第一""之首"的领导责任，上天的太阳、月亮还没有授予它"资质"，所以只能屈尊作为春季的领班。

其次，"立春"还有寡年、双春年等规定，它是根据闰年来决定的。我们知道，二十四节气主要是根据太阳和月亮的运行规律，而制定出来的科学的历法，叫作阴阳合历。阳历：太阳周年视运动一回归年是365.2422日。阴历：月亮十二个朔望月的长度是354.3672日。这样一年就相差10.88日，所以就有"十九年七闰"的规定。一般来说，闰四、五、六月最多，闰九、十月最少，闰十一、十二、一月不会出现。根据设置闰年的时间安排，在19个年头里，7年没有立春（寡年），7年是双立春（双春年），5年是单立春。所以，"立春"的时间是经常变动的，不可能作为二十四节气的起点。

二十四节气 纪年法

有关"立春"的主要科学理论有：

《淮南子·天文训》中指出划分四"立"的依据是："子午、卯酉为二绳，丑寅、辰巳、未申、戌亥为四钩。东北为报德之维也，西南为背阳之维，东南为常羊之维，西北为蹄通之维。"[16]

这里对《天文训》的术语"维""绳""钩"等加以解释。

"维"，高诱注："四角为维也。"[17]一周天 $365\frac{1}{4}$ 度分为"四维"。"四维"，就是划分四"立"的根据。四维处于立春、立夏、立秋、立冬的时节。"立"，是开始的意思。四"立"，就是四季的开始。

"绳""钩"，高诱注："绳，直。"[18]《说文》："钩，曲也。"[19]本义指弯曲的钩子。引申有勾连义。可以知道，"二绳"，子午，连接冬至、夏至；卯酉，连接春分、秋分。这样可以分出两"分"、两"至"。

"四钩"，丑寅，报德之维，连接冬春；辰巳，常羊之维，连接春夏；未申，背阳之维，连接夏秋；戌亥，蹄通之维，连接秋冬。可以知道，"四钩"，可以分出四"立"。

由此可知，二十四节气全年为 $365\frac{1}{4}$ 日，两维之间为 $9\frac{15}{16}$ 度，具体分配的时间整数如下：冬至—大寒46日，立春—惊蛰45日，春分—谷雨46日，立夏—芒种46日，夏至—大暑46日，立秋—白露46日，秋分—霜降46日，立冬—大雪45日。

《淮南子·天文训》中关于"立春"的记载："加十五日指报德之维，则越阴在地，故曰距日冬至四十六日而立春，阳气冻解，音比南吕。"[20]意思是说，惊蛰后增加十五日，北斗斗柄指向报德之维，阴气在大地上泄散，所以说距离冬至四十六天便是立春。阳气升起，冰冻消释，它与十二律中的南吕相对应。

《汉书·律历志下》中说："诹（zōu）訾（zī），初危十六度，立春。"[21]

《后汉书·律历下》中记载:"立春,危十度,二十一分进二。"㉒

元朝吴澄撰写的《月令七十二候集解》中说:"正月节。立,建始也。五行之气往者过来者续于此。而春木之气始至,故为之立也。立夏、秋、冬同。"㉓这里解释"立春"命名的依据。

《周髀算经·二十四节气》中记载日影的长度是:"立春,丈五寸二分,小分三。"㉔

《吕氏春秋·孟春纪》高诱注中说:"冬至后四十六日而立春。立春之节,多在是月也。"㉕

《周礼注疏》中说:"正月立春节,雨水中。"㉖就是说,立春、雨水两个节气,规定在农历一月。

三、刘歆改序与班固回归

二十四节气第六个节气是"惊蛰"。

"惊蛰"在二十四节气中的排序,西汉之时,曾经出现过两种说法。其一,《淮南子·天文训》:"雨水、惊蛰、春分、清明。"㉗其二,刘歆《三统历》:"惊蛰、雨水、春分、谷雨。"㉘刘歆的排序,引起了后人的误解和争论。从《汉书·律历志》以后,则完全采用《淮南子·天文训》的科学排序方法,回归正轨。

第一种排序,"惊蛰"是在农历二月节,在公历每年3月5日或6日,太阳到达黄经345°时开始。

《淮南子·天文训》中记载:"十五日指甲,则雷惊蛰,音比林钟。"㉙意思是说,雨水增加十五日,北斗斗柄指向甲位,那么雷声响起,惊蛰到来,它与十二律中的林钟相对应。

《后汉书·律历下》中说:"惊蛰,壁八度,三分进一。"㉚

《周髀算经·二十四节气》中记载太阳日影的长度是:"启蛰,八尺五寸四分。小分一。"㉛

《周礼注疏》中说:"二月,启蛰节,春分中。"㉜就是说,启蛰、春分两个节气，规定在农历二月。

《旧唐书·历志》中记载："开元大衍历经：惊蛰，二月节。"㉝

元代吴澄撰写的《月令七十二候集解》中记载："二月节。万物出乎震，震为雷，故曰'惊蛰'，是蛰虫惊而出走矣。"㉞（按：《淮南子·天文训》中的"惊蛰"，与《周易》中"大壮"相对应，不对应"震"卦。）

清代李光地等撰写的《御定月令辑要》中说："《四时气候》：立春以后，天地二气合同，雷欲发生，万物蠢动，蛰虫振动，是为惊蛰。乃二月之气。"㉟

吴澄、李光地对"惊蛰"的命名、月份、八卦的"震"卦、"雷"的成因等，做了详细介绍，内容完整而科学。

以上文献告诉我们，雨水以后，就是惊蛰，归于二月节。它在二十八宿中的位置、日影的长度等，都有科学的定位。

第二种排序，《汉书·律历志》记载的刘歆（前50—23年）的《三统历》，把"惊蛰"排在"正月中"，紧接在"立春"之后。这是唯一的一次排序。

此后，《汉书·律历志》《后汉书·律历志》以及《周髀算经·二十四节气》等一系列文献，重新把"惊蛰"放在"雨水"之后，回到"二月节"，恢复了《淮南子·天文训》的排序原貌。

刘歆为什么要这样排序呢？就是因为这个"惊蛰"。这样做的目的是什么？

"惊蛰"，最早见于《大戴礼记·夏小正》："正月：启蛰。言始发蛰也。雁北乡。雉震呴（gòu）。正月必雷，雷不必闻，惟雉为必闻。"㊱（其中的"启"字，为了避开汉景帝刘启的"启"字讳，《淮南子·天文训》改为"惊"。）《夏小正》的理论依据是：正月必定打雷，雷声就会使冬眠的动物苏醒，所以叫"启蛰"。应该指出，这是《夏小正》中唯一提到的与《淮南子·天文训》相接近的节气名称。可以说，它还不具备完整的科学的"惊蛰"的内涵。

感谢东汉学者班固的《汉书·律历志下》,其中保留了西汉末期刘歆《三统历》的说法,但是随即又用小字加以纠正。《汉书·律历志下》中说:"诹(zōu)訾(zī),初危十六度,立春。中营室十四度,惊蛰。今日雨水。于夏为正月,商为二月,周为三月。"㉘就是说,《三统历》把立春、惊蛰排在农历一月份,而班固则指出,"惊蛰"在东汉时已经改为"雨水"了。

对于刘歆编写《三统历》,仅仅依据一个"启蛰",制造一个不合科学常识的二十四节气,他的目的就是想通过复旧、为王莽篡汉制造舆论。他的排序,后果很严重,使人造成了对二十四节气体系的误解。《礼记注疏》中孔颖达解释说:"郑(玄)以旧历正月启蛰即'惊'也,故云汉(按:疑指汉武帝《太初历》,已经失传)始以'惊蛰'为正月中。但蛰虫正月始'惊',二月大'惊',故在后移'惊蛰'为二月节,雨水为正月中。"㉙东汉大学者郑玄指出,把"惊蛰"放在"正月",这是不符合蛰虫冬眠的时间规律的。

南朝宋代范晔编写的《后汉书·律历志》中,对刘歆《三统历》中的这个失误,加以改正,把立春、雨水放在一月份,"惊蛰"排在二月节。这样就拨乱反正,仍然采用《淮南子·天文训》名称、顺序和理论依据,并且一直沿用到今天。

[参考文献]

①④⑩司马迁. 史记[M]. 北京:中华书局,1959.

②⑤㉑㉝㊲二十五史[M]. 上海:上海古籍出版社,1986.

③⑯⑳㉗㉙㉛刘安. 淮南子[M]. 陈广忠,点校,上海:上海古籍出版社,2016.

⑥㉔周髀算经[M]. 文渊阁四库全书本. 上海:上海古籍出版社,2014.

⑦㉒㉚范晔. 后汉书[M]. 李贤,等注. 北京:中华书局,1965.

⑧㉖㉜㊳阮元．十三经注疏［M］．北京：中华书局，1979．

⑨㉕吕氏春秋［M］．高诱，注．上海：上海古籍出版社，2014．

⑪张君房．云笈七签［M］．北京：中华书局，2017．

⑫㉓㉔月令七十二候集解［M］．济南：齐鲁书社，1997．

⑬高濂．遵生八笺［M］．北京：中华书局，2000．

⑭㉟李光地等．御定月令辑要［M］．文渊阁四库全书本．上海：上海古籍出版社，2014．

⑮余廼永．新校互注宋本广韵［M］．上海：上海古籍出版社，2008．

⑰⑱何宁．淮南子集释［M］．北京：中华书局，1998．

⑲许慎．说文解字［M］．北京：中华书局，2013．

㉘刘歆．三统历［M］．文渊阁四库全书本．上海：上海古籍出版社，2014．

㊱孔广森．大戴礼记补注［M］．北京：中华书局，2000．

（《中国非物质文化遗产》，2020年，第2期。北京，中国社科网，2024－02－0518：31转载。《淮南日报》2024年2月20日转载。）

2. 再论二十四节气的排序

陈广忠

[摘要]《淮南子》"天文训""时则训"中对"闰"年、夏历与节气、十二音律与节气的关系的描述,以及相关历史、科技文献,对二十四节气的理论依据以及"冬至"为第一节气,提供了重要的文献依据,这有助于厘清民间、媒体、网络上关于二十四节气的诸多误解。

[关键词] 二十四节气;双春年;置闰;冬至;夏历;十二音律;排序

引言

2023 年是双春年(闰二月),立春分别在农历正月十四日(公历 2023 年 2 月 4 日)、农历十二月二十五日(公历 2024 年 2 月 4 日)。就是说,在农历一年中,出现两个立春。这应该怎么解释呢?

在距今 2162 年的《淮南子·天文训》中,第一次完整科学地记载了二十四节气,早就已经完满地回答了这个问题:

月,日行十三度七十六分度之二十六(当作"八"),二十九日九百四十分日之四百九十九而为月,而以十二月为岁。岁有馀十日九百分日之八百二十七,故十九岁而七闰。[①]

这段话的意思是:月亮,每天进行 $13\frac{28}{76}$ 度,$29\frac{499}{940}$ 日而为一月,而把十二个月作为一年。每年(比太阳周年视运动)尚差 $10\frac{827}{940}$ 日,不够 365 $\frac{1}{4}$ 日。因而十九年有七次闰年。比如,2014 年闰九月,2017 年闰六月,

2020 年闰四月，2023 年闰二月等。

当今测定的时间是，十二个朔望月是 354.3672 天，太阳一回归年的长度是 365.24219879 天，二者相差 10.88 天。

二十四节气是阴阳合历，它制定的主要理论依据是：日、月交会，北斗定时。宋代交会的位置在二十八宿的斗、牛之间，固定在黄经 270°，即"冬至"子时，二十四节气计时开始。

由于太阳、月亮的运行时间并不同步，为了确定二十四节气的时间，这就需要置"闰"。在 19 年中，其中 7 年没有立春（也叫寡春年、盲春年、哑年、寡年等），7 年双立春，5 年单立春。比如，2020 年是双春年，2021 年是寡春年。也就是说，"立春"的时间不是固定的，所以就不能成为计时的开始，二十四节气的计时起点必须是"冬至"。

一、从《淮南子》"天文训""时则训"看二十四节气排序

（一）二十四节气的科学测定

二十四节气的确立，是根据准确的天文观测，复杂的科学测算，在淮南国"八公"及"天下俊伟之士"精心研究之下，最终获得成功。

《淮南子·天文训》中使用的天文、历法、推步、星象、音律、气象等的术语有：维（四维）、绳（二绳）、钩（四钩）、斗（北斗）、日（日影，即日晷）、月、辰（十二辰）、干支、十二律、阴阳、气（阳气、阴气）等。《天文训》中记载说：

> 两维之间，九十一度（也）十六分度之五，而（升）[斗]日行一度，十五日为一节，以生二十四时之变。斗指子，则冬至，音比黄钟。加十五日指癸，则小寒，音比应钟。加十五日指丑，则大寒，音比无射。加十五日指报德之维，则越阴在地，故曰距日冬至四十六日而立春，阳气冻解，音比南吕。加十五日指寅，则雨水，音比夷则。十五日指甲，则雷惊蛰，音比林钟。加十五日指卯，中绳，故曰春分，则雷行，音比蕤宾。加

十五日指乙，则清明风至，音比仲吕。加十五日指辰，则谷雨，音比姑洗。加十五日指常羊之维，则春分尽，故曰有四十六日而立夏。大风济，音比夹钟。加十五日指巳，则小满，音比太蔟。加十五日指丙，则芒种，音比大吕。加十五日指午，则阳气极，故曰有四十六日而夏至，音比黄钟。……加十五日指子，故曰阳生于子，阴生于午。阳生于子，故十一月日冬至，鹊始加巢，人气钟首。②

《天文训》中又说：

子午、卯酉为二绳，丑寅、辰巳、未申、戌亥为四钩。东北为报德之维也，西南为背阳之维，东南为常羊之维，西北为蹄通之维。日冬至则斗北中绳，阴气极，阳气萌，故曰冬至为德。日夏至则斗南中绳，阳气极，阴气萌，故曰夏至为刑。③

《天文训》中5个主要的天文、推步概念是：

其一，"斗"（北斗），就是北斗七星。《古微书·春秋运斗枢》中说得明白："北斗七星，第一天枢，第二璇，第三玑，第四权，第五玉衡，第六开阳，第七摇光。第一至第四为魁，第五至第七为杓，合为斗。居阴播阳，故称北斗。"④《天文训》中北斗定时，既继承了传统，又有发展创新。

对于"北斗"的运用，战国时代《鹖冠子·环流》中说："斗柄东指，天下皆春；斗柄南指，天下皆夏；斗柄西指，天下皆秋；斗柄北指，天下皆冬。"⑤斗柄旋转一周，就是 $365\frac{1}{4}$ 度，斗柄分别指向春分、夏至、秋分、冬至。

当时的测量仪器主要是"璇玑玉衡"，即浑仪。《史记·天官书》中说："北斗七星，所谓'璇玑玉衡，以齐七政'也。斗为帝车，运于中央，临制四方，分阴阳，建四时，均五行，移节度，定诸纪，皆系于斗。"⑥司马迁概括"北斗"有"分阴阳"等五大功能。《史记·五帝本纪》中也说："舜乃在璇玑玉衡，以齐七政。"裴骃集解引郑玄曰："璇玑、玉衡，浑天仪也。"⑦

其二，"日晷"。《天文训》中说："八尺之脩，日中而景丈三尺。""八尺之景，脩径尺五寸。"⑧所谓"八尺"，是指用来测日影的圭表。冬至之时，树立八尺高的圭表，日中时测得影长是一丈三尺；夏至之时，日中时测得影长是一尺半。连续两次测得日影最长、最短的时间间隔，就是太阳一个回归年的长度。

不过，应该指出的是，圭表测影不全是淮南王刘安和门客的发明，较早的是周朝周公姬旦。《周礼·天官》郑玄注中说："《司徒职》曰：'日至之景，尺有五寸，谓之地中……乃建王国焉。'"⑨可以知道，周公当年利用日影，测定天下之中，选址建都洛阳，只是测定了"夏至"的影长。

其三，"绳"（二绳）："绳"定"分""至"。《天文训》高诱注："绳，直也。"⑩就是用互相垂直的两条线，即经线、纬线，连接四辰，把 $365\frac{1}{4}$ 度，划分出二"至"、二"分"，即冬至、夏至；春分、秋分。所以，"冬至斗北中绳""夏至斗南中绳"，测定结果，准确无误。

其四，"钩"（四钩），连接四"立"。指把丑与寅、辰与巳、未与申、戌与亥八个辰钩连起来，每钩之间夹一维。划分出四维，并且连接四"立"，即立春、立夏、立秋、立冬。

其五，"维"（四维）：纲维，纲纪。"维"定度数。《楚辞·天问》王逸注："维，纲也。"⑪《天文训》中叫作报德之维、背阳之维、常羊之维、蹄通之维。⑫两维之间是 $91\frac{5}{16}$ 度，四维即 $365\frac{1}{4}$ 度。四"维"准确地测定了四"立"的度数。

根据北斗斗柄的运行，用浑仪、日晷等仪器，科学地测得二"绳"、四"钩"、四"维"的度数。这样，在8个节气的度数确定之后，进而可以测出其他节气的度数。

（二）二十四节气和十二月、十二律与"候气"法

《淮南子》二十四节气的制定，同十二音律密切相关。十二音律的产生和运用，历史悠久。

在《国语·周语下》中，出现了完整的十二律，并且试图用"候气"说来解释：

> 夫六，中之色也，故名之曰黄钟。所以宣养六气、九德也。二曰太蔟，所以金奏赞阳出滞也。元间大吕，助宣物也。三间仲吕，宣中气也。[13]

这是东周周景王二十三年（前 522 年）询问律吕，著名音乐家伶州鸠的回答。其中的"六气（指'阴、阳、风、雨、晦、明'）""中气（即'阳气起于中'）"等，把十二"律"的产生，同"气"联系在一起。此后，经过 400 多年的研究和发展，在西汉前期成书的《淮南子》中，把二十四节气和十二律更加紧密地结合起来。

在《天文训》中说：

> 斗指子则冬至，音比黄钟。……加十五日指午，则阳气极，故日有四十六日而夏至，音比黄钟。……加十五日指子。[14]

《天文训》中又说：

> 帝张四维，运之以斗，月徙一辰，复反其所。正月指寅，十二月指子，一岁而匝，终而复始。指寅，则万物螾，律受太蔟。太蔟者，蔟而未出也。[15]

这里包括十二辰的"寅"位、夏历正月、太蔟，以及对"太蔟"名称的解释。其他十一律，也是这样。

《淮南子》的观点，得到了汉代司马迁、班固等及后代众多学者的肯定。《史记·律书》中说："正月也，律中泰蔟。泰蔟者，言万物蔟生也，

故曰泰蔟。其于十二子为寅。寅言万物始生螾然也。"⑯《国语·周语下》三国韦昭注："正月曰太蔟，《乾》九二也。管长八寸。法云：九分之八。太蔟，言阳气太蔟达于上也。"⑰

按照《天文训》的记载，可以用下面的示意图来表示。

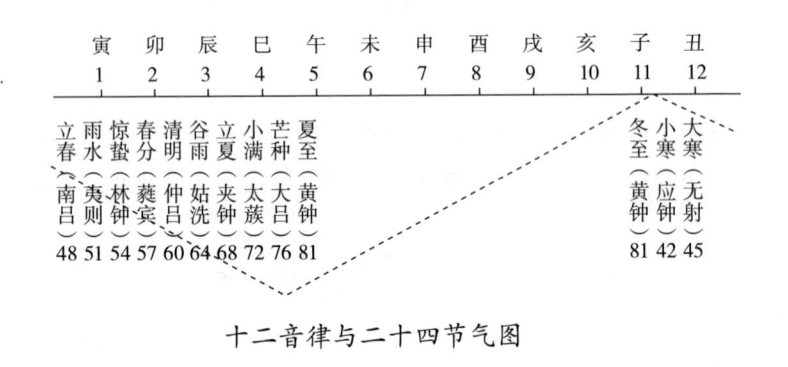

```
       寅  卯  辰  巳  午  未  申  酉  戌  亥  子  丑
       1   2   3   4   5   6   7   8   9   10  11  12

       立  雨  惊  春  清  谷  立  小  芒  夏              冬  小  大
       春  水  蛰     分  明  雨  夏  满  种  至              至  寒  寒

       南  夷  林  夹  姑  仲  蕤  林  夷  南              黄  应  无
       吕  则  钟  钟  洗  吕  宾  钟  则  吕              钟  钟  射
```
              48 51 54 57 60 64 68 72 76 81   81 42 45

十二音律与二十四节气图

这里的横线表示夏历十二月及二十四节气；虚线表示与十二律之关系；数字是十二律的管长；十二月对应十二辰。

从上图可以知道，十二律与二十四节气的组合，同一年中的四季、气候、八风、气温等的变化，具有密切的关系。

从冬至即十二律的黄钟开始，到夏至黄钟结束，在这一个周期中，十二律的管长是逐渐增加的，这个增加的级数，大约等于3。除去冬至黄钟之外，律管长排列分别是：42、45、48、51、54、57、60、64、68、72、76、81。如果从季节上说，由阴气最盛的冬至开始，到阳气最盛的夏至。从风向上来说，可以看出其变化规律是：从北方季风（景风、巨风）极盛的冬至开始，尔后逐渐减弱；到南方季风（广莫风、寒风）吹来，直至完全控制，经过由低到高的变化过程，与律管的逐级增加相吻合。这是一个周期，可以称之为顺行。尔后接着便是逆行。其律管长度由夏至（黄钟81）开始，分别是76、72、68、64、60、57、54、51、48、45、42。气候由盛夏到严冬，风向由南方季风最盛到北方季风最盛。这是第二周期，与第一周期恰好相反。这就清楚地说明，十二律的管长，是受季节中的温度、风向等诸因素的影响而确定的。气温低时律管短，而冬至最短。以后随着气温的增加，则逐渐加长，夏至最长。也就是说，十二律的变化经过由高到低，再由低到高的变化过程。因此可以得出结论，十二律的管长由少到多及音的由高到低的级数变化，与自然界的季节变化周期成正比。这大概就是古代确定十二律管长的依据之一。

《淮南子》中音律与二十四节气、历法的结合，继承了战国以来的研究传统，从而发展成为一个完整的体系，产生了深远的影响。《史记·律书》《汉书·律历志》等，就采纳了这种观点。到了东汉，还保留着"候气法"。《后汉书·律历志》中记载：

候气之法，为室三重，户闭，涂衅必周，密布缇缦。室中以木为案，每律各一，内庳外高，从其方位，加律其上，以葭莩灰抑其内端，案历而候之。气至者灰（去）[动]。其为气所动者其灰散，人及风所动者其灰聚。[18]

它的主要方法是，在一个三重的布满缇色布幔的室内，按方位设置律管，在律管末端放置苇膜烧成的轻灰。随着季节的变化，放置于不同律管中的轻灰，将为节气所动而飞扬。这种"候气"所用的律管也叫"律钟"。

（三）二十四节气和夏历十二月、十二律与四时

《淮南子·时则训》中所使用的纪年法，属于古六历之一夏历，以正月为岁首。它同黄帝历（十一月为岁首）、殷历（十二月为岁首）、周历（十一月为岁首）、颛顼历（即秦历，十月为岁首）、鲁历（十一月为岁首）不同。

二十四节气同夏历、十二个月、四季的搭配，记载在《时则训》之中，只有8个节气：

孟春之月，招摇指寅，律中太蔟……立春之日，
仲春之日，招摇指卯，律中夹钟……日夜分，

二十四节气 纪年法

孟夏之月，招摇指巳，律中仲吕……立夏之日，

仲夏之月，招摇指午，律中蕤宾……日（短）[长]至，

孟秋之月，招摇指申，律中夷则……立秋之日，

仲秋之月，招摇指酉，律中南吕……日夜分，

孟冬之月，招摇指亥，律中应钟……立冬之日，

仲冬之月，招摇指子，律中黄钟……日短至。[19]

孟春：正月，招摇（即北斗杓端第七星），寅（十二地支第三位），太蔟，立春。仲春：二月，招摇，卯，夹钟，春分。季春：三月。

孟夏：四月，招摇，巳，仲吕，立夏。仲夏：五月，招摇，午，蕤宾，夏至。季夏：六月。

孟秋：七月，招摇，申，夷则，立秋。仲秋：八月，招摇，酉，南吕，秋分。季秋：九月。

孟冬：十月，招摇，亥，应钟，立冬。仲冬：十一月，招摇，子，黄钟，冬至。季冬：十二月。

这是二十四节气与夏历的对比排列，如果换成黄帝历、殷历、周历、颛顼历（秦历）、鲁历，那就会出现三种不同的排列方法。而二十四节气作为独立的纪年法，可以同任何纪年法进行对比排列，当然就会有不同的排法，这是清楚明白的。

"冬至"列在夏历十一月，十二地支中"子"位，相对应的是十二律中的"黄钟"，属于二十四节气中的第一节气，这是固定不变的。

应该指出的是，《淮南子·时则训》《吕氏春秋·十二纪》《礼记·月令》等，依照夏历四季的顺序，按月排列八个节气，影响很大。历代有关"月令"的著作，如（明）黄道周的《月令名义》、（元）吴澄的《七十二候集解》等著作，都是按照这个模式编排的，把"立春"放在"正月"，于是便造成了"立春"为二十四节气第一节气的误解。

二、从《汉书·律历志》看二十四节气排序

东汉史学家班固（32—92）所著《汉书》，是我国第一部纪传体断代史。其中的八"表"由班昭补写，《天文志》由班昭弟子马续补写。《汉书·律历志》记载的二十四节气，同十二次（星纪、玄枵等）、二十八宿度数（斗、牵牛等）、历法（夏历、商历、周历）相结合，成为价值很高的科学文献。其中的部分内容是：

星纪，初斗十二度，大雪。中牵牛初，冬至。（于夏为十一月，商为十月，周为正月。）终于婺女七度。

玄枵，初婺女八度，小寒。中危初，大寒。（于夏为十二月，商为正月，周为二月。）终于危十五度。

诹訾，初危十六度，立春。中营室十四度，惊蛰。（今曰雨水。于夏为正月，商为二月，周为三月。）终于奎四度。

降娄，初奎五度，雨水。（今曰惊蛰。）中娄四度，春分。（于夏为二月，商为三月，周为四月。）终于胃六度。

大梁，初胃七度，谷雨。（今曰清明。）中昴八度，清明。（今曰谷雨。于夏为三月，商为四月，周为五月。）终于毕十一度。

实沈、初毕十二度，立夏。中井初，小满。（于夏为四月，商为五月，周为六月。）终于井十五度。

鹑首，初井十六度，芒种。中井三十一度，夏至。（于夏为五月，商为六月，周为七月。）终于柳八度。……[20]

这里强调三点：其一，测出"冬至"在二十八宿中的位置，"中牵牛初，终于婺女七度"。其他节气亦是如此。其二，指出夏历、商历、周历的区别。其三，用"今曰"校正西汉末期刘歆（？—23）妄改"雨水""谷雨""惊蛰""清明"的顺序，并且恢复了《淮南子·天文训》二十四节气的排序。

237

三、从《周髀算经》看二十四节气排序

《周髀算经》是我国最早的数理、天文学著作，在中国和世界数学史、天文学史上，占有重要的地位。唐代国子监列为《算经十书》的第一部教材。"周髀"，就是观测日影用的圭表。这是日晷记载二十四节气的最早记录。

《周髀算经》中的二十四节气，与《淮南子·天文训》时代稍晚，大约成于前100年前后。其中"冬至""夏至"两个节气，则是当时的实测记录。其他则是按照"气损益九寸九分六分分之一"，而增减得到的。初唐高道李淳风（602—670）是著名的天文学、数学、《易》学大家，通晓天文、历算、阴阳、道家学说。他校订的二十四节气影长，成为唐代官方制定天文、历法、农事、政事等的主要依据。而《淮南子》中只保留了"冬至""夏至"两个节气的影长。

冬至，晷长丈三尺五寸。　　　　　　　（李淳风谨按：一丈三尺）

小寒，丈二尺五寸，小分五。　　（李淳风谨按：一丈二尺四寸八分）

大寒，丈一尺五寸一分，小分四。

（李淳风谨按：一丈一尺三寸三寸四分）

立春，丈五寸二分，小分三。　　　（李淳风谨按：九尺九寸一分）

雨水，九尺五寸三分，小分二。　　（李淳风谨按：八尺二寸八分）

启蛰，八尺五寸四分，小分五。　　（李淳风谨按：六尺七寸二分）

春分，七尺五寸五分。　　　　　　（李淳风谨按：五尺三寸九分）

清明，六尺五寸五分，小分五。　　（李淳风谨按：四尺二寸五分）

谷雨，五尺五寸六分，小分四。　　（李淳风谨按：三尺二寸五分）

立夏，四尺五寸七分，小分三。　　　　（李淳风谨按：二尺五寸）

小满，三尺五寸八分，小分二。　　（李淳风谨按：一尺九寸七分）

芒种，二尺五寸九分，小分一。　　（李淳风谨按：一尺六寸九分）

夏至，一尺六寸。　　　　　　　　　（李淳风谨按：一尺五寸）……[21]

结　语

中国古老的、泽惠至今的二十四节气纪年法，是中国人民的伟大创造。

其一，二十四节气纪年法，可以同任何的古今、中外纪年法相搭配。中国古今有岁星纪年法、太岁纪年法、干支纪年法、黄帝历、夏历、殷历、周历、颛顼历、秦历、鲁历、王公纪年法、阴历、阳历、阴阳合历、公历、农历等，还有宗教历法、佛历、道历、少数民族历法、十月历等，以及越南、韩国、朝鲜、日本、新加坡、马来西亚、菲律宾等国历法，各自独立运行，自成体系，皆可以同二十四节气纪年法相比对。

二十四节气纪年法，是阴阳合历，所以就要受到"十九年七闰"的制约，就会出现单立春、双立春、寡春等的情况。又因为《淮南子·时则训》选择了夏历，按照一年四季来编排，所以"冬至"就被分配在十一月，"立春"被分配在正月。如果同殷历、周历、秦历等以及国外的历法相结合，就可能是另外一种搭配方式。比如现今公历2022年12月22日、农历二〇二二年十一月二十九日、壬寅年十一月二十九日"冬至"，不能说古今就有3套二十四节气理论，3种排序的规定。在二十四节气的理论体系中，按照数千年的研究结果，"冬至"是计时的开始，必须排在第一位；"立春"不是第一节气，只分管春季6个节气。

其二，二十四节气是永恒的立法。淮南王刘安科研团队二十四节气纪年法研制成功，至今已经2161年；被编入"太初历"，也已经2128年。只要北斗存在，月亮存在，太阳存在，二十八宿存在，十二音律存在，地球存在，它就要永远地运行下去。因为它是把天、地、人结合的最佳时间范式，它是把古代哲学、天文学、历法学、气象学、音律学、数学、农学、政治观等融为一体的最高智慧结晶。

其三，二十四节气诞生在淮河—秦岭一线，淮河中游的淮南国古都春春。这条中国气候、地理自然分界线的标志是：农历正月的气温平均是1℃。

这就为研制成功二十四节气,提供了得天独厚的自然条件。在网络、媒体、民间、外宣中,有人认为"二十四节气主要形成于黄河流域"。从流域上看,不论是黄河上游、中游、下游;从时代上看,不论是先秦、两汉、唐宋、元明清;从行政区划上看,不论是青海、河南、山东,黄河流域,至今都没有找到金石、缣帛、简牍、纸本等最早的文献依据。

【注释】

①②③⑧⑭⑮淮南子(上)[M].陈广忠,译注.北京:中华书局,2012:139,130-131,125,125-126,130,148.

④纪昀等.影印文渊阁四库全书:第194册[M].北京:北京出版社,2012:875.

⑤黄怀信.鹖冠子校注[M].武汉:湖北人民出版社,2018:56.

⑥中华书局编辑部.历代天文律历等志汇编(一)[M].北京:中华书局,1975:5

⑦沈括.梦溪笔谈[M].包亦心,编译.沈阳:万卷出版公司,2019:78

⑨周礼注疏[M].郑玄,注.贾公彦,疏.上海:上海古籍出版社,2015:87,88.

⑩⑫高诱.淮南子注[M].上海:上海古籍出版社,1986:39.

⑪楚辞补注[M].王逸,章句.洪兴祖,补注.北京:中华书局,1957:146.

⑬⑰左丘明.国语[M].韦昭,注.上海:上海古籍出版社,2015:87,88.

⑯司马迁.史记[M].北京:中华书局,1977:1245.

⑱司马彪.后汉书[M].北京:中华书局,1965:3016.

⑲刘安.淮南子[M].许慎,注.陈广忠,校点.上海:上海古籍出版社,2016:102-128.

⑳班固．汉书［M］．北京：中华书局，1962：1005－1006．

㉑程贞一，闻人军．周髀算经译注［M］．上海：上海古籍出版社，2012：126－136．

（《中国非物质文化遗产》，2023 年第 3 期）

3. 二十四节气的科学记载与传承

陈广忠

二十四节气是中国古代人民的伟大发明创造，它最早完整、科学的记载，出自西汉时期淮南王刘安的《淮南子·天文训》。二十四节气是根据北斗斗柄、太阳、月亮、二十八宿标示的度数、十二月令、十二音律等和地球的运行规律，而制定出来的永恒的历法。汉武帝太初元年（前104年），二十四节气被编入太初历，颁行全国，并在之后2000多年的历史长河里传承绵延，走向世界。

二十四节气的科学记载

汉朝的建立，结束了春秋、战国、秦末、楚汉的长期战乱，天下安定，经济恢复，文化繁荣，学术发展。在这样的政治、经济、科研条件之下，二十四节气的研究，才能在继承先秦研究的基础上，重新进行创制，最终在刘安及门客编撰的《淮南子·天文训》中，得以全部完成，它的名称、顺序和含义，与今天完全相同。《天文训》中说："斗指子，则冬至。"2021年12月21日21时59分"冬至"，时隔2159年，与《天文训》的记载完全吻合。日、月交会，北斗计时，正式开始。

中国天文学家席泽宗院士说："把太阳在冬至点的时刻固定在十一月份，从冬至到冬至，再分为二十四节气。"（席泽宗著《科学史十论》，北京大学出版社）二十四节气，构成了一个天文、气象、历法、气温、降雨、降雪、物候、农事、音律、干支、政事、养生、阴阳等的综合体系，成为古代中华民族生存发展，和谐"天人"关系的理论基础。

二十四节气的传承

二十四节气的历法传承。在刘安把《淮南子》奉献给朝廷35年之后，公孙卿、壶遂、司马迁、邓平、唐都、落下闳等，第一次把二十四节气编入太初历，从汉武帝太初元年至汉成帝绥和二年（前7年），共实行97年。

西汉末年，刘歆把太初历加以修改，称为三统历，继承了二十四节气，但是把《天文训》三个节气的顺序改成"惊蛰""雨水""谷雨"。

东汉初期，编䜣、李梵等编制的四分历，恢复了《淮南子·天文训》的顺序，并沿用至今，从汉章帝元和二年（85年）至2022年，共实行1937年。

二十四节气与生态资源保护。作为农业立国的中华民族，特别重视自然资源保护，这样才能源源不断地获得生活资料。《时则训》中说："孟春之月，禁伐木，毋覆巢、杀胎夭，毋麛毋卵。"春季到来，万物复苏，要禁止三件事：不准砍伐树木；禁止捕杀怀孕的动物，其中包括小麋和小鹿；不准捣毁鸟巢，破坏鸟类的繁衍。就是说，处于生长发育阶段的生物，都不准捕猎和毁坏。

二十四节气是古代农学研究的核心。西汉晚期农学家氾胜之的《农书·耕田》中记载种"麦"的最佳时机是："夏至后七十日，可种宿麦。"宿麦，即越冬小麦。明末科学家徐光启的《农政全书·农事·授时》，列有圆图《授时之图》。全图分为7层：第一层：北斗七星。第五层：二十四节气、十二月份。第六层：七十二候。第七层：农事。这样，《授时之图》成为以"二十四节气"为中心，指导全年农事的总则。

二十四节气与七十二候。二十四节气与自然界的物候现象密切相关，每个节气都有典型的物候现象。《黄帝内经·素问·六节藏象大论》中说："五日谓之候，三候谓之气，六气谓之时，四时谓之岁，而各从其主治焉。"七十二候的内容，主要记载在《吕氏春秋·十二纪》《淮南子·时则训》《礼记·月令》等之中。北魏张龙祥、李业兴等编撰的"正光历"，正式编入了七十二候的内容，历代农书、历书、史书等，都沿袭了这个传统，成为顺应自然规律，安排农事的国家规定。

| 二十四节气 纪年法

二十四节气与文学艺术。二十四节气早已渗透到中国人的精神文化生活之中。在诗词曲、戏剧、小说、雕塑、绘画、工艺等各种艺术形式中，都渗透了二十四节气的观念。唐代诗人杜甫的《小至》中写道："天时人事日相催，冬至阳生春又来。刺绣五弦添弱线，吹葭六管动浮灰。"杜甫用诗的语言，准确生动地描绘了即将冬去春来的喜悦，并且记载了唐代用十二律测定二十四节气的方法。

二十四节气走向海外。二十四节气传入日本，在 6 世纪中期，陆续使用的时间，就有 1000 多年。日本的历法使用分为三个时期：其一，使用南朝宋朝的《元嘉历》和唐朝的四部历法。其二，在唐历基础上制定"和历"。其三，使用西方的"太阳历"。前两个阶段都与中国的历法密切相关。韩国的历法，与中国的农历相同。韩国有四个重要的节日，都与二十四节气密切相关：春节（农历正月初一）、元宵节（农历正月十五）、端午节（农历五月初五）、中秋节（农历八月十五）。越南使用中国农历和二十四节气。越南的清明节，和农历三月初三的寒食节一起过。

（《光明日报》，2022 年 2 月 27 日）

4. 日月交会　北斗定时：二十四节气

陈广忠

概　说

2016年11月30日，"二十四节气"被列入联合国教科文组织"非遗"名录。它是中国古代人民的伟大发明创造，它的完整、科学的记载，出自西汉前期淮南王刘安的《淮南子·天文训》。二十四节气是根据北斗斗柄、太阳、月亮、二十八宿标示的度数、十二月令、十二音律等和地球的运行规律，而制定出来的永恒的历法。刘安在汉武帝建元二年（前139年）献给朝廷，汉武帝太初元年（前104年）被编入太初历，颁行全国，走向亚洲，影响世界。

我国传世纸本文献十万种，《淮南子》之前有没有二十四节气的记载呢？没有！

历代出土的铜器、玉器、石器、竹简、木牍、缣帛中，《淮南子》之前有没有二十四节气的记载呢？没有！

古代黄河流域，《淮南子》之前有没有二十四节气的记载呢？没有！

所以，二十四节气第一次独立研究成功，时间定在西汉前期，原创者是淮南王刘安和门客，它的完整内容记载在《天文训》之中，诞生的地域是中国南北气候分界线——淮河、秦岭一线的中部，淮南国的都城寿春，至今已经2159年，这是刘安和其门客为人类作出的重大贡献。

二十四节气的研制，经过了漫长的岁月。

在《尚书·虞书·尧典》中有"日中""日永""宵中""日短"的记载。唐代学者孔颖达《尚书正义》认为：日中，指春分。日永，指夏至。宵中，指秋分。日短，指冬至。春秋时期左丘明撰写的《国语·楚语上》有"处暑"，三国吴国学者韦昭注："处暑在七月。"《春秋左传·昭公十

| 二十四节气 纪年法

七年》中有:"玄鸟氏,司分者也;伯赵氏,司至者也;青鸟氏,司启者也;丹鸟氏,司闭者也。"玄鸟,就是燕子。伯赵,就是伯劳。青鸟,就是鸧(cāng)安。丹鸟,就是锦鸡。四种鸟儿,代表四季。《管子》中有"清明"、"大暑"、"小暑"、"始寒"、"大寒"、"春至"(春分)、"秋至"(秋分)等名称。秦代吕不韦及门客所著的《吕氏春秋》中,出现了立春、日夜分(春分)、立夏、日长至(夏至)、立秋、日夜分(秋分)、立冬、日短至(冬至)等8个节气。

先秦时期,诸侯混战,天下动乱,科研条件以及认识水平有限,二十四节气的理论体系并未得到确立,出现的名称和顺序,也没有得到统一,应该属于前期研究阶段。

什么是"日月交会"?就是太阳、月亮运行,处在同宫同度,黄经差为0°的时刻。这里指太阳、月亮在"冬至"点交会,二十四节气计时开始。

北斗七星,由天枢、天璇、天玑、天权、玉衡、开阳和摇光组成。前四颗排列成方形,叫斗魁;后三颗形成斗柄,叫斗杓(biāo)。北斗斗柄围绕北极星旋转,运行一周就是 $365\frac{1}{4}$ 度。《天文训》:"斗指子,则冬至。"

(一)《淮南子·天文训》:二十四节气的创立

汉朝的建立,结束了长期的战乱局面,天下安定,经济恢复,文化繁荣,学术发展,百家争鸣。在这样的政治、经济、科研条件之下,二十四节气的研究,才能得以进行,最终在刘安及门客编撰的《淮南子·天文训》中,得以全部完成。二十四节气的科学依据是:

北斗斗柄运行与二十四节气

《淮南子》中确定二十四节气的标准,是北斗斗柄的运行方向。北斗斗柄的运行,同月亮、太阳、二十八宿标示的度数、地球的运行相结合,组成了一个科学的历法体系。《天文训》中说:

两维之间,九十一度(也)十六分度之五,而(升)[斗]日行一度，十五日为一节，以生二十四时之变。

斗指子，则冬至，音比黄钟。……

加十五日指报德之维，故曰距日冬至四十六日而立春，音比南吕。……

加十五日指常羊之维，故曰有四十六日而立夏，音比夹钟。……

加十五日指背阳之维，故曰有四十六日而立秋，音比夹钟。……

加十五日指蹄通之维，故曰有四十六日而立冬。……

阳生于子，故十一月日冬至。[①]

二十四节气，构成了一个天象、历法、气温、降雨、降雪、物候、农事、音律、干支等的综合体系，成为古代中华民族生存发展，从事农业生产，顺应自然规律，和谐"天人"关系的理论基础。

二十四节气纪年法表

节气	时间（夏历）	日期（公历）	黄经度数	北斗指向	十二律	节庆	八风
冬至	十一月中	12月21日、22日	270°	子	黄钟81	元旦	寒风（北方）
小寒	十二月节	1月5日、6日	285°	癸	应钟42		
大寒	十二月中	1月20日、21日	300°	丑	无射45	春节	
立春	正月节	2月4日、5日	315°	报德之维	南吕48	元宵节	炎风（东北）
雨水	正月中	2月19日、20日	330°	寅	夷则51		
惊蛰	二月节	3月5日、6日	45°	甲	林钟54		
春分	二月中	3月20日、21日	0°	卯	蕤宾57		条风（东方）
清明	三月节	4月5日、6日	15°	乙	仲吕60	清明节	
谷雨	三月中	4月20日、21日	30°	辰	姑洗64		
立夏	四月节	5月5日、6日	45°	常羊之维	夹钟68		景风（东南）
小满	四月中	5月21日、22日	60°	巳	太蔟72	端午节	
芒种	五月节	6月5日、6日	75°	丙	大吕76		
夏至	五月中	6月21日、22日	90°	午	黄钟		巨风（南方）

[①] 陈广忠校点：《国学典藏·淮南子》，上海古籍出版社，2016年11月版，第63页。

二十四节气 纪年法

续表

节气	时间（夏历）	日期（公历）	黄经度数	北斗指向	十二律	节庆	八风
小暑	六月节	7月7日、8日	105°	丁	大吕		
大暑	六月中	7月23日、24日	120°	未	太蔟		
立秋	七月节	8月7日、8日	135°	背阳之维	夹钟		凉风（西南）
处暑	七月中	8月23日、24日	150°	申	姑洗		
白露	八月节	9月7日、8日	165°	庚	仲吕		
秋分	八月中	9月23日、24日	180°	酉	蕤宾	中秋节	飂风（西方）
寒露	九月节	10月8日、9日	195°	辛	林钟		
霜降	九月中	10月23日、24日	210°	戌	夷则	重阳节	
立冬	十月节	11月7日、8日	225°	蹄通之维	南吕		丽风（西北）
小雪	十月中	11月22日、23日	240°	亥	无射		
大雪	十一月节	12月7日、8日	255°	壬	应钟		

月亮运行与二十四节气

二十四节气，同月亮的运行密切相关。利用阴历，必须设置闰年，这与二十四节气中"冬至"密切相关。置"闰"，就可以协调好太阳和月亮的运行时间，属于阴阳合历的"二十四节气"就制定出来了。《天文训》中说：

> 月，日行十三度七十六分度之二十六，二十九日九百四十分日之四百九十九而为月，而以十二月为岁。岁有馀十日九百四十分日之八百二十七，故十九岁而七闰。①

这段话的意思是：月亮每天运行 $13\frac{26}{76}$ 度，$29\frac{499}{940}$ 日而为一月，而把十二个月作为一岁。每年尚差 $10\frac{827}{940}$ 日，不够 $365\frac{1}{4}$ 日。因而十九年有七次闰年。比如：2014年闰九月，2017年闰六月。

---

① 陈广忠校点：《国学典藏·淮南子》，上海古籍出版社，2016年11月版，第66页。

太阳运行与二十四节气

《天文训》中运用太阳的运行规律,来划分二十四节气。主要有两种方法:

①圭表测量。圭表,是中国古代观测天象的仪器。"表",是直立的标竿。"圭",是平卧于子午方向的尺子。可以用来定方向、测时间、求出周年常数、划分季节和制定历法。《周髀算经》等文献,就记载了二十四节气晷影的详细长度。《天文训》中记载:

日冬至,八尺之脩,日中而景丈三尺。

日夏至,八尺之景,脩径尺五寸。[①]

②利用太阳与二十八宿的关系。

《天文训》中说:太阳正月处于二十八宿中营室的位置,二月处在奎、娄的位置……十一月份处在牵牛的位置,十二月处在虚星的位置。比如:"营室",正月中,雨水。"虚星",十二月节,冬至。

二十八宿标示度数与二十四节气

《天文训》中说:二十八宿与天球赤道的夹角可以分为不同的度数:角宿十二度,亢宿九度,氐十五度,房五度……七星、张宿、翼宿各十八度,轸星十七度。总共二十八宿是 $365\frac{1}{4}$ 度。

二十八宿标示的度数,与北斗斗柄、太阳运行度数相同。比如:立春,在"危十七度"(今测十六度)。立秋,"翼十八度"(今测十五度)。

十二律长度与二十四节气

《天文训》中用十二律度数,来表示二十四节气的时间变化。《天文训》中说:黄钟处在十二地支子位,它的长度数是八十一分,主管十一月之气,下生林钟。……仲吕的管长六十,主管四月之气,这样十二律的相

---

① 陈广忠校点:《国学典藏·淮南子》,上海古籍出版社,2016年11月版,第62页。

生便结束了。比如："冬至"的时候，与十二律相配的为林钟，逐渐降为最低音；"夏至"的时候，与十二律配合的为黄钟，逐渐上升为最高音。

十二月令和二十四节气

《淮南子·时则训》中记载了十二个月与北斗斗柄、二十八宿、五方、二十四节气（其中涉及八个节气）、农事、政事、物候、气象、祭祀、军事、干支、音律、五行等的相互关系，比如四"立"是：

孟春之月，招摇指寅，昏参中，旦尾中。其位东方。立春之日……

孟夏之月，招摇指巳，昏翼中，旦婺女中。其位南方。立夏之日……

孟秋之月，招摇指申，昏斗中，旦毕中。其位西方。立秋之日……

孟冬之月，招摇指亥，昏危中，旦七星中。其位北方。立冬之日……①

地域特色：二十四节气与中国南北气候分界线

在广袤的祖国大地上，有一条美丽的河流，它就是淮河。西汉前期，位于淮河中游的淮南国，成为当时重要的文化学术中心。而他的倡导者，就是淮南王刘安。淮南王刘安博学多才。《汉书·淮南衡山王传》记载："初，安入朝，献所作《内篇》，新出，上爱秘之。"又说："及建元二年（前139年），淮南王入朝。"可以知道，淮南王刘安和门客研制的二十四节气，在汉武帝即位的第二年，献给了朝廷，并且得到了年轻皇帝的喜爱。那么，二十四节气的"课题"完成和上报，至今已有2160年。

淮南王刘安为王42年，都城为"寿春"，即今安徽省淮南市之寿县。

淮河—秦岭一线，是中国南北气候、地理的自然分界线。而淮南国都古城"寿春"，就在分界线的中点线上。这条分界线温度差别相当显著。在我国冬季1月份等温线图0℃的走向上，江苏洪泽、安徽蚌埠、河南桐

---

① 陈广忠校点：《国学典藏·淮南子》，上海古籍出版社，2016年11月版，第102、109、116、123页。

柏，历年来1月份的平均温度为1℃。淮河—秦岭一线，四季分明。这就为二十四节气的研究制定，提供了得天独厚的地理、气候的条件。

春秋齐国贤相晏婴在《晏子春秋·内篇·杂下》中说："橘生淮南则为橘，生于淮北则为枳。"① 2500年前人们就发现了淮河具有南北分界线的特点。淮南王刘安在天时、地利、人杰等条件齐备之下，二十四节气终于研制成功。

（二）二十四节气的传承与影响

二十四节气的历法传承

从淮南王刘安在建元二年（前139年）把《淮南子》奉献给朝廷，到汉武帝太初元年（前104年），共35年。其后传承分为三个阶段：

①汉武帝太初元年（前104年）至汉成帝绥和二年（前7年）。

西汉前期，公孙卿、壶遂、司马迁、邓平、唐都、落下闳等，第一次把二十四节气编入太初历，共实行97年。

②汉成帝绥和二年（前7年）至汉章帝元和二年（85年），共实行93年。

西汉末年，刘歆（? 前50—23年）把太初历加以修改，称为三统历。继承了二十四节气，但是把《天文训》三个节气的顺序改成"惊蛰""雨水""谷雨"。

③汉章帝元和二年（85年）至2021年，共实行1936年。

东汉初期，编䜣（xīn）、李梵等编制的四分历，恢复了淮南王刘安《淮南子·天文训》的顺序。而后《汉书·律历志》《后汉书·律历志》《隋书·律历志》《旧唐书·历志》《宋史·律历志》《清史稿·时宪志》等，世代沿袭。

---

① 张纯一著：《晏子春秋校注》，河北人民出版社，1986年4月版，第159页。

| 二十四节气 纪年法

继承与创新

二十四节气作为官方施政方略的一部分，除了进入历代正史、历法以外，还渗透到各个领域，并吸引了大批学者，不断进行研究、传承和创新。

古代以"月令"名篇的著作众多，把十二月、二十四节气、七十二候联系起来，成为国家治理、农业生产、日常生活的依循准则。

元朝吴澄所作《月令七十二候集解》，把七十二候分别归属于二十四节气之下，对它的内容，具体加以解说。比如："（春分，）二月中。分者，半也。此当九十日之半，故谓之分。"这里解释了"春分"的命名依据。

明朝学者黄道周所编写的《月令明义》，列出了二十四节气和七十二候中所属的物候现象，内容丰富，描述生动。

清代学者李光地等编撰的《御定月令辑要》中记载："《孝经说》：斗指子为冬至。'至'有三义：一者阴极之至。二者阳气始至。三是日行南至。"

元、明、清三家文献，对"冬至""春分"和"物候"等的解释，科学而全面。

中国最古老的经典《周易》，与二十四节气相结合，影响深远。最早的传播者是西汉《易》学家孟喜。《新唐书·历志三上》中记载："坎、震、离、兑，二十四气，次主一爻，其初则二分、二至也。"[1] 按照孟喜的说法，这四个正卦，分别主管二十四节气中的六个节气。从冬至到惊蛰，为"坎"卦用事；春分到芒种，为"震"卦用事；夏至到白露，为"离"卦用事；秋分到大雪，为"兑"卦用事。四正卦的二十四爻，就与二十四节气相配，用来解说一年中的节气变化。从此，《周易·说卦传》中的八卦方位说，就与四季、四方、二十四节气合为一体。

古代著名的数学、天文学著作《周髀算经》，是唐朝国子监的教材。

---

[1] 《历代天文律历等志汇编》，第七册，中华书局，1976年7月版，第2181页。

《周髀算经》卷下收有《二十四节气》。第一段问道："全年共八节、二十四节气，每气的晷影长度增减数是九寸九分又六分之一分。冬至晷影长一丈三尺五寸，夏至日影长一尺六寸，问各节气晷影长度增减后各有多少？"① 接着按照顺序，详细列出从"冬至"到"大雪"二十四节气的晷影长度。篇末附有"赵爽附录（四）《新晷之术》"，比较细致。又附有"李淳风附注《二十四节气》"，又加以校勘，更为精确。就是说，《周髀算经》中载有三份《二十四节气》"日影"表，弥足珍贵。

二十四节气与生命密切相关。北宋著名高道陈抟，享寿 118 岁。他的《二十四式坐功图》，把二十四节气与自己研制的二十四式坐功，联系在一起。顺应二十四节气流转，运用呼吸、导引的方法，调理人体经络气血运行节律，达到治病防病、健康长寿的目的。每个节气设计一个坐功：

"冬至十一月中坐功：每日子丑时，平坐，伸两足，拳两手，按两膝。左右极力二五度，扣齿，吐纳，漱咽。" （参照《古今图书集成·明伦汇编·人事典·养生部》）

意思是，每天 23 点至 3 点之间，起身平坐，两腿前伸，两手握拳，按在两膝上。使肘关节分别朝向左右，尽力倾斜 25 度。然后，叩齿、咽津、吐纳。

配合经脉：运主太阳终气，时配足少阴肾君火。

主要治疗：手足经络寒湿，臂股内侧痛，足痿，嗜睡，足下热痛，脐痛，胁下痛，胸满，上下腹痛，大便难，颈肿，咳嗽，腰冷等。

二十四节气走向海外

从西汉编入历法体系，颁行全国，并且走向了东亚、南亚等域外各国。

二十四节气传入日本，在 6 世纪中期，陆续使用的时间，就有 1000 多年。日本的历法使用分为三个时期：其一，使用南朝宋朝的《元嘉历》和

---

① 程贞一、闻人军译注：《周髀算经译注》，上海古籍出版社，2012 年 12 月版，第 126–136 页。

唐朝的四部历法。其二，在唐历基础上制定"和历"。其三，使用西方的"太阳历"。前两个阶段都与中国的历法密切相关。

根据采用汉字书写的《日本书记》记载，在推统天皇四年（690年，唐则天后载初元年）实行从中国传过去的南北朝宋代何承天研制的《元嘉历》。日本叫作"太阴太阳历"，就是中国的阴阳合历，其中就包含二十四节气。唐朝时期，日本在697年实行李淳风的《麟德历》（日本叫《仪凤历》），在764年推行僧一行编定的《大衍历》，在758年施行郭献之编写的《五纪历》，在868年施行徐昂编定的《宣明历》。其中的《宣明历》，在日本就使用了823年。①

在894年日本终止遣唐使后，1685年不再使用唐代历法，开始在唐朝历法的基础上自编"和历"。

日本在明治六年（1873年）1月1日采用格里高利历（太阳历）作为官方历法，一直使用至今。

而太阳历与农耕生产的错位，日本民众生活中，仍旧习惯使用包含二十四节气在内的旧历，而节气名称和发生时间基本未变，只是增加11个杂节。现今日本的国家法定节日，有"春分日""秋分日"两个节气。"小满"是西日本地区水稻开始插秧的节气。"清明"祭祖，仍是日本冲绳的重要习俗。

韩国的历法，与中国的农历相同。韩国有四个重要的节日，都与二十四节气密切相关：春节（农历一月一）、元宵节（农历一月十五）、端午节（农历五月五）、中秋节（农历八月十五）。

春节，韩国又称"旧正"，即旧历年。时间在正月初一和初三，国家规定放假3天。辞旧迎新，家人团聚。主要活动有：年三十晚上吃年夜饭。主要是媳妇动手制作。做传统饮食，吃"五谷饭"，象征家族兴旺。祭祖。

---

① 参见中国农业博物馆编：《二十四节气研究文集》，中国农业出版社，2019年4月版。毕雪飞：《二十四节气在日本的传播与实践应用》，第128－129页。

初一清晨，盛装礼服，祭祀祖先。程序复杂，礼节隆重。拜年。晚辈给长辈拜年，长辈给晚辈压岁钱。吃年糕汤。韩国人称为"岁餐"。吃了年糕汤，就算长了一岁。串门拜年。走亲戚朋友，互相拜年，赠送礼物。韩国民间还开展掷骰（tóu）、放风筝、抽陀螺、跷跷板等活动。

元宵节，农历正月十五。韩国的元宵节，不吃元宵，而吃"五谷饭"（糯米、高粱米、红豆、黄米、黑豆等）。这五种谷物，是韩国百姓最喜欢的、有代表性的五种谷物。吃五谷饭，以祈求来年五谷丰登。五谷，对应着金、木、水、火、土五行；五行，对应四季、五方、五脏六腑等。所以，吃五谷饭，承接五行的气韵，求得来年情感顺畅，事业有成。

除了"五谷饭"以外，元宵节的餐桌上还要摆上九种蔬菜（南瓜、匏瓜、蘑菇、豆芽、芜菁、萝卜、茄子、蕨菜、白菜等），叫作"吃九"。"九"在中国《周易》中表示阳数的最高位，蕴含着家庭圆满、农业丰收、健康长寿之意。

新加坡、马来西亚、韩国、越南四个国家，都有清明节。

清明节不是新加坡的法定假日。但是新加坡华人传承中华传统，非常重视祭祀祖先，清明节祭祖扫墓，是尊重先人的孝道。所以，分布在世界各地的新加坡人，会从四面八方，赶回来扫墓祭祖。早期漂洋过海来到新加坡的移民，故土难回，就建立起"义山"，安葬同胞。新加坡的祭祖相当隆重，摆上祭品，行礼祭拜。最近几十年来，新加坡华人清明节返乡祭祖，已经形成潮流。

越南使用中国农历和二十四节气。越南的清明节，和农历三月初三的寒食节一起过。寒食节也是纪念介子推。寒食节吃元宵和汤圆。越南的元宵很小，用糯米作料，冰糖作馅，煮熟以后，放在碟子里。越南的汤圆用绿豆作馅。绿豆煮熟，去皮捣碎，包在汤圆里。汤圆煮好，放在碗里，倒上糖水。越南习俗，在寒食节、清明节祭祀祖先（貉龙君和瓯姬）以后，才吃元宵和汤圆，被视为对神灵和祖先的崇敬。

（三）二十四节气与农业文明

作为数千年农业立国的中华民族，特别重视天文气象，顺应自然规律，获得生活资料，才能生存发展。

二十四节气与生态保护

在《淮南子·时则训》中，记载了四"立"等八个节气和各种物候现象，对动物、植物的生长、发育、交配、繁衍、迁徙等，都有准确的记录，显示了古人对农业生态资源的重视。当然，《淮南子》是继承了《吕氏春秋·十二纪》《大戴礼记·夏小正》等的研究成果，并有所创新。

《时则训》中记载：

孟春之月，东风解冻，蛰虫始振苏，鱼上负冰，獭祭鱼，候雁北。①

仲春之月，始雨水，桃李始华，苍庚鸣。是月也，日夜分，雷始发声，蛰虫咸动苏。②

《时则训》的记载全面而生动。关于气象方面，有"东风解冻""始雨水""雷始发声""虹始见""小暑至""凉风始至""凉风至""雷乃始收""霜始降""水始冰、地始冻""虹藏不见""冰益壮、地始坼"等，可以根据这些气象特征和物候情况，判断季节，安排农事。

记载的动物有蛰虫、鱼、獭、雁、苍庚、鹰、田鼠、蝼蝈、丘蚓、螳螂、䴗（jú）、反舌、鹿、蝉、蟋蟀、蚈、玄鸟、宾雀、豺、鳱鴠（hàn dàn）、虎、麋、鹊、雉、鸡等近三十种。记载的植物有桃、李、桐、萍、王瓜、苦菜、半夏、木堇、菊、荔、芸、草、木等十多种。

在动物类的候鸟中，最准时的是大雁和玄鸟（燕子）。《时则训》中说：

仲秋之月，凉风至，候雁来，玄鸟归。

---

①② 陈广忠校点：《国学典藏·淮南子》，上海古籍出版社，2016 年 11 月版，第 102、104 页。

仲秋八月，大雁从北方飞来，在温暖的南方越冬。季冬和孟春又飞往北方，孵化育雏。而玄鸟则与大雁路线相反。燕子每年春分时节，来到淮河流域，以后便散布在北方大部分地区。到了仲秋，则飞往南方热带地区如海南岛、西沙群岛、云南南部地区越冬。

《淮南子》继承了我国古代关于自然资源保护方面的优良传统，把有效地保护生态资源，作为一年中的政事之一。《时则训》中说：

孟春之月，禁伐木，毋覆巢、杀胎夭，毋麛（mí）毋卵。

在万物复苏的春季里，要禁止三件事：不准砍伐处于生长期的树木；保护好妊娠期的兽类，禁止捕杀小麋（即"四不像"）和小鹿（叫"麛"）；不准毁巢取卵，破坏鸟类的繁衍。就是说，一切处于生长发育阶段的生物，都不准捕杀和毁坏。《主术训》中最为精彩的篇章，是保护自然资源"十三"条"不得"的规定：

食者民之本也，民者国之本也，国者君之本也。故先王之法，畋不掩群，不取麛夭，不涸泽而渔，不焚林而猎。豺未祭兽，罝（jū）罦（fú）不得布于野。獭未祭鱼，网罟不得入于水。鹰隼未挚，罗网不得张于溪谷。草木未落，斤斧不得入山林。昆虫未蛰，不得以火烧田。孕育不得杀，鷇（kòu）卵不得探，鱼不长尺不得取，彘不期年不得食。[①]

这是《淮南子》为国家设计的一幅发展农业生产、保护利用自然资源的蓝图。这样就能使人民有取之不尽、用之不竭的生活资源，也有效地控制了人类和自然界的生态平衡。

二十四节气：农业政策的制定

《淮南子》中根据二十四节气的时间变换，制定了对应、可行、稳定

[①] 陈广忠校点：《国学典藏·淮南子》，上海古籍出版社，2016年11月版，第226页。

的农业政策；对于一年中的农事活动，分月作了精心地安排。

农业政策制定所要达到的目标，《主术训》中这样说："夫天地之大计，三年耕而余一年之食，率九年而有三年之畜，十八年而有六年之积，二十七年而有九年之储。虽涝旱灾害之殃，民莫困穷流亡也。"古代制定农业政策，全部是为国家稳定、百姓安康着想。准备充足"一""三""六""九"年的粮食储备，备荒、备灾、备战，可谓高瞻远瞩。

农业政策的制定原则，就是实现"天—地—人"的和谐统一："上因天时，下尽地材，中用人力。"所谓"天时"，就是四季、二十四节气、八风等。

《主术训》中对具体的农业活动，进行了详细的规定，以便确保"民资"：

> 是以群生遂长，五谷蕃植，教民养育六畜，以时种树，务修田畴，滋植桑麻。肥墝（qiāo）高下，各因其宜；丘陵阪险，不生五谷者，以树竹木。春伐枯槁，夏取果蓏（luǒ），秋畜疏食，冬伐薪蒸，以为民资。是故生无乏用，死无转尸。①

这里指出，农业、林业、牧业、副（桑麻）业，要四业并举，不能偏废。土地有高有低、有肥有瘠，要因地制宜，合理安排。能粮则粮，能树则树。这样就能按照季节的不同，源源不断地获得生活资料，这样就不会使人民招致贫困，死亡者也能得到妥善安葬。

《淮南子》把农业政策和农事活动，具体落实到每月之中。《时则训》中记载：

> 仲春之月，毋竭川泽，毋漉（lù）陂池，毋焚山林，毋作大事，以妨农功。②

---

①② 陈广忠校点：《国学典藏·淮南子》，上海古籍出版社，2016年11月版，第226、105页。

这里说，仲春（惊蛰、春分）开始之后，要保护好川泽池塘中的水源，不要让水源枯竭，以备农业生产之用。不要焚坏山林，不要让农民参加战争等大事，以免妨碍农业生产。

孟夏之月，令野虞，行田原，劝农事，驱兽畜，勿令害谷。①

孟夏（立夏、小满）之时，命令管理田园的官吏，出巡田原，勉励农民勤劳农事，赶走危害谷物的野兽和家畜，以免使正在茁壮成长的农作物遭受损失，确保夏熟作物丰收。

可以知道，《淮南子》中对农业规律的掌握，以及与节气、农时的安排，都达到了很科学的程度。

二十四节气：农学著作的核心

中国传世最早的农学著作，是西汉晚期农学专家氾胜之的《农书》，《汉书·艺文志》"农家类"称作"《氾胜之》十八篇"。唐代学者孔颖达称作《氾胜之书》。全文虽然已经失传，但引用很多，影响深远。

二十四节气的内容贯穿全书。《耕田》中说："夏至后九十日，昼夜分，天地气和。以此时耕田，一而当五，名曰膏泽，皆得时功。"②

种"黍"时间是："黍者，暑也。种者必待暑。先夏至二十日，此时有雨，强土可种黍。"③

种"麦"的最佳时机是："夏至后七十日，可种宿麦。"宿麦，即越冬小麦。

明末徐光启是著名科学家、政治家。在天文历法方面，有《崇祯历书》；在数学上，和意大利人利玛窦翻译《几何原本》（前6卷）；他精通农学，作《农政全书》。《农政全书·农事·授时》，列有圆图《授时之图》。其中说："盖二十八宿周天之度，十二辰日月之会，二十四气之推

---

① 陈广忠校点：《国学典藏·淮南子》，上海古籍出版社，2016年11月版，第110页。
②③ （元）王祯撰：《农书》，文渊阁《四库全书》，子部四，农家类。

移，七十二之迁变，如环之循，如轮之转。"①

全图分为 7 层：第一层：北斗七星。与《淮南子·天文训》北斗斗柄运行定二十四节气相同。第二层：十个天干。第三层：十二个地支。第四层：春、夏、秋、冬四季。第五层：二十四节气、十二月份。第六层：七十二候。第七层：农事。这样，《授时之图》成为以二十四节气为中心，指导全年农事的总则。一目了然，实施方便。

清代乾隆七年（1742 年）颁行的《钦定授时通考》，是清代依循自然规律，指导农业生产的百科大全。在第一部分"天时"中，分为 6 部分：《总论》上、下，《春》《夏》《秋》《冬》。其中《总论上》中，记载有两张图：《授时之图》《二十四节气七十二候图》。在《二十四节气七十二候图》中，标有"五日为候，三候为气，六气为时，四时为岁"。圆图分为二十八宿昏旦的位置、太阳在二十八宿的位置、日月交会在十二辰的位置、天干地支、二十四节气的月份及中气和节气、七十二候。可以知道，全图以二十四节气为中心，把太阳、月亮、二十八宿等天象运行，科学地结合在一起，准确地标示二十四节气、十二个月的发生时间，为适时掌握节气变化，安排农业生产，提供了精确的时间安排。全图一目了然，便于大众掌握和运用。

（四）二十四节气与七十二候

二十四节气：五天一候

二十四节气与自然界的物候现象密切相关。每个节气都有典型的物候现象。物候是大自然的语言，动物、植物长期以来适应自然温度条件，而产生周期性变化，形成相应的生长规律。

关于"候"，《黄帝内经·素问·六节藏象大论》中说："五日谓之候，三候谓之气，六气谓之时，四时谓之岁，而各从其主治焉。"就是说，

[①] （明）徐光启撰：《农政全书》，文渊阁《四库全书》，子部四，农家类。

五天为一"候",每个节气又分成三"候",六个节气合成一季,四季合为一年。这样的划分,对于研究天、地、人的细微变化,提供了具体的标志性物象。

按照夏历春、夏、秋、冬四季的顺序,对二十四节气进行分类,完整归纳七十二物候现象的,是《逸周书·时训解》。但是,七十二物候,不是《时训解》的发明,它的内容分散记载在《吕氏春秋·十二纪》《淮南子·时则训》《礼记·月令》等之中。

对于《时训解》,南宋著名学者王应麟(1223—1296)在《困学纪闻》卷五《礼仪》中,做了详细的考证,他认为作于西汉晚期刘歆之后,属于伪托之作。虽然是"伪托",但是也有一定的参考价值。

它的价值主要在两个方面:其一,提炼出了七十二候,按照五天一"候"的顺序排列,使二十四节气与物候之间的联系,更加规范和细致。其二,按照春、夏、秋、冬四季的顺序,编排二十四节气,对于农耕社会的百姓,使用起来更加方便。但是,它的编排,与根据天象、历法制定的"冬至"为首科学的二十四节气,存在着很大的差距,使人产生"立春"是"第一节气"的误解。当今的网络,大都是这样表述的。可以知道,误解非常严重。

对物候现象记载较早的是《大戴礼记·夏小正》,比如"正月"就有"启蛰""雁北乡""雉"等,总共记载了80多种物候现象。北魏张龙祥、李业兴等编撰的国家历法"正光历"(520年),正式编入了七十二候的内容,历代农书、历书、史书大都沿袭了这个传统,成为顺应自然规律、安排农事、实施政令的国家规定。但是也有五种对物候的错误记载,从战国晚期的《吕氏春秋》开始,影响了2000多年,需要加以纠正。

古代记载、研究、涉及七十二候的著作、图表很多,比如:

元朝吴澄撰《月令七十二候集解》,这本书的特色是,把七十二候分别归属于二十四节气之下,然后加以解释。

比如,对于"夏至"的解说是:"五月中。夏,假也,至也,极也。

| 二十四节气纪年法

万物于此皆假大而至极也。"

"春分"是："二月中。分者，半也。此当九十日之半，故谓之分。"

明代学者黄道周所编写的《月令明义》，设计了《月令气候生和总图》，排列二"至"、二"分"、四"立"，对应七十二候，还列有十二律、五行等内容。本表的七十二候，就依据《总图》。

二十四节气纪年法与七十二候

节气	二十八宿度数	纪年	物候	晷影
冬至	斗21°		蚯蚓结，麋角解，水泉动	丈三尺五寸
小寒	女20°		雁北乡，鹊始巢，雉雊	丈二尺五寸，小分五
大寒	虚50°	46天	鸡始乳，征鸟厉疾，水泽腹坚	丈一尺五寸一分，小分四
立春	危10°		东风解冻，蛰虫始振，鱼陟负冰	丈五寸二分，小分三
雨水	室8°		獭祭鱼，候雁北，草木萌动	九尺五寸二分，小分二
惊蛰	壁8°	45天	桃始华，仓庚鸣，鹰化为鸠（误）	八尺五寸四分，小分一
春分	奎14°		玄鸟至，雷发声，始电	七尺五寸五分
清明	胃1°		桐始华，田鼠化为鴽（误），虹始见	六尺五寸五分，小分五
谷雨	昴2°	46天	萍始生，鸣鸠拂其羽，戴胜降于桑	五尺五寸六分，小分四
立夏	毕6°		蝼蝈鸣，蚯蚓出，王瓜生	四尺五寸七分，小分三
小满	参4°		苦菜秀，靡草死，麦秋至	三尺五寸八分，小分二
芒种	井10°	46天	螳螂生，鹏始鸣，反舌无声	二尺五寸九分，小分一
夏至	井25°		鹿角解，蝉始鸣，半夏生	一尺六寸
小暑	柳3°		温风至，蟋蟀居壁，鹰乃学习	二尺五寸九分，小分一
大暑	星4°	46天	腐草化为萤（误），土润溽暑，大雨时行	三尺五寸八分，小分二
立秋	张12°		凉风至，白露降，寒蝉鸣	四尺五寸七分，小分三
处暑	翼9°		鹰祭鸟，天地始肃，禾乃登	五尺五寸六分，小分四
白露	轸6°	46天	候鸟来，玄鸟归，群鸟养羞	六尺五寸五分，小分五
秋分	角4°		雷始收声，蛰虫坏户，水始涸	七尺五寸四分
寒露	亢8°		候雁来，宾雀如大水为蛤（误），菊有黄华	八尺五寸四分，小分一
霜降	氐14°	46天	豺祭兽，草木黄落，蛰虫咸俯	九尺五寸三分，小分二

立冬	尾4°		水始冰，地始冻，雉入大水为蜃（误）	五寸二分，小分三
小雪	箕1°		虹藏不见，天气上升，地气下降，闭塞成冬	一尺五寸一分，小分四
大雪	斗6°	45天	鹖旦不鸣，虎始交，荔挺出	二尺五寸，小分五

（本表增添二十八宿度数，纪年$365\frac{1}{4}$天，整数365日/366日，晷影长度）

五 "候" 失误

七十二候中，其中五"候"的记载，存在失误。

① "惊蛰"第三候，"鹰化为鸠"。

宋代罗愿《尔雅翼》中还说："盖鹰正月则化为鸠，秋则鸠化为鹰。"鹰、鸠的互相转化，这是古人的误解。

"鹰"是猛禽，有苍鹰、赤腹鹰、雀鹰等种类。苍鹰捕食其他鸟类及小兽类。唐代诗人白居易《放鹰》诗中说："鹰翅疾如风，鹰爪利如钩。"利爪，勾嘴，视力强，飞行快，这就是鹰的特性。

鸠，古代有"五鸠"，即祝鸠、鴡鸠、鸤鸠、鹈鸠、鹘鸠等，属于鸠鸽科。常见的有斑鸠。《吕氏春秋·仲春纪》高诱注中说："鸠，盖布谷鸟也。"唐代药物学家陈藏器《本草拾遗》中记载"鸤鸠"时说："江东呼为郭公。农人候此鸟鸣，布种其谷矣。"在农耕社会，观察物候，适时播种，这应该是重视"鸠"的原因之一。在今天看来，"鹰"和"鸠"虽然同属鸟类，但是种属根本不同。古代文献记载说"鹰""鸠"的互化，这是根本不存在的。

② "清明"第二候，"田鼠化为鴽（rú）"。

田鼠，《吕氏春秋·季春纪》中叫"鼸（xiàn）鼠"。俗名也叫香鼠，灰色短尾，能够颊中藏食。鴽（rú），指鹌鹑之类的小鸟。三月田鼠与鹌鹑互变，也见于《大戴礼记·夏小正》《吕氏春秋·季春纪》《淮南子·时则训》《礼记·月令》等文献，这是古代的传闻，误解已久。

③ "大暑"第一候，"腐草化为萤"。萤，指萤火虫。

这里有两种不同的记载。

其一,"化萤"说。萤火虫是卵生的昆虫,往往在腐败的枯草上产卵,大暑时节,卵化而出,古人认为是腐草变成了萤火虫,这是一种误解。《礼记·月令》中也有这样的记载:"季夏之月,腐草为萤。"东汉郑玄注中说:"萤,飞虫,萤火也。"

应该说,萤火虫是让人喜爱的。唐代诗人杜甫在《见萤火》诗中写道:"巫山秋夜萤火飞,疏帘巧入坐人衣。"车胤"囊萤"苦读的故事家喻户晓。《晋书·车胤传》中说:"家贫不常得油,夏月则练囊盛数十萤火以照书,以夜继日焉。"就是用白色的袋子,里面装上几十只萤火虫,利用发光来读书。萤火虫发光的原理是:在萤火虫的腹部末端下部,有发光器。在呼吸时,就能使萤光素发出光亮。

其二,"马蚿"说。在《吕氏春秋·季夏纪》《淮南子·时则训》的记载中说:"腐草化为蚈。"高诱《淮南子》注中说:"蚈,马蚿(xián)也。一曰萤火。"蚈(qiān),也叫百足虫,节足动物,有细长的脚15对,能捕食小虫,有益农作物。《白氏长庆集》注中说:"蚿,百足虫,似蜈蚣而小,能毒人。"

④ "寒露"第二候,涉及第一候:鸿雁来宾,雀入大水为蛤。

对于"鸿雁来宾"及下文,有两种断句方法:

其一,作"鸿雁来宾"。《礼记·月令》也作"鸿雁来宾"。意思是说,鸿雁从西北、北方来到南方过冬。一年往还如此,就像宾客一样。

其二,作"候雁来"。《吕氏春秋·季秋纪》《淮南子·时则训》作"候雁来","宾"字归下句。

《说文》中说:"鸿,鸿鹄也。"大的叫"鸿",小叫"雁"。作为冬候鸟,秋季飞往南方越冬,春季飞往北方产卵育雏。

第二候,"雀入大水为蛤(gé)"。

这一句有两种断句方法:

其一,作"雀""爵"。《礼记·月令》作"爵入大水为蛤"。

其二，作"宾雀"。《吕氏春秋·季秋纪》《淮南子·时则训》作"宾雀入大水为蛤"。

这里需要解释三个问题：

（1）"爵""雀"用字不同。两个字的上古音，同归于精纽、药部，属于同音通假。"爵"为借字，"雀"为本字。

（2）"来宾""宾雀"的断句和解说不同。

东汉郑玄注："来宾，言其客止未去也。"意思是说，大雁就像做客一样，停留下来还没有离开。

东汉高诱的解释有两种：一说，《淮南子·时则训》高诱注："雁以仲秋先至者为主，后至者为宾。"同郑玄的说法相同。二说，《吕氏春秋·季秋纪》高诱注："宾爵者，老爵也。栖宿于人堂宇之间，有似宾客，故谓之宾爵。"可以知道，高诱自己并没有搞清"宾"字归上、归下的问题，遂造成千古疑案。

（3）"雀""蛤"互变问题。雀，就是麻雀。《说文》中说："雀，依人小鸟也。读与'爵'同。"蛤，《广韵》"合"韵："蚌蛤。"就是水中的蚌类，也叫蛤蜊。小的叫"蛤"，大的叫"蜃（shèn）"。

飞鸟麻"雀"，进入"大水（或'海''淮'）"变化为"蛤"，这是古人的误解。这个错误的说法，最早见于《大戴礼记·夏小正》："九月，雀入于海为蜃。"以后的《礼记·月令》中说："爵入大水为蛤。"《吕氏春秋·季秋纪》也记载："宾雀入大水为蛤。"除此之外，还有《列子·天瑞》《国语·晋语九》《逸周书·时训解》等，这个错误的说法历代沿袭，没有得到纠正。

⑤"立冬"第三候，"雉入大水为蜃"。雉（zhì），指野鸡。

东汉许慎《说文》中记载野鸡有 14 种，色彩艳丽。野鸡雄者有冠，尾巴很长。"大水"，《吕氏春秋·孟冬纪》高诱注："大水，淮也。"《国语·晋语九》中记载："雉入淮为蜃。"《大戴礼记·夏小正》中也说："玄雉入于淮为蜃。"淮，指的是淮水。淮水，就是位于中国南北气候自然分界线上的淮河。蜃（shèn），指的是大蛤蜊。这句话的意思是，野鸡进入淮水变成大蛤蜊。《礼记·月令》《吕氏春秋·孟冬纪》《淮南子·时则训》以及古代全部月令的著作，都沿袭了这个错误的说法。这是因为对于自然界物种之间的变化，缺乏科学的知识，而产生的误解。当然，有着五彩斑斓羽毛的野鸡，让它变成泥巴里的蛤蜊，怎么会愿意呢？

（五）二十四节气与文化

二十四节气，早已经渗透到中国人的文化生活之中。在诗词曲、戏剧、小说、雕塑等各种文学艺术形式中，都渗透了二十四节气的观念。唐代诗人杜甫《小至》诗中写道：

天时人事日相催，冬至阳生春又来。
刺绣五弦添弱线，吹葭六管动浮灰。

前面四句的意思是说：天时、人事的变化，每天都在相互催促着。过了冬至，阳气逐渐产生，春天就要来到了。阳气就像宫女们刺绣添加的细线，一天天在增加。三重密室里用来测定二十四节气的十二律的律管，里面葭莩的灰尘，随着节气而浮动。

杜甫用诗的语言，非常准确生动地描绘了即将冬去春来的喜悦，并且记载了唐代用十二律测定二十四节气的方法。

唐代诗人权德舆《夏至日作》诗中写道：

璇枢无停运，四序相错行。
寄言赫曦景，今日一阴生。

诗中所说的"璇枢"，指的是北斗七星斗柄的第一星叫天枢、第二星叫天璇，周而复始，不停地围绕北天极在运转。《淮南子·天文训》中记载，北斗斗柄旋转一周天是 $365\frac{1}{4}$ 度，从而确定二十四节气的度数。春、夏、秋、冬四季相连接替运行，与时推移。我想给炽热的天气捎个话，今天阴气已经开始生长啦！对于"一阴生"，明代科学家徐光启《农政全书》卷二中解释得很清楚："冬至一阳生，主生主长；夏至一阴生，主杀主成。"可以知道，节气、历法、天象中的夏至、北斗、阴阳、四季等，都已经成了文人入诗的常用素材。

"春分"到了，清代诗人宋琬的《春日田家》，就是一幅美妙的自然人物画卷：

野田黄雀自为群，山叟相过话旧闻。
夜半饭牛呼妇起，明朝种树是春分。

一群黄雀，野外觅食；山村老翁，向人叙说旧闻。半夜喂牛，叫起老伴；明天春分，准备种树。

"秋分"节气，正值中秋月圆之时，远方游子，倍加思念亲人。许多诗人留下千古绝句，寄托自己的情思。盛唐诗人李白《静夜思》中咏道："举头望明月，低头思故乡。"故乡的美丽山水，萦绕在诗人心中。盛唐名相、诗人张九龄《望月怀远》中写道："海上生明月，天涯共此时。"寄托着对远方亲人的无尽思念。宋代苏轼的著名词作《水调歌头》中饱含深情地写道："丙辰中秋，欢饮达旦，大醉，作此篇，兼怀子由。"其中的"明月几时有，把酒问青天。人有悲欢离合，月有阴晴圆缺，此事古难全"，情真意切，成为千古绝唱。

"立春"期间的主要节庆活动是春节、元宵节。春节的时间，定在夏历的正月初一，并延续到正月十五。这是中国民间传统最盛大的节日。元宵节，指的是农历正月十五日夜晚。宵，《说文》"夜也"。节庆的时间，汉代是一天，唐代是三天，宋代有五天，明代是十天。宋代词人辛弃疾《青玉案·元夕》中描写元宵节的盛况是："东风夜放花千树，更吹落，星如雨。"满城烟火，游人如织，火树银花，通宵歌舞。宋代女词人朱淑真《元夜》诗中写道："火树银花触目红，揭天鼓吹闹春风。"把元宵节的热闹,淋漓尽致地表现出来。

南宋诗人杨万里描绘"立夏"西湖的诗《晓出净慈寺送林子方》,其中写道:

毕竟西湖六月中,风光不与四时同。
接天莲叶无穷碧,映日荷花别样红。

六月的西湖,风光独特,与四季绝不相同:湖面的荷叶,与蓝天融为一体,形成无穷无尽的碧绿色;阳光照耀下的荷花,显示出不一样的鲜红色。可以知道,杭州西湖美不胜收的时节,就在立夏。

秋天来临,凉风习习。《淮南子·说山训》中说:"见一叶落,而知岁之将暮;睹瓶中之冰,而知天下之寒。以近论远。"这就是成语"一叶知秋"的来历。

唐朝诗人李白的《立冬》诗,写出了立冬时节自己懒于写作的景况:

冻笔新诗懒写,寒炉美酒时温。
醉看墨花月白,恍疑雪满前村。

立冬之时,笔也冻了,墨也冻了。只好对着炉子,品着美酒,香气弥漫,满眼醉意,看着白色的月光,和花白的墨汁,恍惚前面村子盖满白雪。面临此境,连"一斗诗百篇"的诗仙,也懒得写诗了。

在北宋政治家、文学家王安石的五绝《梅花》诗中,把"梅"的香气和"雪"的洁白,天衣无缝地结合在一起:

墙角数枝梅,凌寒独自开。
遥知不是雪,为有暗香来。

你看,"小雪"时节,墙角几枝梅花,冒着严寒独自开放。远看知道梅花不是雪花,因为有幽香传来。

1076年,55岁的改革家王安石第二次罢相,退居钟山。"墙角"是生长的环境；"梅"为自喻；"凌寒"，指境遇之残酷；"独"，心境孤独，没有知音；"暗香"，喻品德高贵。这首短短20字的小诗，充分表达了诗人不惧严寒、凌霜傲雪的坚强意志。列宁称王安石为"中国11世纪伟大的改革家"，名副其实。

大雪纷飞，唐代文学家柳宗元被贬官到永州，写下了《江雪》，描写渔翁寒江独钓，抒发了自己失意的心情：

千山鸟飞绝，万径人踪灭。
孤舟蓑笠翁，独钓寒江雪。

这是诗的意境是：千座山、万条路，无飞鸟、无人迹。只有孤舟、只有头戴蓑笠的老翁，在冰雪封冻的江上独自垂钓。孤独、郁闷，这就是柳宗元备受打击后的精神状态的写照。

"大寒"之时，滴水成冰。1936年2月5日至20日，毛泽东和彭德怀率领红军长征部队到达陕北清涧县高杰村袁家沟一带，毛泽东视察地形，登上白雪皑皑的高原，感慨万千，欣然命笔，写下大气磅礴、气势雄伟的《沁园春·雪》。这首诗最早发表于1945年11月14日重庆《新民报晚刊》，又在1957年1月号《诗刊》重新发表。

清代康熙五十四年颁定的《御定词谱》中记载："沁园春，双调，一百十四字。前段十三句，四平韵。后段十二句，五平韵。"这首《沁园春·雪》：

北国风光，千里冰封，万里雪飘。
望长城内外，惟余莽莽；
大河上下，顿失滔滔。
山舞银蛇，原驰蜡象，欲与天公试比高。
须晴日，看红装素裹，分外妖娆。

这首词的上阕写北国风光，长城、大河、高原，冰封千里，雪飘万里，大"山"像在"舞"蹈，高"原"像在奔"驰"，想和老天比个高下，这是何等的英雄气魄。而在"晴"天，"红装素裹"，更加"妖娆"，充满了对大好河山的深情挚爱。

> 江山如此多娇，
> 引无数英雄竞折腰。
> 惜秦皇汉武，略输文采；
> 唐宗宋祖，稍逊风骚。
> 一代天骄，成吉思汗，只识弯弓射大雕。
> 俱往矣，数风流人物，还看今朝。

下阕评价历史人物：可惜的是，秦始皇、汉武帝，"文采"要差一些；唐太宗、宋太祖，"风骚"也不够；成吉思汗，只会骑马射"大雕"。这些一代帝王，全部消逝了。而真正文武齐备的"风流人物"，还在今天。

当代诗人柳亚子《沁园春·雪》的"跋"文中说："毛润之《沁园春》一阕，余推为千古绝唱，虽东坡、幼安，犹瞠乎其后，更无论南唐小令、南宋慢词矣。"

唐宋八大家之一的韩愈，他笔下的"雨水"，又是与众不同。他在《初春小雨》中写道：

> 天街小雨润如酥，草色遥看近却无。
> 最是一年春好处，绝胜烟柳满皇都。

这首诗写于唐穆宗长庆三年（823年）的春天，当时韩愈56岁，担任吏部侍郎。韩愈的任职时间并不长，但是能够发挥作用，很是高兴。他所看到的是这样一番景象：

长安街上的小雨润滑如酥，远望草色连成一片，近看还没有长成。一年之中最美的就是早春的景色，远远胜过烟柳满城的晚春。

韩愈赞美的，是经过寒冬的洗礼，春草露出嫩芽，首先报告春天信息的到来，它代表着希望、美好和未来。

晚唐诗人杜牧的《清明》诗，家喻户晓：

清明时节雨纷纷，路上行人欲断魂。
借问酒家何处有，牧童遥指杏花村。

这里指出，"清明时节"的气象特点，就是"雨纷纷"。"路上行人"扫墓上坟，思念亲人，就像要"断魂"一样。行走在外的诗人询问"何处"有"酒家"，放牛娃指向远远的"杏花村"。

（六）二十四节气的排序问题

二十四节气的完整、科学的记载，出自西汉前期淮南王刘安的《淮南子·天文训》。《天文训》中二十四节气制定的主要依据，是根据北斗斗柄围绕北天极的运行规律，运行一周共 $365\frac{1}{4}$ 度，而制定出来的阴阳合历，至今已经 2159 年。

有的媒体、纸本、网络中说，二十四节气的第一节气是"立春"；有的说有两种二十四节气的排序，古代是以"立冬"为首，当代是"立春"为首。这两种说法都是不科学的。

二十四节气：第一节气是"冬至"

"冬至"是二十四节气的起点。在公历 12 月 21 日或 22 日，太阳到达黄经 270°冬至点开始。

从《淮南子·天文训》到《清史稿·时宪志》，历代正史、哲学、宗教、天文、历法、数学、农学、养生、星占、《易》学等著作，都沿袭着科学的规定，把"冬至"作为二十四节气的第一节气。

那么，为什么会有这样的规定呢？

第一节气的核心，是太阳和月亮的"朔旦冬至"。就是说，在这个时刻，太阳和月亮的黄经正好相等。比如，《史记·太史公自序》中记载说：

"太初元年，十一月甲子朔旦冬至，天历始改，建于明堂，诸神受纪。"①意思是说，汉武帝太初元年十一月甲子（前104年），太阳和月亮合朔，节令就是冬至，汉朝改创历法，实行太初历，在明堂里宣布，并且遍告诸神，尊用夏正（农历以一月为正月）。而其他的二十三个节气，都不具备"朔旦"即合朔的条件，所以第一节气的位子，没有争议地让"冬至"来承担。

《汉书·律历志》中记载得更加详细："元封七年，中冬十一月甲子朔旦冬至，日月在建星，太岁在子，已得太初本星度新正。"②汉武帝元封七年（前104年）的国家大事，就是改历，把年号改为"太初"。改历主要符合八个条件：仲冬、十一月、甲子、冬至、日月合朔、建星、太岁、子位。可以知道，这就是确立"冬至"为第一节气根本原因。

历代文献对"冬至"第一节气的论述，记载很多。

《淮南子·天文训》中说：

斗指子，则冬至，音比黄钟。

意思是说，北斗斗柄指向十二地支的开始、正北方的"子"位，也就是夜里的12点，就是冬至的起点，相对应的是十二音律中的黄钟。黄钟是古代十二律的第一律，声调宏大响亮，主管十一月。

比《淮南子》要晚的西汉司马迁的《史记·律书》中说：

太初元年，夜半朔旦冬至。

意思是说，汉武帝太初元年（前104年），夜半太阳、月亮合朔时为冬至。

班固的《汉书·律历志下》中，记载的"朔旦"，与《淮南子》《史

---

① （汉）司马迁撰：《史记》，中华书局，1959年7月版，第3296页。
② （汉）班固撰：《汉书》，中华书局，1962年6月版，第975页。

记》相同：

十一月甲子朔旦冬至，日月在建星。○宋祁曰：建星在斗后十三度，在牵牛前十一度，当云在斗、牛之间。

中牵牛初，冬至。于夏为十一月，商为十二月，周为正月。

这里告诉我们，"朔旦冬至"，日、月交会点在"建星"，具体位置在"斗"宿的后面13度，"牵牛"宿的前面11度，就是在二十八宿的"斗"宿、"牛"宿之间。当然，这只是宋朝初期的天象。

《周髀算经·二十四节气》中按照第一节气"冬至"往下排序，其中"冬至"日影的长度是：

冬至晷（guǐ）长丈三尺五寸。

"冬至"日影最长，竟有1.35丈。

南朝宋代范晔编撰的《后汉书·律历下》中，记载的"二十四节气"，从"冬至"开始，按照农历月份、二十八宿度数排列：

天正十一月，冬至。
冬至，日所在，斗二十一度，八分退二。

《周礼注疏》中说：

十一月，大雪节，冬至中。
冬至昼则日见之漏四十刻，夜则六十刻。

也就是说，农历把大雪、冬至安排在十一月；夜里长，白天短。

可以知道，二十四节气顺序的科学确定，是从"冬至"开始的。它是按照北斗斗柄的运行，特别是太阳和月亮运行"朔旦"在"冬至"交会等的"推步"，即天文、历法的数据计算，确定只有"冬至"才是二十四节气的起点。

"冬至",《吕氏春秋·音律》又叫"日短至"。高诱注:"冬至日,日极短,故曰日短至。"《淮南子·天文训》中第一次命名为"冬至"。《史记·律书》中说:"气始于冬至,周而复始。"冬至的时候,太阳几乎直射南回归线,北半球白昼最短,黑夜最长。之后阳光直射位置逐渐北移,白昼时间逐渐变长。宋代张君房编写的《云笈七签》卷一百中说:"十一月律为黄钟,谓冬至一阳生,万物之始也。"也就是把冬至看作节气的起点。冬至虽然阴气最盛,但是阳气就已经产生了。

对于"至""冬至"的词义解释,元代吴澄撰写的《月令七十二候集解》中说:

十一月中,终藏之气,至此而极也。

明代高濂撰《遵生八笺》卷六引《孝经纬》中也说:

大雪后十五日,斗指子,为冬至。阴极而阳始至。

清代李光地等编撰的《御定月令辑要》中记载:

《孝经说》:斗指子为冬至。"至"有三义:一者阴极之至。二者阳气始至。三是日行南至。

元、明、清三家文献,对"至"和"冬至"的解释,科学而全面。

天文学上规定"冬至"为北半球冬季开始。中国大部分地区受到冷高压空气控制,北方寒潮南下,秦岭—淮河一线的北方地区,平均气温在零摄氏度以下。冬至是数"九"的第一天。

二十四节气:第四个节气是"立春"

立春,夏历归正月节,公历每年2月4日或5日,太阳到达黄经315°时开始。

立春,只是春季6个节气的起点。《宋本广韵》"谆"韵中说得明白:

"春，四时之首。"就是春、夏、秋、冬四季的开头。有人说"立春"是"二十四节气之首"，这是错误的。

原因之一，"立春"缺少太阳、月亮合朔，即"朔旦"交会的先决条件，所以也就不能成为二十四节气计时的起点。就是说，要想担任"第一""之首"的领导责任，上天的太阳、月亮还没有赐予它"资质"，所以只能屈尊作为春季的领班。

原因之二，"立春"还有寡年、双春年等规定，它是根据闰年来决定的。我们知道，二十四节气主要是根据北斗、太阳和月亮的运行规律，而制定出来的科学的历法，称为阴阳合历。阳历时间是：太阳周年视运动一回归年是 365.2422 日。阴历时间是：月亮十二个朔望月的长度是354.3672 日。这样一年就相差 10.88 日，所以就有"十九年七闰"的规定。一般来说，闰四、五、六月最多，闰九、十月最少，闰十一、十二、一月不会出现。根据设置闰年的时间安排，在 19 个年头里，7 年没有立春（寡年），7 年是双立春（双春年），5 年是单立春。就是说，"立春"的时间每年都在变动，所以，"立春"就不可能作为二十四节气的起点。比如说，2017 年、2020 年是双春年；2019 年、2021 年是寡春年。

有关"立春"的主要科学理论有：

《淮南子·天文训》中指出划分四"立"的依据是：

子午、卯酉为二绳，丑寅、辰巳、未申、戌亥为四钩。东北为报德之维也，西南为背阳之维，东南为常羊之维，西北为蹄通之维。①

这里对《天文训》的术语"维""绳""钩"等加以解释。

"维"，高诱注："四角为维也。"一周天 $365\frac{1}{4}$ 度分为"四维"。"四维"，就是划分四"立"的根据。四维处于立春、立夏、立秋、立冬的时

---

① 陈广忠校点：《国学典藏·淮南子》，上海古籍出版社，2016 年 11 月版，第 61 – 62 页。

节。"立",是开始的意思。四"立",就是四季的开始。

"绳""钩",高诱注:"绳,直。"《说文》:"钩,曲也。"本义指弯曲的钩子。引申有勾连义。可以知道,"二绳",子午,连接冬至、夏至;卯酉,连接春分、秋分。这样可以分出两"分"、两"至"。

"四钩",丑寅,报德之维,连接冬春;辰巳,常羊之维,连接春夏;未申,背阳之维,连接夏秋;戌亥,蹄通之维,连接秋冬。可以知道,"四钩",可以分出四"立"。

由此可知,二十四节气全年为 $365\frac{1}{4}$ 日,两维之间为 $9\frac{15}{16}$ 度,具体分配的时间整数如下:冬至—大寒46日,立春—惊蛰45日,春分—谷雨46日,立夏—芒种46日,夏至—大暑46日,立秋—白露46日,秋分—霜降46日,立冬—大雪45日。

《淮南子·天文训》中关于"立春"的记载:

加十五日指报德之维,则越阴在地,故日距日冬至四十六日而立春,阳气冻解,音比南吕。

意思是说:惊蛰后增加十五日,北斗斗柄指向报德之维,阴气在大地上泄散,所以说距离冬至四十六天便是立春。阳气升起,冰冻消释,它与十二律中的南吕相对应。

《汉书·律历志下》中说:"诹(zōu)訾(zǐ),初危十六度,立春。"

《后汉书·律历下》记载:"立春,危十度,二十一分进二。"

元朝吴澄撰写的《月令七十二候集解》中说:"正月节。立,建始也。五行之气往者过来者续于此。而春木之气始至,故为之立也。立夏、秋、冬同。"这里解释"立春"命名的依据。

《周髀算经·二十四节气》中记载日影的长度是:"立春,丈五寸二分,小分三。"

《吕氏春秋·孟春纪》高诱注:"冬至后四十六日而立春。立春之节,多在是月也。"

《周礼注疏》中说："正月立春节，雨水中。"就是说，立春、雨水两个节气，规定在农历一月。

刘歆改序与班固回归

二十四节气第六个节气是"惊蛰"。

"惊蛰"在二十四节气中的排序，西汉之时，曾经出现过两种说法。其一，《淮南子·天文训》："雨水、惊蛰、春分、清明。"其二，刘歆《三统历》："惊蛰、雨水、春分、谷雨。"刘歆的排序，引起了后人的误解和争论。从《汉书·律历志》以后，则完全采用《淮南子·天文训》的科学排序方法，回归正轨。

第一种排序，"惊蛰"是在夏历二月节，在公历每年3月5日或6日，太阳到达黄经345°时开始。

《淮南子·天文训》中记载：

十五日指甲，则雷惊蛰，音比林钟。

意思是说，雨水增加十五日，北斗斗柄指向甲位，那么雷声响起，惊蛰到来，它与十二律中的林钟相对应。

《后汉书·律历下》中记载："惊蛰，壁八度，三分进一。"

《周髀算经·二十四节气》中记载太阳日影的长度是："启蛰，八尺五寸四分。小分一。"

《周礼注疏》中说："二月，启蛰节，春分中。"就是说，启蛰、春分两个节气，规定在农历二月。

《旧唐书·历志》中记载："开元大衍历经：惊蛰，二月节。"

元代吴澄撰写的《月令七十二候集解》中记载："二月节。万物出乎震，震为雷，故曰'惊蛰'，是蛰虫惊而出走矣。"（按：《淮南子·天文训》中的"惊蛰"，与《周易》中"大壮"相对应，不对应"震"卦。）

清代李光地等撰写的《御定月令辑要》中说："《四时气候》：立春以

后，天地二气合同，雷欲发生，万物蠢动，蛰虫振动，是为惊蛰。乃二月之气。"

吴澄、李光地对"惊蛰"的命名、月份、八卦的"震"卦、"雷"的成因等，做了详细介绍，内容完整而科学。

以上文献告诉我们，雨水以后，就是惊蛰，归于二月节。它在二十八宿中的位置、日影的长度等，都有科学的定位。

第二种排序，《汉书·律历志》记载的刘歆（前50—23年）的《三统历》，把"惊蛰"排在"正月中"，紧接在"立春"之后。这是唯一的一次排序。

此后，《汉书·律历志》《后汉书·律历志》以及《周髀算经·二十四节气》等一系列文献，重新把"惊蛰"放在"雨水"之后，回到"二月节"，恢复了《淮南子·天文训》的排序原貌。

刘歆为什么要这样排序呢？就是因为这个"惊蛰"。这样做的目的是什么？

"惊蛰"，最早见于《大戴礼记·夏小正》："正月：启蛰。言始发蛰也。雁北乡。雉震呴（gòu）。正月必雷，雷不必闻，惟雉为必闻。"（其中的"启"字，为了避开汉景帝刘启的"启"字讳，《淮南子·天文训》改为"惊"。）《夏小正》的理论依据是：正月必定打雷，雷声就会使冬眠的动物苏醒，所以叫"启蛰"。应该指出，这是《夏小正》中唯一提到与《淮南子·天文训》相接近的节气名称。可以说，它还不具备完整的科学的"惊蛰"的内涵。

感谢东汉学者班固的《汉书·律历志下》，其中保留了西汉末期刘歆《三统历》的说法，但是随即又用小字加以纠正。《汉书·律历志下》中说："诹（zōu）訾（zī），初危十六度，立春。中营室十四度，惊蛰。今日雨水。于夏为正月，商为二月，周为三月。"就是说，《三统历》把立春、惊蛰排在农历一月份，而班固则指出，"惊蛰"在东汉时已经改为"雨水"了。

对于刘歆编造《三统历》，仅仅依据一个"启蛰"，制造一个不合科学常识的二十四节气，他的目的就是想通过复旧、为王莽篡汉制造舆论。他的排序，后果很严重，使人造成了对二十四节气体系的误解。《礼记注疏》中孔颖达解释说："郑（玄）以旧历正月启蛰即'惊'也，故云汉（按：疑指汉武帝《太初历》，已经失传）始以'惊蛰'为正月中。但蛰虫正月始'惊'，二月大'惊'，故在后移'惊蛰'为二月节，雨水为正月中。"东汉学者郑玄指出，把"惊蛰"放在"正月"，这是不符合蛰虫冬眠的时间规律的。

比如，2021年2月24日（农历一月十三日）晚，黄河中游一带下起雨雪，并伴有几声"冬雷"。汉乐府《无邪》中也有"冬雷震震夏雨雪"。这时属于"雨水"节气，蛰伏的动物还没有苏醒呢！所以刘歆依据"正月：启蛰"，改变"惊蛰"节气顺序，刻意复古，不合自然常识。

南朝宋代范晔编写的《后汉书·律历志》中，对刘歆《三统历》中的这个失误，加以改正，把立春、雨水放在一月份，"惊蛰"排在二月节。这样就拨乱反正，仍然采用《淮南子·天文训》名称、顺序和理论依据，并且一直沿用到今天。

（李琳琦主编，《淮河（淮南）文化十五讲》，人民出版社，2021年12月。本文为原稿。）

5. "春雨惊春清谷天"的说法科学吗?

陈广忠

记者问：我国民间和中小学流传"春雨惊春清谷天"的"二十四节气歌"；2022年2月4日晚上北京冬奥会开幕式上有"在中国农历中，一年有24个节气，立春居首"的解说词，请问：你觉得这样的说法合适吗? 为什么?

陈广忠答：2月5日早上6点55分，北京大学历史系辛德勇教授就在《辛德勇自述》中发表了《昨晚的错谬：二十四节气并非始于立春》的文章。流行的民谣，如果指明是按照四"立"，即春、夏、秋、冬四季的顺序来编排的，这是对的。如果认为这就是中国二十四节气的顺序，那则是误解。当今流行四种独立的纪年法：公历、农历（夏历）、二十四节气纪年法、干支纪年。民谣中把二十四节气和公历（"上半年来六廿一，下半年是八廿三"）混在一起，给识别带来困难。所以，创作科普类民谣，应该科学性、艺术性兼顾，不能产生歧义或误读。

记者：那么，这个歌谣最早产生在什么时候？

陈答：根据部分资料，1927年4月18日南京国民政府成立，废除旧历，强推公历。官方编印的《国历之认识》，有从事农学研究的张心一所作《新历二十四节气歌》，开始把二十四节气同公历混在一起。1971年以后编写的《新华字典》，篇末附录收有《节气表》《二十四节气歌》，标明是"春季、夏季、秋季、冬季"。这是正确的。但是，潜移默化，似是而非，除了少数专家，一般人都据此误认为二十四节气"之首"是"立春"。所以，《新华字典》的编者们，应该依据《淮南子·天文训》《汉书·律历志》《后汉书·律历志》《唐书·律历志》《周髀算经》等的记载，拨乱反正，恢复科学的二十四节气。

记者：中国二十四节气的发明者是谁？最早见于哪部著作？

陈答：二十四节气的完整、科学的记载，出自西汉前期淮南王刘安（前179—前122）的《淮南子》第三卷《天文训》。刘安在汉武帝建元二年（前139年）献书给皇帝，汉武帝太初元年（前104年）被编入太初历，颁行全国，走向亚洲。就是说，二十四节气的项目完成，至今已经2160年。它的名称、顺序、内涵，同今天完全相同。中国著名天文学家席泽宗院士也说："二十四节气的名称，首见于《淮南子·天文训》。"（席泽宗著：《科学史十论》，北京大学出版社，2020年7月版，第122页。）

记者：有人说，"二十四节气起源于观天察地的生产生活经验，是观察太阳周年视运动而形成的知识体系及其实践。我国先民将地球围绕太阳公转一圈的时间划分为24等份，每一等份为一个节气，包括从立春到大寒共计24个节气"。这样的流行说法，对不对？

陈答："我国先民"，指的是哪个朝代的"先民"？"划分"一词的内涵不准确，可以改成"科学测算"。就是说，它是经过天文仪器观测、复杂的数学计算、试验设备的验证等过程，而长期研制出来的，不是像切西瓜那样"划分"的。"观察太阳周年视运动"，说得没错。但是，光凭这一条腿"划分"的二十四节气，还不能同另一条腿"月亮"等的运行完美结合。《淮南子·天文训》中就有6条（包括7项）腿，提供了确立二十四节气的全部依据：

其一，北斗法。《天文训》："斗指子，则冬至，音比黄钟。……阳生于子，故十一月日冬至。"北斗斗柄运行、干支（子位）、二十四节气（冬至为首）、十二音律（黄钟为首）等，成为北斗法的主要内容。2021年12月21日21时59分"冬至"，与《天文训》的记载完全吻合。"冬至"就像24小时计时制的0点0分0秒一样。

其二，月亮法。二十四节气不是"太阳历"，而是阴阳合历。根据阳历，太阳周年视运动一回归年是365.2422日。根据阴历，月亮十二个朔望月的长度是354.3672日。两者一年就会相差10.88日，所以就有"十九年

二十四节气 纪年法

七闰"的规定。《天文训》中说：

> 月，日行十三度七十六分度之二十六，二十九日九百四十分日之四百九十九而为月，而以十二月为岁。岁有余十日九百四十分日之八百二十七，故十九岁而七闰。

意思是说，月亮每天运行 $13\frac{28}{76}$ 度，$29\frac{499}{940}$ 日而为一月，而把十二个月作为一岁。每年尚差 $10\frac{827}{940}$ 日，不够 $365\frac{1}{4}$ 日。因而十九年有七次闰年。比如：2014 年闰九月，2017 年闰六月。

其三，太阳法。《天文训》中还根据太阳的周年视运动，来确定二十四节气。其中有两种测定方法：

圭表测量法。《天文训》中记载树立 8 尺高的"表"："日冬至，八尺之脩，日中而景丈三尺。""日夏至，八尺之景，脩径尺五寸。"圭表测日影，历史悠久。《后汉书·律历志下》："二十四气，冬至，晷景，丈三尺。夏至，尺五寸。"与《天文训》的记载完全相同。

利用太阳与二十八宿的关系。《天文训》中按照从正月到十二月的顺序排列：太阳正月处在二十八宿中的"营室"的位置，十一月份处在"牵牛"的位置。比如："营室"，正月中，雨水。"牵牛"，十一月中，冬至。

其四，二十八宿法。《天文训》中说：二十八宿与天球赤道的夹角，可以分为不同的度数：角宿十二度，亢宿九度，氐宿十五度，房宿五度……七星、张宿、翼宿各十八度，轸宿十七度，总共二十八宿 $365\frac{1}{4}$ 度。与北斗斗柄、太阳运行度数相同。比如，冬至，在"牵牛八度"。立春，在"危十七度"。春分，在"娄十二度"。

其五，四时（四季）、十二月令法。《淮南子·时则训》记载："孟春之月，招摇指寅，昏参中，旦尾中。其位东方。立春之日……""仲冬之月……是月也，日短至，阴阳争。"……

这里的"招摇",指的是北斗第七星。《时则训》按照夏历春、夏、秋、冬(即四"立")四时和12个月排列,包含8个节气、12个月。"立春"排在春季第一位,主管春季6个节气,规定在夏历正月。"冬至"排在夏历(也称农历)十一月,是二十四节气之首。

其六,十二音律法。《天文训》:"斗指子,则冬至,音比黄钟。""冬至""夏至"和十二律的主音"黄钟"相对应。其余以此类推。二十四节气对应十二律的管长是:冬至→黄钟,81。小寒→应钟,42。大寒→无射,45。立春→南吕,48。……

"从立春到大寒",排序错了。

记者:请问错在哪里?

陈答:《天文训》的科学排序是:从"冬至"再到"冬至"。席泽宗院士说:"把太阳在冬至点的时刻固定在十一月份,从冬至到冬至,再分为二十四节气。"就是说,只有"冬至",才能成为二十四节气的第一节气。这是因为,太阳和月亮在"子"时交会,时间就是"朔旦冬至",二十四节气的计时正式开始。这个时刻,太阳和月亮的黄经正好相等。西汉司马迁《史记·太史公自序》中说:"太初元年,十一月甲子朔旦冬至,天历始改,建于明堂,诸神受纪。"意思是说,汉武帝太初元年十一月甲子(前104年),太阳和月亮"合朔",节令就是冬至,汉朝改创历法,实行太初历,在明堂里宣布,并且遍告诸神,尊用夏正(农历以一月为正月)。

东汉班固《汉书·律历志下》中说:"十一月甲子朔旦冬至,日月在建星。〇宋祁曰:'建星在斗后十三度,在牵牛前十一度,当云在斗、牛之间。'……中牵牛初,冬至。于夏为十一月,商为十二月,周为正月。"这里的记载告诉我们,"朔旦冬至",日、月交会点在"建星",具体位置在"斗"宿的后面13度,"牵牛"宿的前面11度,就是在二十八宿的"斗"宿、"牛"宿之间。当然,这是宋朝初期的天象。

《周髀算经·二十四节气》中按照第一节气"冬至"往下排列,其中"冬至"日影的长度是:"冬至晷(guǐ)长丈三尺五寸。""冬至"的日影最长，竟有 1.35 丈。

《淮南子》中二十四节气的排列，有北斗法、干支（子位为首）法、十二律法（黄钟为首）、太阳法（冬至为首）、二十八宿法、四时（夏历十二月）法（立春为首），不论哪种排列，"冬至"都是班长，它主管其他 23 个节气，因为其他节气都不具备日、月合朔计时的条件，所以首席的位子，没有争议地让"冬至"来承担。

记者：请再补充一下，"立春"为什么不能成为节气"之首"。

陈答：原因之一，"立春"缺少太阳、月亮合朔，即"朔旦"交会的先决条件，就是说，"立春"不能作为二十四节气计时的开始。

原因之二，"立春"还有寡年、双春年等规定，它是根据闰年来决定的。我们知道，二十四节气主要是根据北斗、太阳和月亮的运行规律，而制定出来的永恒的历法。根据"十九年七闰"的规定，在 19 个年头里面，7 年没有立春（寡春年），7 年是双立春（双春年），5 年是单立春。比如，2020 年是双春年，第一个立春时间是，2020 年 2 月 4 日，农历正月十一。第二个立春时间是，2021 年 2 月 3 日，农历十二月二十三。所以，"立春"的先天条件，决定不可能成为二十四节气"之首"。"立春"只是小组长，分管春季的 6 个节气。

记者：请简要谈谈二十四节气的价值和意义。

陈答：习近平总书记指出："中华文明根植于农耕文明。从中国特色的农事节气，到大自然天人合一的生态伦理，都承载着华夏文明生生不息的基因密码，彰显着中华民族的思想智慧和精神追求。"2016 年 11 月 30 日，"二十四节气"列入联合国教科文组织"非遗名录"。中国传统文化的无穷魅力，吸引了无数学子，探索古代天文、历法、数学、音律、文献等文化精华，致力科学研究，重视科技创新，探讨"绝学""天书"，已经在中华大地，蔚然成风。只要北斗存在、太阳存在、月亮存在、二十八宿存在，就会有独特的二十四节气，它会永世长存。

（《英才智库》，2022 年 3 月 2 日）

6. "冬至"论

陈广忠

二十四节气的第一节气是"冬至"。它是根据太阳、月亮交会计时，北斗斗柄运行定时，月亮运行和闰月，日晷观测，二十八宿度数，十二音律与节气的测定，四时十二月的规定等内容，而研究、观测、计算来确定的。本文从天文、历法、音律的角度，确认："冬至"主掌23个节气。

中国著名天文学家席泽宗院士说："二十四节气的名称，首见于《淮南子·天文训》。""把太阳在冬至点的时刻固定在十一月份，从冬至到冬至，再分为二十四节气。"（席泽宗著：《科学史十论》，北京大学出版社，2020年7月版，第122、158页。）

这里告诉我们，其一，先秦、西汉初期的所有传世文献，当今所见到的所有出土的金石、缣帛、竹简等资料，以及古代黄河流域的所有地域，还没有看到完整的、科学的二十四节气的记载。这个重大科研项目的全部完成，是在汉武帝建元二年（前139年），淮南王刘安献上《淮南子》给汉武帝，至今已经2160年。

其二，二十四节气的起点定在"冬至"，除了根据太阳的运行规律以外，《淮南子·天文训》《时则训》等内容，还记载了天文、历法、音律、四时等多方面的根据。可以知道，这个科学的结论，极其严谨，至今还无法超越。

一、北斗斗柄运行定"冬至"

北斗七星在古代的天文观测中，占有重要的位置。它们的名称是天枢、天璇、天玑、天权、玉衡、开阳、摇光。前面四颗称作斗魁，组成方形。后面三颗，形成斗柄，叫作斗杓（biāo）。把天枢和天璇连成一线，并且延长五倍，就是北极星。北斗斗柄围绕北天极旋转，走完一圈，就是

$365\frac{1}{4}$ 度。对于北斗斗柄的运行规律,《大戴礼记·夏小正》中说:"正月,初昏参中,斗柄县在下。六月,初昏,斗柄正在上。七月,斗柄县在下,则旦。"这是夏历正、六、七月斗柄的位置。《鹖冠子·环流》中说:"斗柄东指,天下皆春;斗柄南指,天下皆夏;斗柄西指,天下皆秋;斗柄北指,天下皆冬。"这里记载的是四季斗柄的指向。

《淮南子·天文训》继承了古代北斗观测的悠久传统,更加科学准确,成为制定二十四节气的第一依据。北宋本《淮南子》的记载是:

两维之间,九十一度十六分度(也)之五,而升[斗]日行一度,十五日为一节,以生二十四时之变。

斗指子,则冬至,音比黄钟。

加十五日指癸,则小寒,音比应钟。

加十五日指丑,则大寒,音比无射。

加十五日指报德之维,则越阴在地,故曰距日冬至四十六日而立春,阳气冻解,音比南吕。

加十五日指寅,则雨水,音比夷则。

加十五日指甲,则雷惊蛰,音比林钟。

加十五日指卯,中绳,故曰春分,则雷行,音比蕤宾。

加十五日指乙,则清明风至,音比仲吕。

加十五日指辰,则谷雨,音比姑洗。

加十五日指常羊之维,则春分尽,故曰有四十六日而立夏,大风济,音比夹钟。

加十五日指巳,则小满,音比太蔟。

加十五日指丙,则芒种,音比大吕。

加十五日指午,则阳气极,故曰有四十六日而夏至,音比黄钟。

加十五日指丁,则小暑,音比大吕。

加十五日指未,则大暑,音比太蔟。

加十五日指背阳之维，则夏分尽，故日有四十六日而立秋，凉风至，音比夹钟。

加十五日指申，则处暑，音比姑洗。

加十五日指庚，则白露降，音比仲吕。

加十五日指酉，中绳，故曰秋分，雷戒，蛰虫北乡，音比蕤宾。

加十五日指辛，则寒露，音比林钟。

加十五日指戌，则霜降，音比夷则。

加十五日指蹄通之维，则秋分尽，故日有四十六日而立冬，草木毕死，音比南吕。

加十五日指亥，则小雪，音比无射。

加十五日指壬，则大雪，音比应钟。

加十五日指子，故曰阳生于子，阴生于午。阳生于子，故十一月日冬至，鹊始加巢，人气钟首。（陈广忠校点：《国学典藏·淮南子》，上海古籍出版社，2016年11月版，第63－64页。）

二十四节气，北斗指向，从起点"冬至"开始，到终点"冬至"结束，也是 $365\frac{1}{4}$ 度。其中包括时间、干支、四维、绳、节气名称、四季、天文、气象、动植物、阴阳、十二音律等内容，这就是原创的二十四节气，完整而科学。

二、太阳运行定"冬至"

《淮南子·天文训》中根据太阳的运行规律，来确定"冬至"和二十四节气。主要有两种方法：

其一，圭表测量法

圭表，是中国古代观测天象的仪器。"表"，是直立的标杆。"圭"，是平卧于子午方向的尺子。可以用来定方向、测时间、求出周年常数、划分季节和制定历法。《天文训》中记载的是树立8尺高的"表"：

日冬至，八尺之脩，日中而景丈三尺。

日夏至，八尺之景，脩径尺五寸。

圭表测日影，历史悠久。《后汉书·律历志下》："二十四气，冬至，晷景，丈三尺。夏至，尺五寸。"与《天文训》的记载完全相同。古代数学、天文名著《周髀算经·二十四节气》中说："冬至晷长丈三尺五寸。夏至尺五寸。"唐代著名文学家李淳风做了解释："冬至之日最近南，居于外衡，日最近下，故日影一丈三尺。"

在二十四节气中，"冬至"日影最长，是1丈3尺5寸。夏至最短，只有1尺5寸。《周髀算经》"冬至"的测量长度，比《天文训》多出5寸，更加准确。

其二，利用太阳与二十八宿的关系

二十八宿指古代对天际星空的区域划分。《天文训》按照"九野"来划分：中央钧天：角、亢、氐。东方苍天：房、心、尾。东北变天：箕、斗、牵牛。北方玄天：须女、虚、危、营室。西北幽天：东壁、奎、娄。西方昊天：胃、卯、毕。西南方朱天：觜（zī）巂（xī）、参、东井。南方炎天：舆鬼、柳、七星。东南方阳天：张、翼、轸。东汉高诱注中按东、北、西、南四方分类，每方各辖七宿。

《天文训》中按照从夏历正月到十二月的顺序排列：太阳正月处在二十八宿中的"营室"的位置，十一月份处在"牵牛"的位置。比如："营室"，正月中，雨水。"牵牛"，十一月中，冬至。

三、月亮运行定"冬至"

二十四节气不是阳历，也不是阴历，而是阴阳合历。根据阳历，太阳周年视运动一回归年是365.2422日。根据阴历，月亮十二个朔望月的长度是354.3672日。两者相减，一年就会相差10.88日，所以就有"十九年七闰"的规定。设置闰年，同二十四节气中的"冬至"密切相关。

日、月交会定"冬至"。根据太阳、月亮的运行，处在同宫、同度，黄经差为 0 度,在"冬至"点开始交会,二十四节气计时,就从"冬至"点开始。《汉书·律历志上》中记载:"中冬十一月甲子朔旦冬至,日、月在建星。"交会地点的"建星"在哪里?宋代学者宋祁说:"建星在斗后十三度,在牵牛前十一度,当云在斗、牛之间。"(《汉书·律历志上》,上海古籍出版社、上海书店,《二十五史·汉书》,1986 年 12 月,第 462 页)所以,"冬至"乃至二十四节气的确立,完全取决于太阳、月亮在"夜半朔旦""建星"的交会。而其他的 23 个节气,都不具备交会的条件。

《淮南子·天文训》中说:

月,日行十三度七十六分度之二十六,二十九日九百四十分日之四百九十九而为月,而以十二月为岁。岁有馀十日九百四十分日之八百二十七,故十九岁而七闰。

意思是说,月亮每天进行 $13\frac{28}{76}$ 度,$29\frac{499}{940}$ 日而为一月,而把十二个月作为一岁。每年尚差 $10\frac{827}{940}$ 日,不够 $365\frac{1}{4}$ 日。因而十九年有七次闰年。比如:2014 年闰九月,2017 年闰六月。

东汉以后的《周易》"后天太极图"图案,用"坎"卦来表示,方位处于正北方,时令为夏历十一月,节气是冬至,这时阴气最盛,也就是阴阳鱼头部最尖端的部分。

四、二十八宿度数定"冬至"

《天文训》中说:二十八宿与天球赤道的夹角,可以分为不同的度数:角宿十二度,亢宿九度,氐宿十五度,房宿五度……七星、张宿、翼宿各十八度,轸宿十七度。

二十八宿标示的度数,其中东方苍龙七宿 $75\frac{1}{4}$ 度,北方玄武七宿 98 度,西方白虎七宿 80 度,南方朱雀七宿 112 度,总共二十八宿 $365\frac{1}{4}$ 度。

与北斗斗柄、太阳运行度数相同。比如，冬至，"牵牛八度"。立春，在"危十七度"。春分，"娄十二度"。而《前汉书·律历志下》记载："中牵牛初，冬至。"《清史稿·时宪志四》："求节气时刻：日缠初宫，丑，星纪。初度为冬至，十五度为小寒。"（《二十五史·清史稿》，上海古籍出版社、上海书店，1986 年 12 月版，第 252 页。）历代都沿袭这样的科学规定，只是度数稍有变化。

五、十二音律定"冬至"

《天文训》："斗指子，则冬至，音比黄钟。""冬至"和十二律的主音"黄钟"相对应。其余以此类推。

《天文训》中记载了十二律相生法：黄钟处在十二地支子位，它的长度数是八十一分，主管十一月之气，下生林钟。……仲吕的管长六十，主管四月之气，这样十二律的相生便结束了。

二十四节气对应十二律的管长是：冬至—黄钟，81。小寒—应钟，42。大寒—无射，45。立春—南吕，48。雨水—夷则，51。惊蛰—林钟，54。春分—蕤宾，57。清明—仲吕，60。谷雨—姑洗，64。立夏—夹钟，68。小满—太蔟，72。芒种—大吕，76。

按照上面的记载，可以制成下面的示意图。

十二律与二十四节气关系图

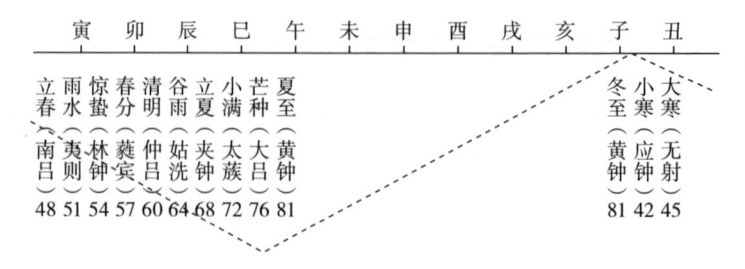

寅	卯	辰	巳	午	未	申	酉	戌	亥	子	丑
立春	雨水	惊蛰	春分	清明	谷雨	立夏	小满	芒种	夏至	冬至	小寒 大寒
（南吕）	（夷则）	（林钟）	（蕤宾）	（仲吕）	（姑洗）	（夹钟）	（太蔟）	（大吕）	（黄钟）	（黄钟）	（应钟）（无射）
48	51	54	57	60	64	68	72	76	81	81	42　45

这里的横线表示十二月及二十四节气，虚线表示与十二律的关系，数字是十二律的管长。

可以知道，十二律与二十四节气的组合，对表示一年中的季节、气候、风向、气温等的变化，都有密切的关系。从冬至即十二律的黄钟开始，到夏至黄钟结束，在这一个周期中，十二律的管长是逐渐增加的，这个增加的级数，大约等于3。除去冬至黄钟之外，律管长排列分别是42、45、48、51、54、57、60、64、68、72、76、81。如果从季节上说，由阴气最盛的冬至开始，到阳气最盛的夏至。从风向上来说，可以看出其变化规律是：从北方季风极盛的冬至开始，尔后逐渐减弱，到南方季风吹来，直至完全控制，经过由低到高的变化过程，与律管的逐级增加相吻合。这是一个周期，可以称之为顺行。尔后接着便是逆行。其律管长度由夏至（黄钟81）开始，分别是76、72、68、64、60、57、54、51、48、45、42。气候由盛夏到严冬，风向由南方季风最盛到北方季风最盛。这是第二周期，与第一周期恰好相反。这就清楚地说明，十二律的管长，是受季节中的温度、风向等诸因素的影响而确定的。气温低时律管短，而冬至最短。以后随着气温的增加，则逐渐加长，夏至最长。也就是说，十二律的变化经过由高到低，再由低到高的变化过程。因此可以得出结论，十二律的管长由少到多以及音的由高到低的级数变化，与自然界的季节变化周期成正比。这应该就是古代确定十二律管长的根据之一。

东汉正史还保留着珍贵的"候气法"的资料，记载了从"冬至"——"黄钟"等二十四节气和十二律的完整测试过程。《后汉书·律历志》说："候气之法，为室三重，户闭，涂衅必周，密布缇缦。室中以木为案，每律各一，内庳外高，从其方位，加律其上，以葭莩灰抑其内端，案历而候之。气至者灰（去）[动]。其为气所动者其灰散，人及风所动者其灰聚。"（《后汉书·律历上》，中华书局，1965年5月版，第3016页。）

六、十二月令定"冬至"

《淮南子·时则训》是古代农耕文化的生活准则，其中"冬至"规定在"仲冬"，即夏历十一月：

> 孟春之月，招摇指寅，昏参中，旦尾中。其位东方。立春之日……
> 孟夏之月，招摇指巳，昏翼中，旦婺中。其位南方。立夏之日……
> 孟秋之月，招摇指申，昏斗中，旦毕中。其位西方。立秋之日……
> 孟冬之月，招摇指亥，昏危中，旦七星中。其位北方。立冬之日……

这里的"招摇"，指的是北斗第七星。《时则训》的记载，不是《淮南子》的独创，当源于《吕氏春秋·十二纪》，并影响《礼记·月令》等文献。

对于《时则训》的宗旨，高诱注："则，法也。四时、寒暑、十二月之常法，故曰时则。"就是春、夏、秋、冬四季和十二个月的法规。

《时则训》的编排顺序，按照夏历春（孟春、仲春、季春）、夏（孟夏、仲夏、季夏）、秋（孟秋、仲秋、季秋）、冬（孟冬、仲冬、季冬），包含十二个月、招摇、二十八宿、五方、八个节气、农事、政事、物候、气象、祭祀、军事、干支、音律、五行等内容，并且加入了8个节气。

应当指出，《吕氏春秋》成书距离《淮南子》大约100年。就是说，在秦代兴盛时期，二十四节气的名称、顺序、理论架构、观测计算的结果，还没有全部完成。但是，《吕氏春秋》的思想倾向和《淮南子》大致相同，班固《汉书·艺文志》中同归于"杂家"，《淮南子》应该从中吸取了有益的思想财富和科研成果，为以后的研究、观测二十四节气，提供了重要的借鉴。

孟春，夏历正月，立春。高诱注："冬至后四十六日而立春。"这里的"立春"同"正月""孟春"相配，有人误以为"立春"是二十四节气的第一节气，这是不科学的。四"立"，只是四季的开始，各自分管春、夏、秋、冬的6个节气。

仲春，夏历二月，"日夜分"，就是《淮南子》中的"春分"。高诱注："昼夜钧也。"即白天、黑夜时间平分。

孟夏，夏历四月，立夏，高诱注："春分后四十六日立夏。"

孟秋，夏历七月，立秋。

孟冬，夏历十月，立冬。高诱注："秋分四十六日立冬。"

仲冬，夏历十一月，"日短至"，即《淮南子》的"冬至"。高诱注中说："冬至之日，昼漏水上刻四十五，夜水上刻五十五，故曰日短至。"这是用"漏刻"来计时。

可以知道，二十四节气是独立的、亘古不变的历法，只要太阳存在、月亮存在、北斗存在、二十八宿存在，它就会永远存在。除了"二十四节气"纪年法以外，《淮南子》中还保留了其他的纪年法：岁星纪年法（太岁纪年法）、干支纪年法、十二月纪年法、四时（孟春、仲春、季春、孟夏……）纪年法、王公纪年法、阴历+闰月纪年法、太阳纪年法（日晷）等。如果二十四节气同夏历十二月相结合，"冬至"规定在十一月中。如果同四时纪年法相结合，"冬至"在"仲冬之月"。如果同干支纪年法相结合，"冬至"在第一"子"位。如果同当今公历相结合，"冬至"在12月21日、22日（比如，2021年冬至时间是：12月21日23点59分9秒）。

"冬至"是二十四节气的指挥长，管理着23个节气。比如，《旧唐书·历志二》"检律候气日术"中首列："中气，冬至。律名，黄钟。日中影，一丈二尺七寸五分。"《宋史·律历志一》："求二十四节气加辰时刻：常气，冬至，十一月中，坎初六。"下面都是按照小寒、大寒、立春等次序，依次排列。明末科学家徐光启著有传世之作《农政全书》。在第十卷列有圆图《授时之图》。第一层为北斗七星，与《淮南子·天文训》北斗斗柄运行定二十四节气完全相同。第五层二十四节气，以"冬至"为首进行排列。清代乾隆七年（1742年）颁行《钦定授时通考》，为清代指导农业生产的百科全书。前面载有《授时之图》《二十四节气七十二候图》，皆以"冬至"为中心。

坊间流传半个多世纪的二十四节气歌谣"春雨惊春清谷天"，按照春、夏、秋、冬四季排序，便于民间流传和农业生产。但是世人和学者要明白，根据天文、历法、音律的科学规定，"这种说法并不严格"（李勇：

293

《中国古代节气概念的演变》,《二十四节气研究文集》,农业出版社,2019年4月版,第168页)。因为,"立春"主管的只是春季的6个节气,与其他节气无关,更不是二十四节气的指挥者。

(《英才智库》,2021年9月13日)

主要参考文献

① （唐）孔颖达等撰：《尚书正义》，《十三经注疏》，中华书局影印，1979年。

② （唐）孔颖达等撰：《毛诗正义》，《十三经注疏》，中华书局影印，1979年。

③ （唐）孔颖达等撰：《礼记正义》，《十三经注疏》，中华书局影印，1979年。

④ （清）王聘珍撰：《大戴礼记解诂》，中华书局，1983年。

⑤ （汉）司马迁撰：《史记》，中华书局，1979年。

⑥ （汉）班固撰：《汉书》，中华书局，1962年。

⑦ （宋）范晔撰：《后汉书》，中华书局，1965年。

⑧ 《二十五子》：上海古籍出版社、上海书店，1986年。

⑨ （汉）许慎撰：《说文解字》，中华书局影印，1963年。

⑩ （清）朱骏声撰：《说文通训定声》，武汉市古籍书店，1983年。

⑪ （宋）丁度等编：《集韵》，上海古籍出版社，1985年。

⑫ 《宋本广韵》，北京市中国书店，1982年。

⑬ （清）朱骏声撰：《说文通训定声》，武汉市古籍书店，1983年。

⑭ 陈广忠著：《韵镜》，上海辞书出版社，2003年。

⑮ （晋）郭璞注：（宋）邢昺疏，《尔雅注疏》，《十三经注疏》本，中华书局影印，1980年。

⑯ （秦）吕不韦撰：（汉）高诱注，（清）毕沅校，《吕氏春秋》，《二

十二子》本，上海古籍出版社，1986年。

⑰（汉）刘安著：（汉）许慎注，陈广忠校点，《国学典藏·淮南子》（北宋本），上海古籍出版社，2016年。

⑱陈广忠译注：《全本全注全译 淮南子》，中华书局，2012年。

⑲张双棣撰：《淮南子校释》，北京大学出版社，1997年。

⑳刘文典撰：《淮南鸿烈集解》，中华书局，1989年。

㉑何宁撰：《淮南子集释》，中华书局，1998年。

㉒（清）王念孙撰：《读书杂志》，中国书店，1985年。

㉓张闻玉著：《古代天文历法讲座》，广西师范大学出版社，2008年。

㉔程贞一、闻人军译注：《周髀算经译注》，上海古籍出版社，2012年。

㉕〔英〕李约瑟著：《中国科学技术史》，科学出版社，1975年。

㉖席泽宗名誉主编，姜生、汤伟侠主编：《中国道教科学技术史·汉魏两晋卷》，科学出版社，2002年。

㉗席泽宗著：《科学史十论》，北京大学出版社，2020年。

㉘席泽宗著：《席泽宗文集》（第三卷），科学出版社，2021年。

㉙《竺可桢文集》，科学出版社，1979年。

㉚刘洪涛著：《古代历法计算法》，南开大学出版社，2003年。

㉛徐振涛主编：《中国古代天文学词典》，中国科学技术出版社，2013年。

㉜张培瑜、陈美东、薄树人、胡铁珠著：《中国古代历法》，中国科学技术出版社，2008年。

㉝陈遵妫著：《中国天文学史》，上海人民出版社，2016年。

㉞《历代天文律历等志汇编》，中华书局，1976年。

㉟（清）顾禄著：《清嘉录》，江苏古籍出版社，1999年。

㊱（明）李时珍著：《本草纲目》，人民卫生出版社，1982年。

㊲（宋）唐慎微撰：《重修政和经史证类备用本草》，人民卫生出版社

影印，1957年。

㊲（清）高士宗著：《黄帝内经直解》，科学技术文献出版社，1980年。

㊴（明）高濂撰：《遵生八笺》，《四库全书》，子部。

㊵（明）黄道周撰：《月令明义》，《四库全书》，经部（四）。

㊶（唐）陆羽撰：《茶经》，《四库全书》，子部。

㊷黄怀信、张懋镕、田旭东撰：《逸周书汇校集注》，上海古籍出版社，2007年。

㊸石声汉译注：《全本全注全译 齐民要术》，中华书局，2015年。

㊹中国农业博物馆编：《二十四节气研究文集》，中国农业出版社，2019年。

㊺中国农业博物馆编：《二十四节气农谚大全》，中国农业出版社，2016年。

㊻（宋）洪兴祖撰：《楚辞补注》，中华书局，1983年。

㊼（宋）郭知达编，陈广忠校点：《九家集注杜诗》，安徽大学出版社，2020年。

㊽（唐）李白著，瞿蜕园、朱金城校注：《李白集校注》，上海古籍出版社，1980年。

㊾中国社会科学院文学研究所编：《唐宋词选》，人民文学出版社，1981年。

㊿曹雪芹、高鹗著：《红楼梦》，人民文学出版社，1972年。

㊑冯时著：《中国天文考古学》，中国社会科学出版社，2017年。

主要著作目录

1. **《淮南子故事选编》**

   黄山书社 1985 年 4 月第 1 版，第 1 次印刷，印数：38000 册。收有成语、神话、历史、寓言故事等 70 余则。欧远方为序。

   《淮南子故事》（增订本），全书 234 千字。中国文史出版社 2017 年 5 月版。

2. **《淮南子译注》**

   吉林文史出版社 1990 年 6 月第 1 版，1996 年 11 月第 4 次印刷，精装本，印数：25950 册。收入《中国古代名著今译丛书》，这是中国第一部今译今注本。底本选用（清）武进、庄逵吉（1760—1813）本。牟钟鉴为序。

3. **《淮南子译注》**

   （台湾）建宏出版社 1996 年 1 月版，吉林文史出版社授权出版。繁体、竖排，全书标示注音字母。

4. **《评析本白话诸子集成　淮南子》**

   王宁主编，精装本，北京广播学院出版社 1992 年 12 月版。内容分为评析、白话译文两部分。

5. **《刘安评传》**

   广西教育出版社 1996 年 8 月第 2 次印刷，印数：6000 册。收入《中华历史文化名人评传　道家系列》。汤一介主编,并序。戴逸总序。

《刘安评传》（增订本），全书 223 千字。中国文史出版社 2017 年 5 月版。

6. 《两淮文化》

辽宁教育出版社 1995 年 4 月第 1 次印刷,印数：4000 册。1998 年 6 月修订再版,印数：7000 册。收入《中国地域文化丛书》。

7. 《淮南子科技思想》

安徽大学出版社 2000 年 7 月版。王树人为序。

《淮南子科技思想》（增订本），326 千字。分为七章。其中有《淮南子》的天文观，物理、化学及纺织科学，农学、水利、气象和物候，地理研究，医药科学，生物进化思想，乐律及度量衡研究等。中国文史出版社 2017 年 5 月版。

8. 《中国道家新论》

黄山书社 2001 年 11 月版。其书在研究《老子》《庄子》《文子》《列子》《淮南子》等五子方面，学术创新观点较多。

9. 《道家文化寻根——安徽两淮道家九子研究》（合作）

安徽人民出版社 2001 年 12 月版。孙以楷主编，陈广忠副主编。

10. 《韵镜通释》

上海辞书出版社 2003 年 2 月版。本书为繁体、横排本。作者前后以 10 年时间，陆续写成。这是中国第一部解读《古逸丛书》之日本永禄本（1564 年）《韵镜》的等韵学专著。

11. 《列子》评注

中国少年儿童出版社 2004 年 3 月版，精装本，印数：11000 册。

12.《道家与中国哲学　汉代卷》（合作）

人民出版社 2004 年 6 月版，第一次印刷，印数：5000 册。《道家与中国哲学》，为孙以楷教授主持的国家社科基金项目，全书共六卷。本书为第二卷，由陈广忠、梁宗华合作完成。本项目曾获得安徽省哲学社会科学文学艺术类 2006 年度一等奖。

13.《古典文献学》（合作）

黄山书社 2006 年 8 月版，由陈广忠、徐志林、王军、程水龙编著。为高校本科生及研究生参考教材。

14.《淮南子斠诠》

黄山书社 2008 年 6 月版，平装本，上、下两册，960 千字。孙以楷为序。

又，**《淮南子斠诠》精装本**，上、下两册，960 千字。孙以楷为序。

15.《淮河传》

河北大学出版社 2001 年 1 月第 1 版，印数：5000 册。2010 年 1 月，修订本，印数：5000 册。收入《华夏江河传记丛书》。

16.《淮南子精华》（主编）

黄山书社 2010 年 7 月版，精装本。安徽大学中文系古代文学研究生殷素仪、程静、李雅、邸维寅、陈青远、徐崇亮参加初稿编写。全书分为"治国""道论"等 29 类。

17.《淮南子研究书目》

黄山书社 2011 年 6 月版精装本。本书收录中国、美国、加拿大、法国、德国、新加坡、马来西亚、日本等国家古今研究《淮南子》的论文、论著。本书为第一部《淮南子》的专书目录学著作。

18.《全国高考语文诗词曲文言文解题指要》

人民出版社 2015 年 2 月版。本书汇编 1977 年至 2014 年全国高考语文诗词曲、文言文试题和答案，并按照高考评分细则的要求，作了"解题指要"。适合高中教师、高考学生及喜爱中国优秀传统文化的读者阅读。

19.《全本全注全译 淮南子》

中华书局精装本，上、下两册。2012 年 1 月北京第 1 版发行以来，至今已经先后 15 次印刷，印数达 105000 册。本书底本为北宋本，精心校勘。注释，参考许慎、高诱旧注，并参照《尔雅》《说文》《广雅》等释文。注音，依据上古音与中古音、现代音的对应规律，参照《广韵》《集韵》《韵镜》等韵书、韵图，为疑难、冷僻、通假字进行标音。译文，以直译为主，以信、达、雅为目标。分段，基本上以韵段为主。

20.《传世经典文白对照 淮南子》

中华书局 2014 年 10 月第 1 版，印数：8000 册。本书分原文和译文两部分，句句对译。

21.《中华经典藏书 淮南子》

中华书局 2016 年 1 月第 1 版，印数：8000 册。本书为《淮南子》节本。

22.《中华优秀传统文化百部经典读本 淮南子》

中华书局 2017 年 5 月版。本书为《淮南子》节本。

23.《淮南子译注》

上海古籍出版社 2016 年 8 月版。精装本，上、下两册。全书 1281 千字。本书底本为北宋本《淮南子》。注释，考证丰富。译文，准确流畅。收入《中国古代名著全本译注丛书》。

又，《淮南子译注》简装本。2017 年 1 月版，上、下两册。

24. 北宋本《淮南子》校点

上海古籍出版社 2016 年 10 月版。精装本。全书 465 千字。本书第一次对《四部丛刊》收录的北宋本《淮南子》进行校点。考订严谨，引证广博。收入《国学典藏》丛书。

25. 《淮南文集》

中国文史出版社 2014 年 7 月版。全书 590 千字。精选作者有创新性的论文 60 余篇。分为《淮南子》研究、中国道家研究、中国文学与史学研究、音韵学和古文献研究、附录（序言、书评及主要著作目录）。本书涉猎广泛，论述精辟，考订严谨，标新立异，体现了作者独立创新的学术思想。

26. 《淮南鸿烈解》校理

黄山书社 2012 年 12 月版，精装本。全书 340 千字。明代刘绩补注本《淮南鸿烈解》，对《淮南子·天文训》《地形训》等做了大量补注，弥补了许慎、高诱注文偏少的缺憾，成为研究《淮南子》的最重要版本之一。本书历时 3 年，出校记 1000 余则。

27. 《淮南子译注》（合作）

上海三联书店 2014 年 5 月版。本书为《淮南子》节本。由陈广忠、陈青远、付芮译注。收入《中国古典文化大系》。

28. 《九家集注杜诗》校点

北京师范大学出版集团安徽大学出版社 2020 年 6 月版。全书 1650 千字。文渊阁《四库全书》本《九家集注杜诗》，（南宋）郭知达编。集宋代九家（实收 61 家）注文和评论，共 36 卷，收诗 1431 首。本书依原书顺序，精心校勘，为杜甫研究和爱好者，提供传世最早、学术价值最高之杜诗善本。

29. 细读《淮南子》

中国出版集团研究出版社 2018 年 1 月版。本书选取 207 则有价值的政治、哲学、科学、历史、神话等原文，分题解、注释、细读等部分，加以介绍。收入《细读国学经典丛书》。

30.《皖籍思想家文库　刘安卷》

安徽人民出版社 2019 年 9 月版，全书 400 千字。本书分通论、原文和注释两部分。通论包括刘安生平与著述、刘安的思想、《淮南子》的传播和影响三章。

31.《老子》译注

合肥工业大学出版社出版，2018 年 6 月。全书 184 千字。本书以汉代《老子道德经》河上公章句为底本，分原文、注释、译文三部分。本书并标示了全书的韵读。收入《中国四大圣书》。

32. 二十四节气与《淮南子》

中国文史出版社 2018 年 3 月版。全书 131 千字。本书按照二十四节气"冬至—大雪"的顺序，每个节气之下，列举《淮南子·天文训》原文、释义、今译、物候、民俗、节庆、农谚、民谣与诗词曲、饮食与养生等九个部分，介绍了二十四节气的创立和影响。

33.《二十四节气——创立与传承》

中国出版集团研究出版社 2020 年 11 月第 1 版。全书 135 千字。按照"二至""二分""四立"等内容，进行研究。资料翔实，条分缕析；视野广阔，内容丰富。本书曾被列为 2022 年"全国农村书屋"项目。

34.《庄子研读》

广东人民出版社 2023 年 12 月版。全书 720 千字。本书的学术价值，主要有八个方面：第一，精校。本书以《四部丛刊》影印覆宋本郭象注为工作底本，并用唐、宋、元、明、清版本进行对校。第二，正音。本书依据《唐韵》《广韵》《集韵》《韵镜》等音学著作，给原文、注文、引文的字词正音。第三，韵谱。本书采用王力古音学理论，标示出全书的韵读，彰显《庄子》韵、散结合的文学特色。第四，释义。本书依据《尔雅》《说文》《方言》《释名》《广雅》等文字、训诂、方言学资料，以求得《庄子》之本义。第五，段义。本书根据《庄子》的内容，合理分段，并揭示每段的意旨。第六，直译。本书贯彻字、词、句三落实的原则，"信""达"求"雅"。第七，科技探秘。《庄子》涉及的科学门类，极为众多，本书皆为之准确解读。第八，比较研究。本书探源索流，以彰显对中华文化的巨大影响。

35.《淮南文集》（第二卷）

华侨出版社 2024 年 6 月第 1 版。全书 310 千字。陈广忠教授研究《淮南子》、二十四节气 40 余年，已出版有关著作 34 部，发表论文百余篇。本书收录作者 2014 年至 2024 年间发表的文章，其中在《中国非物质文化遗产》《人民日报·海外版》《光明日报》《学习时报》等发表的有 9 篇。特别是关于二十四节气的系列研究，纠正了媒体关于"立春"为第一节气、二十四节气有两种排列方法、二十四节气源于黄河流域等不科学的观点。

淮南武王墩楚墓出土文献讨论短文 6 篇。

本书史料丰富，考订谨严；观点独到，新意迭现；典藏普及，雅俗共鉴。本书为弘扬中华优秀传统文化的力作。